面向设计师的编程设计知识系统PADKS
Programming Aided Design Knowledge System(PADKS)

Grasshopper
参数模型构建
Algorithmic Modelling Manual

包瑞清 著

U0222229

江苏凤凰科学技术出版社

图书在版编目（CIP）数据

参数模型构建 / 包瑞清著 . -- 南京 ：江苏凤凰科
学技术出版社，2015.7
（面向设计师的编程设计知识系统 PADKS）
ISBN 978-7-5537-4535-0

Ⅰ．①参… Ⅱ．①包… Ⅲ．①程序设计 Ⅳ.
① TP311.1

中国版本图书馆 CIP 数据核字（2015）第 101994 号

面向设计师的编程设计知识系统PADKS

参数模型构建

著　　　者	包瑞清	
项 目 策 划	凤凰空间/郑亚男	
责 任 编 辑	刘屹立	
特 约 编 辑	郑亚男　　田　静	

出 版 发 行	凤凰出版传媒股份有限公司
	江苏凤凰科学技术出版社
出版社地址	南京市湖南路1号A楼，邮编：210009
出版社网址	http://www.pspress.cn
总 经 销	天津凤凰空间文化传媒有限公司
总经销网址	http://www.ifengspace.cn
经 　 销	全国新华书店
印 　 刷	深圳市新视线印务有限公司

开 　 本	710 mm×1000 mm　1 / 16
印 　 张	25
字 　 数	200 000
版 　 次	2015年7月第1版
印 　 次	2024年1月第2次印刷

标 准 书 号	ISBN 978-7-5537-4535-0
定 　 价	188.00元

图书如有印装质量问题，可随时向销售部调换（电话：022-87893668）。

Foreword
前言

　　面向设计师的编程设计知识系统旨在建立面向设计师（建筑、风景园林、城乡规划）编程辅助设计方法的知识体系，使之能够辅助设计者步入编程设计领域，实现设计方法的创造性改变和设计的创造性。编程设计强调以编程的思维方式处理设计，探索未来设计的手段，并不限制编程语言的种类，但是以面向设计者，具有设计应用价值和发展潜力的语言为切入点，包括节点可视化编程语言 Grasshopper，面向对象、解释型计算机程序设计语言 Python 和多智能体系统 NetLogo 等。

　　编程设计知识系统具有无限扩展的能力，从参数化设计、基于地理信息系统 ArcGIS 的 Python 脚本、生态分析技术，到多智能体自下而上涌现宏观形式复杂系统的研究，都是以编程的思维方式切入问题与解决问题。

　　编程设计知识系统不断发展与完善，发布和出版课程与研究内容，逐步深入探索与研究编程设计方法。

Right and wrong of Parametric Design
参数化设计的是与非

编程设计是以程序编写的方法辅助设计过程的方式，参数化是以编程设计为基础，强调设计过程的逻辑性、关联性，建立参数控制互相联动有机体的过程。因此编程设计才是学习的核心，即应该以学习程序语言的方法来学习编程设计的方法，并理解参数化是作为编程设计方法探索设计过程的一个分支。

参数化的设计方法是在计算机出现之后产生的，因此一般具有参数化性质的手绘以及实际模型方案构思推敲的案例不会是一种真实的参数化设计。虽然过往未采用计算机处理数据逻辑，但是辅助设计所使用的各种数学关系，例如矩阵、折叠、三角函数及各种几何关系变化，任何能够转化为数学关系的设计方法，其几何构建逻辑与参数化设计方式均具有一致性。编程设计的本质是数据，是将纯粹的设计形式转化为一种数据操作。世间万物甚至不存在的形态都可以按照数学的逻辑进行构建，例如使用 L-System 系统在计算机中模拟树木。编程设计可以构建传统的设计内容以及未知的设计形式，其前提是基于数据的管理。

参数化设计进入国内以来，似乎误导了国内设计师，将参数化"玄虚"化、过分强调"生成"概念，以及多代理系统、元胞自动机、遗传算法等让人一开始就摸不着头脑还有将参数化设计"高难度"化的数学程序概念，无形中必然为参数化在国内的推行设置了障碍，并将参数化设计直接等同于扎哈·哈迪德、鸟巢加水立方，成为仅仅是对形式探索的工具。参数化的方法基础是程序编写，从编程设计的角度辅助设计过程可以获得过去不能够涉猎的领域，也能够诠释传统的设计，并可以达到各专业协同设计的目的。例如在建几何结构的优化，生态分析中采光系数分析、太阳辐射分析、风环境分析、热环境分析，以及各种能够转化为数据的分析条件，都可以被调入到参数化设计平台协同设计；同时可以编写不同软件平台的接口数据，以及进行诸如寻找最短路径、视线遮挡分析等，之所以编程设计能够涉猎如此广的领域，是因为程序编写面对的不再是几何形体本身，而是它背后所关联的数据。

编程设计的本质是数据的组织，这与使用直接三维推敲，按照软件提供的命令直接构型的方法具有本质上的区别。例如直接手绘或者通过拖动曲线控制点来调节代表水岸线的曲线，而基于编程设计的参数化方法并不是直接的形式拖曳，更倾向于一种几何构建的逻辑，这个逻辑也并不唯一，它最大的特点是可以根据初始设定的条件来自动完成水岸线的设计，而设计的结果同样不唯一，达到这一目的的途径就是对数据的管理。

　　学习编程设计的平台推荐首选基于 Rhinoceros 的 Grasshopper，该工具已经在各大国际性的公司——SOM、ARUP 等设计企业得以运用并付诸实践，目前哈佛大学、AA 建筑学院、清华大学也在教授此类课程。编程设计的关键是处理数据，软件只是处理数据的平台，因此编程设计更应该是一门学科，而不是软件操作，如同了解一个民族，必须先学会他们的语言。这个认识是必须的，也是看待基于编程设计参数化方法的正确态度，以能够引导参数化的学习。

　　Grasshopper 软件平台是可视化的节点式编程，这与 Python 等语言编程不同，其数据连接的方式可以系统地处理数据流程，操作方法也并不难。其核心是各个单独的组件，各种数据管理的方法，例如数学三角函数、布尔运算、泰森多变形、列表管理、树型数据的管理、颜色值、参考平面、向量等。因此学习可视化节点式编程操作的软件平台，需要熟悉每个组件的数据处理方法，并加以综合运用。除了 Grasshopper 本身提供的组件外，其 Add-ons（Grasshopper 的扩展模块）涉及更多不同的领域，例如基于动力学的 Kangaroo、静力结构分析的 Karamba、表面划分处理的 PanelingTools、气象数据可视化与生态分析的 Ladybug 和 Honeybee 等，并在不断增加中。试图一次性掌握所有的组件很困难，会感觉到无休无止，而且新的设计分析和模型构建模块不断地出现，所以应该在掌握 Grasshopper 本身的组件后，有针对性地研习 Add-ons 部分。

　　本书编写的逻辑按照 Grasshopper 组件面板分组进行，穿插案例，解释组件及其相关知识，重视组件在实际中的运用。这种阐述的方法需要运用数学中的三角函数、微积分等基本知识，它们是用于解决实际问题的基础。需要思考如何使用这些基本的组件来解决实际问题的多样性、不确定性，另外，参数化的设计方法是基于编程设计，核心仍然是学习一门语言。

　　本书对于编程设计的研习仍旧处于探索阶段，编程设计的学科性也并不能被一本书所囊括，不妥之处在所难免，敬请指正。

Richie

CONTENTS 目录

篇章索引

自定义封装组件 +Python 程序索引

案例索引

Basics
基础

1

1 Grasshopper的安装

1– 在安装 Grasshopper 之前，需要安装 Rhinoceros，目前最新版本为 Rhinoceros5。

注：Rhino5 较之 Rhino4 有非常大的改进，有超过 3500 多个改进项，在建模、编辑、界面、显示、渲染、制图和打印、数字外设、网络工具、3-D 采集、分析、大型项目、兼容性、开发工具管理等方面都做出了改进，使之更易于互动操作，并消除设计生产作业流程中所遇到的瓶颈。

官方下载地址：http://www.rhino3d.com/

2– 直接双击安装即可。

Grasshopper 官方下载地址：http://www.grasshopper3d.com/

3–Grasshopper 的 Add-ons 扩展模块部分可直接双击安装。另外，可以打开 Grasshopper/File/Special Folders/Components Folder，将 Add-ons 文件拷贝到该文件下，有些则需要拷贝到 UserObjects 文件夹下，需要依据扩展模块的说明。

Add-ons
部分Add-ons下载地址：http://www.grasshopper3d.com/page/addons-for-grasshopper

2 Grasshopper的界面

在 Rhinoceros 命令行敲入 Grasshopper，调入

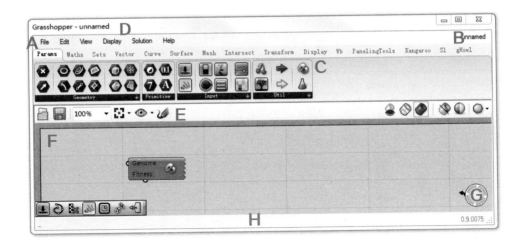

A—The Main Bar: 主菜单工具栏　　　　B—File Browser Control: 文件浏览控制器

C—Component Panels: 组件面板　　　　D—The Window Title Bar: 窗口标题栏

E—The Canvas Toolbar: 工作区工具栏　　F—The Canvas: 工作区

G—UI Widgets: 用户界面工具　　　　H—The Status Bar: 状态栏

1－打开 .gh(ghx) 文件　　　　　　7－在 RH 平台下不预览任何 GH 对象

2－保存当前文件　　　　　　　　8－在 RH 平台下线框预览 GH 对象

3－显示比例缩放　　　　　　　　9－在 RH 平台下渲染预览 GH 对象

4－显示适应工作区　　　　　　　10－在 RH 平台下仅预览选择的 GH 对象

5－添加显示视图　　　　　　　　11－在 RH 平台下预览模式设置

6－草图绘制工具　　　　　　　　12－GH 对象显示质量控制

在工作区单击右键，调入：

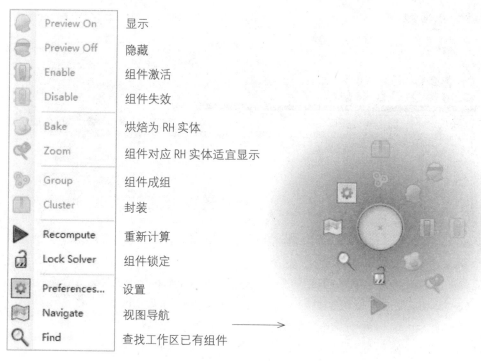

Preview On	显示
Preview Off	隐藏
Enable	组件激活
Disable	组件失效
Bake	烘焙为 RH 实体
Zoom	组件对应 RH 实体适宜显示
Group	组件成组
Cluster	封装
Recompute	重新计算
Lock Solver	组件锁定
Preferences...	设置
Navigate	视图导航
Find	查找工作区已有组件

在工作区单击中键，调入：

Grasshopper的组件

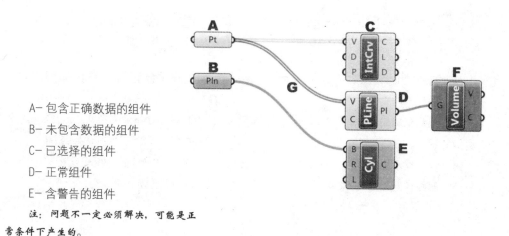

A- 包含正确数据的组件

B- 未包含数据的组件

C- 已选择的组件

D- 正常组件

E- 含警告的组件

注：问题不一定必须解决，可能是正常条件下产生的。

F- 包含错误的组件

G- 连接

组件的各部分组成：

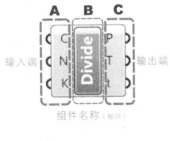

输入端　　　　　　　　　　输出端

组件名称（标识）

ICONS
NAMES

Grasshopper/Display/Draw Icons

Icon显示模式

注：部分组件只有输入端或输出端。

可以在设置面板中调整色彩显示：

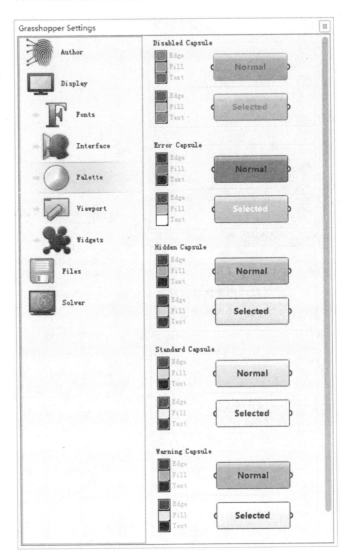

无限放大组件，会看到部分组件的进一步操作：

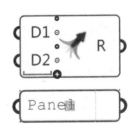

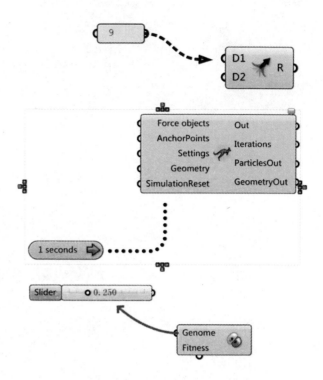

工作区域双击左键弹出搜索面板，可以通过输入关键词查找组件。

组件间的连接只需从某一组件一端到另一组件一端拖动连接，如果多个同时连接在一端，则需同时按住 Shift 键，取消连接按住 Ctrl 键，也可以通过连接端右键单击菜单 / Disconnect 取消连接。

组件连线类型:

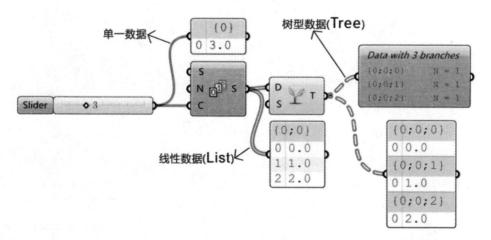

4 数据流匹配

　　输入端的数据往往在数据结构分支数量与列表长度上有可能不一致，对于不一致的列表，可以使用组件 Shortest List、Longest List 和 Cross Reference 处理，以获取不同的数据匹配操作方式。

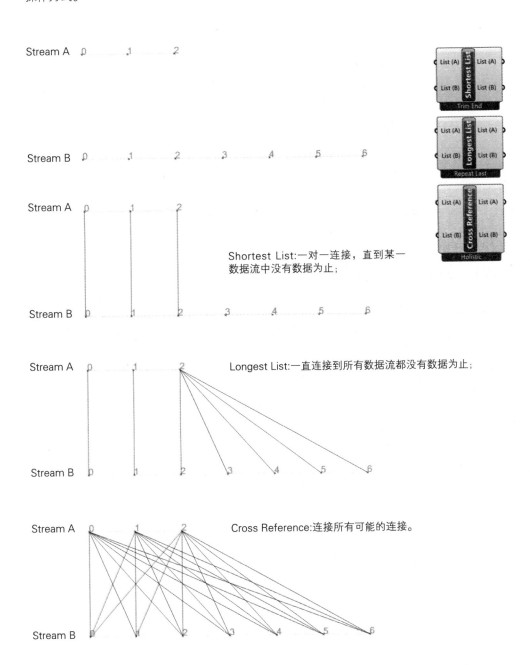

Shortest List:一对一连接，直到某一数据流中没有数据为止；

Longest List:一直连接到所有数据流都没有数据为止；

Cross Reference:连接所有可能的连接。

Grasshopper 程序导出为图片格式的方法：Grasshopper/File/Export Hi-Res Image

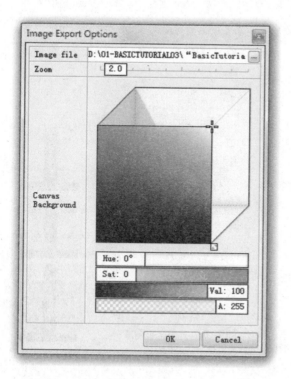

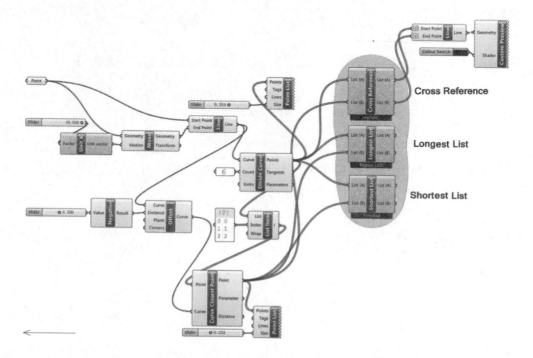

5 基本操作流程

　　自然界中有很多肉眼可以看到的结构，也有很多肉眼看不到的微观结构，这些结构包含了巧妙的结构构成方法，可以碰触设计的灵感获得具有一定结构基础的特殊几何，获得这些结构知识可以查阅相关学科的文献，推荐 Olaf Breidbach 的〈Art Forms from the Ocean〉以及 Ernst Haeckel 的〈Art Forms in Nature〉_Ernst Haecke。

　　以图式的海洋生物微观结构作为设计的依据，其结构近似球体，表面随机分布着不规则卵状的镂空。在构建类似几何时，可以采用空间随机点构建 Mesh 面，获得面的边线建立框架体结构，使用 1987 年 Edwin Catmull 与 Jim Clark 首次提出的网络递归细分方法，建立骨状结构体。

Microstructure

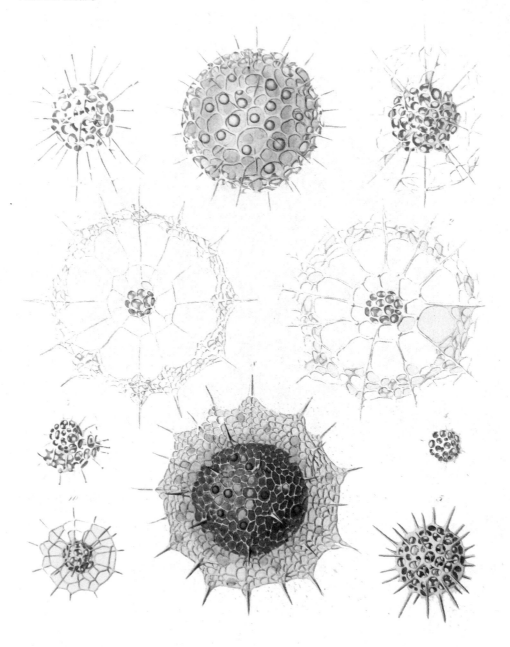

微观结构

引自 Olaf Breidbach 的 ⟨Art Forms from the Ocean⟩

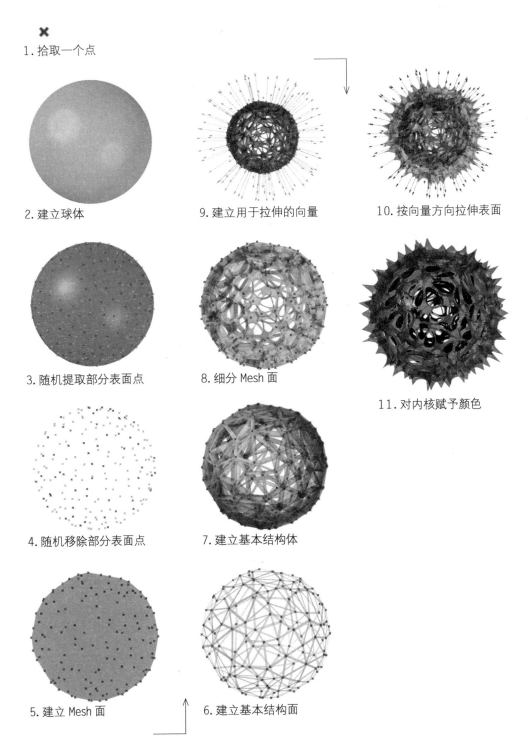

1. 拾取一个点

2. 建立球体

9. 建立用于拉伸的向量

10. 按向量方向拉伸表面

3. 随机提取部分表面点

8. 细分 Mesh 面

11. 对内核赋予颜色

4. 随机移除部分表面点

7. 建立基本结构体

5. 建立 Mesh 面

6. 建立基本结构面

几何构建逻辑（Microstructure）

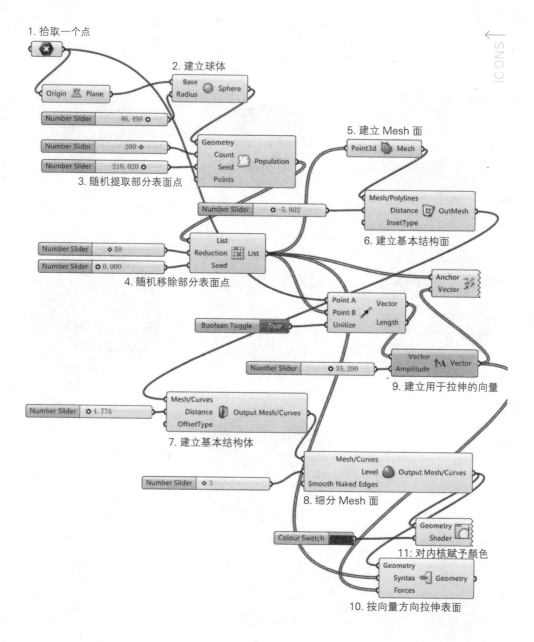

ICONS

● 有了设计的想法，就需要开始寻找实现该设计形式的形体构建方法，不同的设计者在寻找同一个目的形体构建方法上会存在差异，达到同一个目的的途径并不唯一。

在考虑使用 Grasshopper 节点式编程的方法时，需要根据设计的构想推测使用哪些 Grasshopper 的组件可以达到形体构建的目的，例如表面变形拉伸过程的实现、随机有机形式镂空的实现等。除了 Grasshopper 自身的组件之外，很多情况下需要研究更多的 Add-Ons，即扩展插件的用途，这些 Grasshopper 的扩展插件类似于 Python 程序语言下无数的模块，可以实现不同的功能，不仅拓展了基础程序的应用范围，也大大提高了程序编写的效率。

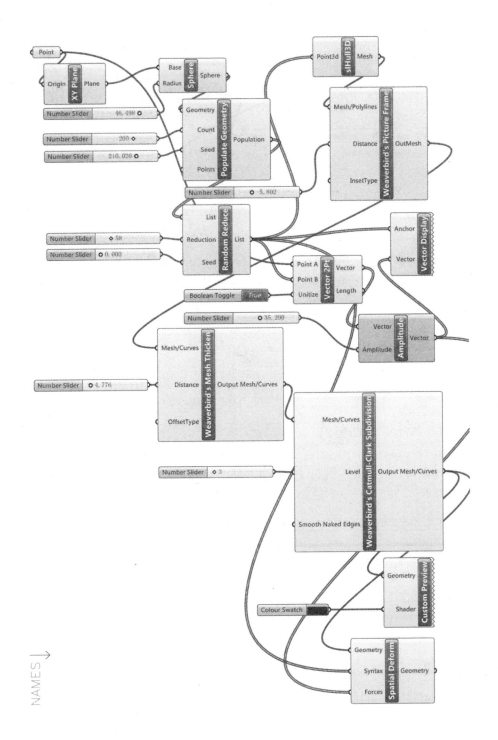

NAMES →

操作步骤:

打开 Rhinoceros 5.0,在命令行中输入 grasshopper 命令调出 Grasshopper 界面。

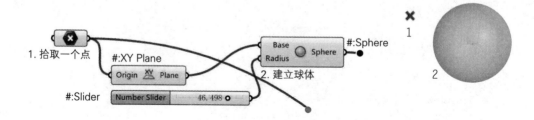

点取 Geometry/Point,在其组件上右键选择 Set one Point 之后,在 Rhinoceros 空间中拾取一个点。在 Surface/Primitive 命令组中,点击并拖动 Sphere 组件到面板中,其 Base 输入项要求输入参考平面,默认值为 XY 参考平面。可以将鼠标放置在 B 输入项,会自动弹出说明,以帮助使用者了解组件的使用方法。其 Radius 输入项是指定球体半径,连接一个 Slider 组件,通过拖动滑块来控制球体半径变化。

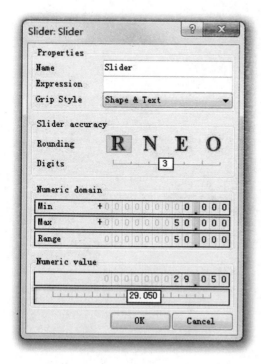

鼠标放置在B输入项,自动弹出B输入项说明。

鼠标放置中间图标处,自动弹出组件功能说明。

单击Slider组件端头深灰色部分,可以打开Slider数值设置面板,包括Name名称、Expression描述、Grip Style数值条显示样式、Slider accuracy数值格式、Numeric domain数值区间(最大和最小)以及Numeric value当前值。

单击Slider组件右端浅灰色部分,可以直接修改数值。

在 Point 组件右键，如果一次性选择多个点，可以选择 Set Multiple Points 项；如果仅选择一个点，则选择 Set one Point 项。

Point location (Type=Coordinate): |

选择之后，在 Rhinoceros 的 Command 命令行中显示 Type=Coordinate 时，即可以直接在 Rhinoceros 空间中直接获取点；也可以用鼠标左键在 (type=Coordinate) 位置单击，则显示下图选项。

Grasshopper Point type ⟨Coordinate⟩ (Coordinate Point Curve):

其中，Coordinate 即直接在 Rhinoceros 空间中获取点；Point 选项需要先使用 Rhinoceros 命令建立一个点，再拾取到 Grasshopper 空间；Curve 则是在已经建立的曲线上拾取一个点到 Grasshopper 空间。

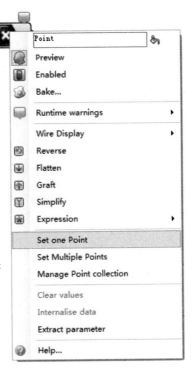

3. 随机提取部分表面点

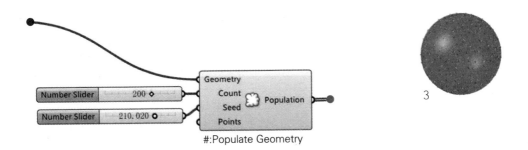

#:Populate Geometry

使用 Vector/Grids/Polulate Geometry 组件获得球体表面点，Count 输入项控制所获得点的数量，Seed 为随机种子。

4. 随机移除部分表面点

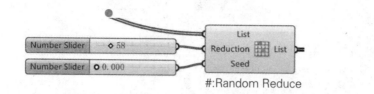

4

随机移除部分表面点的步骤可以省略，在随机提取部分表面点时已经获取随机点，有时为了增加更多的控制，可以尝试相应地增加部分步骤，使得控制多样化。在所有相关随机的组件中，一般都有 Seed 随机种子输入项，用于获取不同的随机结果。

5. 建立 Mesh 面

5

目前，Grasshopper 组件的 Mesh 部分还不能很好地解决一些几何构建的问题，但是可以在其官方网站上获得关于 Mesh 处理的很多 Add-ons(扩展模块)，slHull3D 是 Starling 的一个组件，其下载地址可以在 Grasshopper 官方网站中获取：http://www.grasshopper3d.com/。

Starling

6. 建立基本结构面

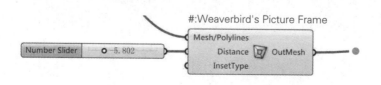

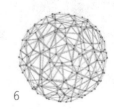

6

为了获得 Mesh 面每个单元面的边框，可以使用 Weaverbird's Picture Frame 直接获取，Weaverbird's Picture Frame 组件是 Grasshopper 的扩展插件 WeaveBird 下的组件，其下载网址可以在 Grasshopper 官网中获得。

WeaverBird

7. 建立基本结构体

7

使用 Grasshopper 的扩展插件 WeaverBird 下的组件 Weaverbird's Mesh Thicken 可以将单元的边框拉伸出一定的厚度。

8. 细分 Mesh 面

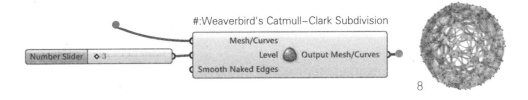

8

使用 Grasshopper 的扩展插件 WeaverBird 下的组件 Weaverbird's Catmull-Clark Subdivision 组件输入递归次数进行网格递归细分。

9. 建立用于拉伸的向量

在开始变形拉伸 Mesh 面之前，需要建立用于指示拉伸方向的向量，由最初的一个点即球体的几何中心点与随机获取的球体表面点分别建立各个向量，方向向外。因为向量不是实际的几何体，因此需要使用组件 Vector Display 来显示向量。

9

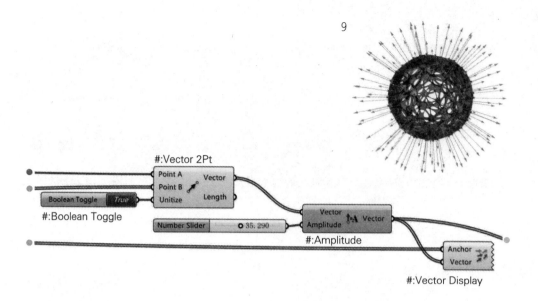

#:Vector 2Pt

#:Boolean Toggle

#:Amplitude

#:Vector Display

10. 按向量方向拉伸表面

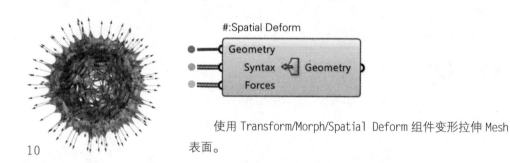

10

#:Spatial Deform

使用 Transform/Morph/Spatial Deform 组件变形拉伸 Mesh 表面。

11. 对内核赋予颜色

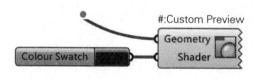

#:Custom Preview

可以在 Grasshopper 空间中对几何对象赋予显示颜色，用于形体的色彩分析研究。使用 Display/Preview/Custom Preview 显示颜色。

11

2

Params
基本参数

Params 部分是 Grasshopper 的基础，其 Geometry 部分列举了全部的几何体类型，Primitive 部分则列举了数据类型，但是这两部分组件主要的功能是将 Rhinoceros 平台下的几何体调入到 Grasshopper 空间平台下，以及整理组件、过滤数据。

Special 中则给出了建立数据的方法，例如数值数据、色彩数据、函数、布尔值、图像、图例统计、数据追踪、时间以及进化计算等。

1 Geometry: 几何体类型

I	A Point	点	B Vector	向量
II	C Circle	圆	D Circular Arc	弧
	E Curve	曲线	F Line	直线
	G Plane	平面	H Rectangle	矩形
III	I Box	盒体	J Brep	对象
	K Mesh	格网	L Mesh Face	单元面
	M Surface	曲面	N Twisted Box	扭曲盒体
IV	O Field	磁力场	P Geometry	几何体
	Q Geometry Cache	缓存存储	R Geometry Pipeline	几何体过滤
	S Group	组	T Transform	变形体

该部分组件可以用于将 Rhinoceros 平台下的几何体调入到 Grasshopper 空间中，或者用于数据的整理和过滤，例如组件间连接较远时，可以使用该组件作为过渡，并可以隐藏连线。部分组件可以在 Rhinoceros 空间直接拾取几何对象，例如 Curve、Brep 等；部分组件则需直接绘制而无法拾取 Rhinoceros 空间对象，例如 Line、Circle 等。在直接绘制的情况下，一般需要同时关注 Rhinoceros 命令行，会提示相关操作方法，直接用左键单击命令行需要操作的命令进行绘制。

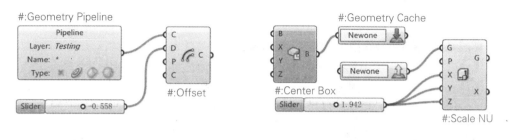

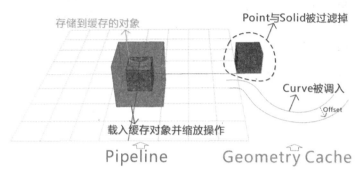

使用 Geometry Cache 组件需要重新命名，使其所存储的几何对象唯一，在重新加载存储的几何对象时，再调入一个 Geometry Cache 组件并右键显示菜单，点取 Load Geometry 调入存储的几何对象，继续进一步的程序编写。

组件 Geometry Pipeline 可以将 Rhinoceros 空间对象按层调入到 Grasshopper 空间中，非常方便，这种方式可以进一步强化 Rhinoceros 空间对象与 Grasshopper 空间程序编写之间的联系。例如在规划设计过程中，用地分类中的不同用地类型分别被放置于不同的层中，可以整体调入一个层中的几何对象，即某一个用地类型，对该用地类型进行进一步的分析，或者对构建的程序进行编写，当该层用地类型的几何对象发生变化时，Grasshopper 的程序能够做出直接的反应。

2 Primitive: 数据类型

Primitive 数据类型与 Geometry 几何体类型类似，不同的是几何体类型可以直接在 Rhinoceros 平台下显示，数据类型需要连接 Panel 面板查看。

可以通过 Primitive 数据类型面板中的组件设置或者获取各种类型的数值。由于数据类型的不同，设置数值的方法有所差异，大部分组件都可以通过右键查看设置的方法，并设置或者选择数值。

以 Number 数值组件为例，可以在组件上右键调出菜单，选择 Set Number 项设置数值并点击 Commit changes 确定。

File Path组件可以调入外部的文件数据,通常在不同平台转换和链接数据时使用该组件,例如,从地理信息系统(GIS)中获取的高程、坡度等信息数据并转化为 XYZ 格式的 .txt 文件,可以使用 File Path 组件将其调入到 Grasshopper 空间中,通过坐标建立空间点进而构建地形表面,以及通过色彩显示不同地理信息或者用于进一步的分析研究。

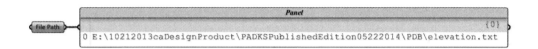

3 Input: 输入类

Input 输入类提供各种类型的数据输入方式,包括数值输入的方法,布尔值、日期的输入,颜色的选择,图像采样,函数图形以及相关数据格式的调入,包括蛋白质三维结构数据、地理信息数据、坐标文件数据、图像数据和 Rhinoceros 本身的数据格式。

数据输入方法是程序编写的重要组成部分,伴随更多其他数据接口的出现,Grasshopper 能够方便使用更多的数据信息使其分析研究的领域也逐渐拓宽,真正实现编程所带来的创造力。

I

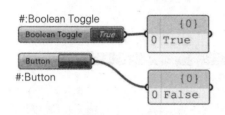

#:Number Slider

#:Panel

Panel 观察面板除了可以查看输出数据，也可以作为输入数据使用。

Number Slider 组件是最为常用的获取数值的组件，可以设置区间并滑动取值，在类似 Galapagos 进化计算时也可以产生变动的数值用于解算。

II

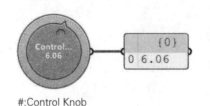

#:Boolean Toggle

#:Button

Boolean Toggle 组件可以用于选择 True 或者 False，常用于某项功能选项是否开启。

Button 组件与 Boolean Toggle 组件输出值一样为 True 或者 False，但是仅有使用鼠标按住 Button 时，才会输出 True，否则为 False 值。

Control Knob 是获取数值的又一种方式，可以通过旋转拖动圆盘获取输出值。

#:Control Knob

Digit Scroller 数字滚轴类似于 Number Slider 数值滑块，通过拖动每位的滚轴输出数值。

#:Digit Scroller

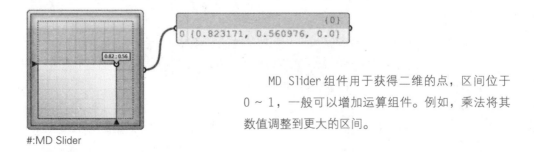

MD Slider 组件用于获得二维的点，区间位于 0 ~ 1，一般可以增加运算组件。例如，乘法将其数值调整到更大的区间。

#:MD Slider

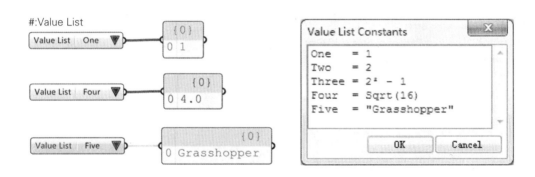

Value List 组件类似于多选一，在组件右侧双击将调出设置值的编辑框，等号的左侧为识别 ID 的标识符，右侧为该 ID 下的值，该值可以是数值、计算公式或者字符串。

III

#:Calendar   #:Clock

Calendar 和 Clock 是两个关于日期的组件，一个是年月日，一个是时间，初次调入时显示的是此刻的日期和时间，也可以根据需要进行调整。如果已调整时间 Clock 组件，但是需要回到当前时间，可以双击该组件。

Colour Swatch 用于获得颜色，在 Grasshopper 中结合 Diplay/Preview/Custom Preview 组件，为几何对象赋予颜色时使用。

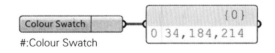

#:Colour Swatch

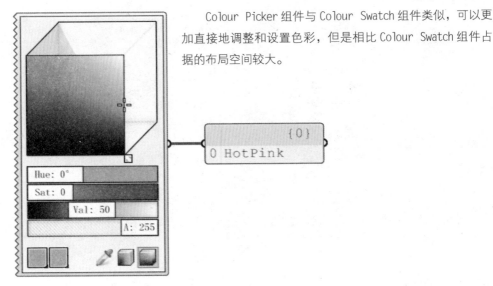

Colour Picker 组件与 Colour Swatch 组件类似，可以更加直接地调整和设置色彩，但是相比 Colour Swatch 组件占据的布局空间较大。

#:Colour Picker

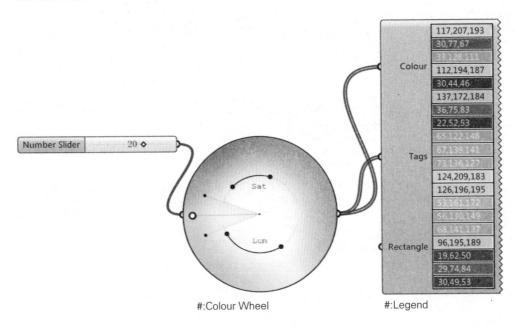

#:Colour Wheel #:Legend

Colour Wheel 组件可以根据指定生成颜色的数量，通过调节指针获取多个颜色值，在组件上右键可以选择 Monochromatic 单一色彩的调配、Bichromatic 双色调配、Trichromatic 三色调配和 Tetrachromatic 四色调配。为了显示获取的颜色，使用 Display/Graphs/Legend 图例组件显示颜色和颜色值。

调入高程地理信息数据的方法

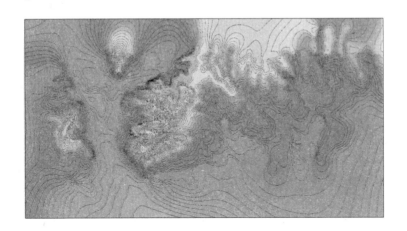

　　Gradient 组件可以获得变化的颜色，一般可以根据输入的区间参数，调节对象表面色彩的变化。

　　例如，使用 Gradient 组件可以根据高程值、坡度值等地理信息数据对地形赋予颜色，从而直观地确定地理信息数据的变化情况。

　　● 调入地形高程地理信息数据的基本思路是读取调入的 .txt 高程数据文件，获取高程点，使用 Delaunay Mesh 构建地形格网，使用 Gradient 组件按照高程值赋予地形颜色，同时使用 Contour 组件获取等高线。

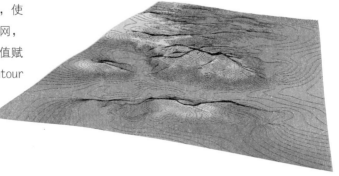

　　.txt 格式文件的高程数据，是以 x,y,z 形式出现，其间逗号分隔，每一个坐标点数据占据一行，使用 File Path 组件调入 .txt 高程文件，并使用 Import Coordinate 组件直接读取，其输入端 Separator 默认值为逗号。

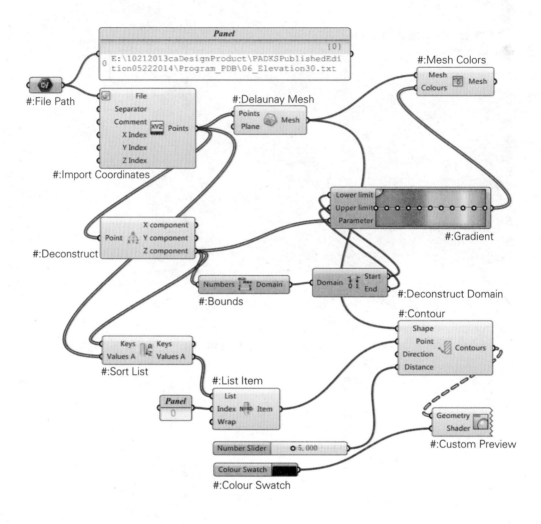

Panel
{0}
0 E:\10212013caDesignProduct\PADKSPublishedEdi
tion05222014\Program_PDB\06_Elevation30.txt

#:File Path

#:Import Coordinates

File
Separator
Comment
X Index   Points
Y Index
Z Index

#:Delaunay Mesh

Points
Plane   Mesh

#:Mesh Colors

Mesh
Colours   Mesh

#:Deconstruct

Point   X component
Y component
Z component

#:Gradient

Lower limit
Upper limit
Parameter

#:Bounds

Numbers   Domain

#:Deconstruct Domain

Domain   Start
End

#:Contour

Shape
Point
Direction   Contours
Distance

#:Sort List

Keys   Keys
Values A   Values A

#:List Item

List
Index   Item
Wrap

Panel
0

#:Custom Preview

Geometry
Shader

Number Slider   5.000

Colour Swatch

#:Colour Swatch

几何构建逻辑（林地提取）

1.读取遥感影像

2.分解Mesh格网，获取顶点和顶点颜色值

3.使用Graph Mapper组件调整色彩

6.林地提取完成

4.根据调整后的色彩值提取顶点

5.根据提取的顶点，使用变形球融合边缘

林地提取

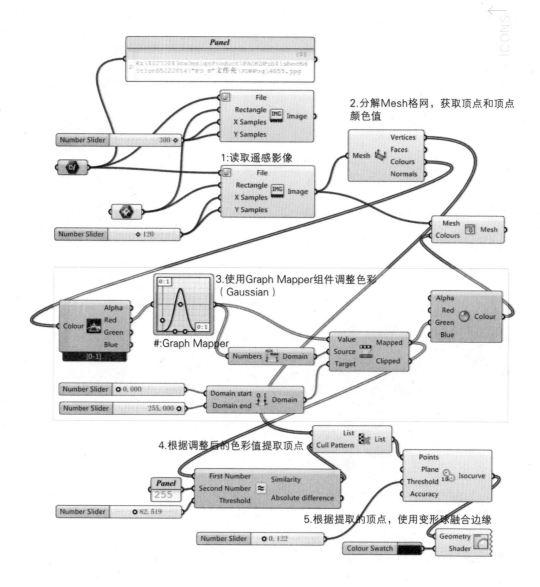

- 组件只有互相配合使用才会产生更大的价值，并且单个组件的使用方法也并不唯一。Graph Mapper 组件提供了多个图形函数，可以通过直接拖拽图形调整函数值的变化，一般基于函数图形可以把一组数值列表整理出一定的变化规律，从而获取具有韵律感的几何形体。处理几何形体只是 Graph Mapper 的一种应用方式，只要与函数相关，又希望能够直接调整图形获取值的问题，都可以使用 Graph Mapper 函数，因此可以应用到更广阔的领域。

　　使用ENVI遥感图像处理平台处理遥感图像时，可以根据遥感影像识别地物进行图像分类。依据 Grasshopper 节点式编程语言对图像处理的支持，也可以在 Grasshopper 中使用图像处理组件并结合图形函数对色彩数据的处理提取目标信息，达到主要林地提取的目的。其中使用了 Import Image 组件读取图像文件，获取 Mesh 格网数据，该数据包含了顶点的颜色信息，通过对红色值 Gaussian 高斯函数处理，并判断值提取林地区域所对应的格网顶点，使用 Metaball 变形球组件拟合出林缘线。

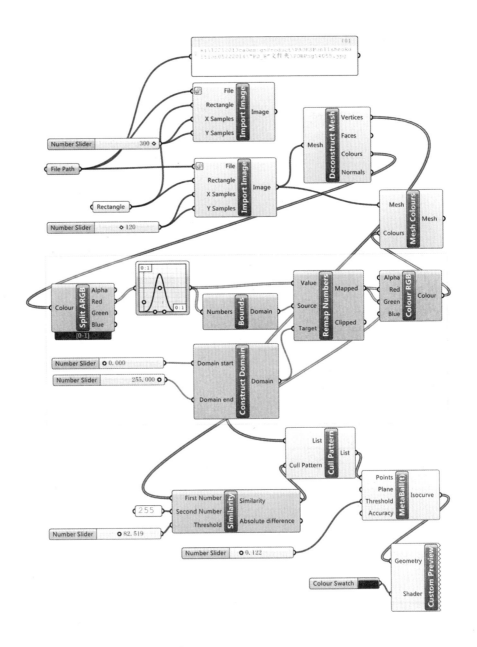

关于遥感影像

在地理空间云数据 Geospatial Data Cloud 中 (http://www.gscloud.cn/) 获得 Landsat 7 ETM SLC-on(1999-2003) 的影像 Landsat7™，共计 9 个 TIFF 文件，1、2、3、4、5、61、62、7、8 波段。对于 TM 的波段，8 波段分辨率为 15m，6 波段为 120m，其他各波段为 30m。

关于地理信息系统 (GIS) 的详细阐述，可以查看 "面向设计师的编程设计知识系统" 的《地理信息系统（GIS）在风景园林和城市规划中的应用》部分。

元数据

数据标识：LE71230322003145ASN00

产品名称：L7slc-on

卫星：LANDSAT7

条带号：123　行编号：32

行象元数：750　列象元数：825

传感器：ETM+

接收站标识：ASN

数据获取日期：20030525　白天/夜晚：DAY

开始时间：2003-05-25 02:41:58　结束时间：2003-05-25 02:42:26

平均云量：2.12

左上云量：4.98

右上云量：2.88

左下云量：.55

右下云量：.07

太阳方位角：129.4504395

太阳高度角：62.9660721

中心纬度：40.31520 中心经度：116.62800

左上点纬度：41.28250　左上点经度：115.76530

右上点纬度：40.95760　右上点经度：118.00470

左下点纬度：39.65750　左下点经度：115.27640

右下点纬度：39.34030　右下点经度：117.46380

图像采样

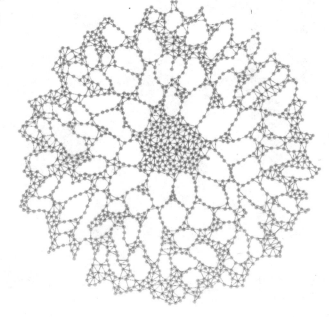

几何构建逻辑（图像采样）

1.建立矩形

2.等分点

3.调入图像并采样，根据亮度值提取点

8.剔除较大长度的连线

4.剔除相邻的部分点

7.所有点之间相互连线

#:用于采样的原始图像

5.建立圆曲面

6.使用各个圆心距离外边缘线的距离作为参数赋予颜色

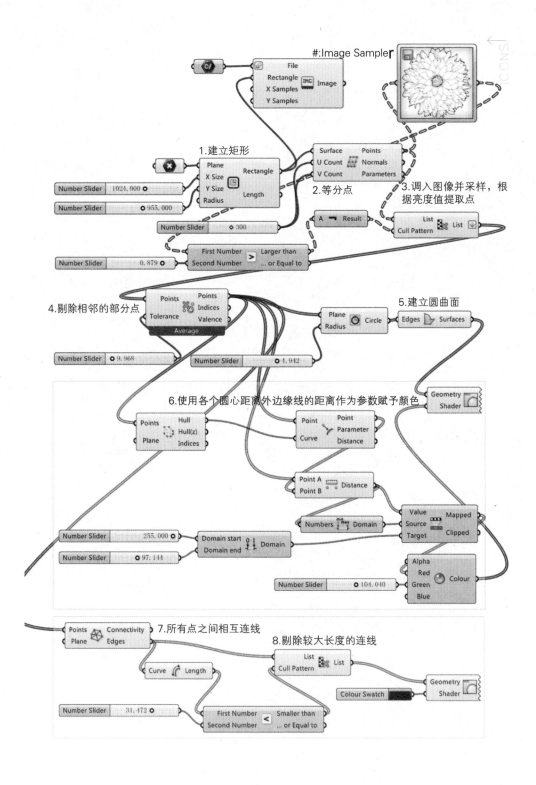

NAMES

● 很多时候会遇到将单纯的图片格式文件转换为矢量图形的过程，并结合进一步设计的意图编写程序。

组件 Image Sampler 图像采样可以对调入的图像文件采样，根据进一步创作的目的选择不同采样的方法，例如获取红色值、蓝色值、绿色值以及亮度值等。本例中所采用的原始图像为黑白影像，希望能够提取黑色线的图形，已经通过采样获取图像每个采样点的亮度值，再判断值的范围提取点，并进一步使用 Cull Duplicates 组件，设置容差值将部分临近的点剔除，使提取的点尽可能简洁。

获取点之后，可以使用组件 Delaunay Edges 将所有点相互连线，并通过对各个直线的长度值判断，将较长的直线剔除。

使用组件 Convex Hull 凸包获取所有点的外边缘线，将提取点投影到该边缘线上计算距离，由该距离作为色彩赋予的参数值。

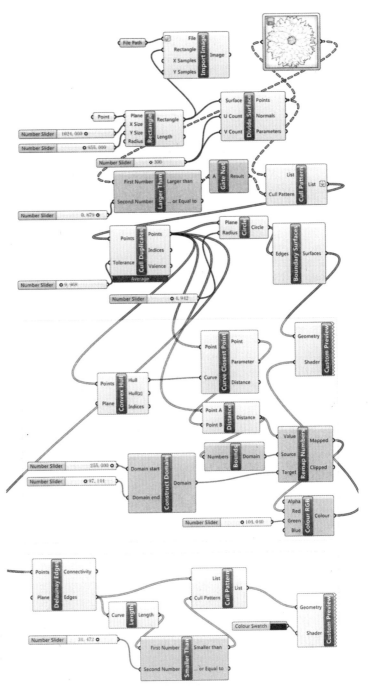

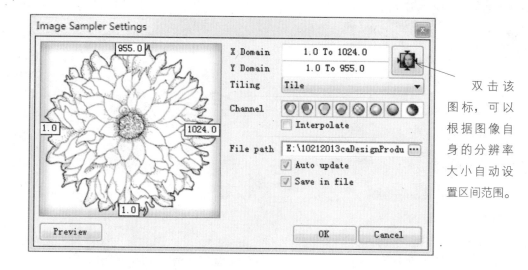

双击该图标，可以根据图像自身的分辨率大小自动设置区间范围。

　　双击 Image Sampler 可以调出参数设置面板，File path 为调入的图像文件，Channel 为颜色通道，Tiling 可以设置图像平铺的方式，X、Y Domain 为图像平铺的区间。

IV
蛋白质数据库

　　蛋白质数据库（Protein Data Bank，简称 PDB）是一个专门收录蛋白质及核酸的三维结构资料的数据库。这些资料和数据一般是世界各地的结构生物学家，经由 X 射线晶体学或 NMR 光谱学实验所得，并释放到公共领域供公众免费使用。

　　蛋白质数据库是一个包含蛋白质、核酸等生物大分子的结构数据的数据库，由 Worldwide Protein Data Bank 监管。PDB 可以经由网络免费访问，是结构生物学研究中的重要资源。为了确保 PDB 资料的完备与权威，各个主要的科学杂志、基金组织会要求科学家将自己的研究成果提交给 PDB。在 PDB 的基础上，还发展出来若干依据不同原则对 PDB 结构数据进行分类的数据库，例如 GO 将 PDB 中的数据按基因进行了分类。

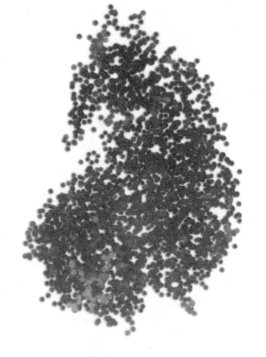

PDB 的历史可以追溯到 1971 年，当时 Brookhaven 国家实验室的 Walter Hamilton 决定在 Brookhaven 建立这个数据库。1973 年 Hamilton 去世后，Tom Koeztle 接管了 PDB。1994 年 1 月，Joel Sussman 被任命为 PDB 负责人。在 1998 年 10 月，PDB 被移交给了 Research Collaboratory for Structural Bioinfor-matics(RCSB)，并于 1999 年 6 月移交完毕，新的负责人是 Rutgers 大学（RCSB 成员）的 Helen M. Berman。2003 年，PDB 作为 wwPDB 的核心，成为了一个国际性组织。同时，wwPDB 的其他成员，包括 PDBe、PDBj、BMRB，也为 PDB 提供了数据积累、处理和发布的中心。值得一提的是，虽然 PDB 的数据是由世界各地的科学家提交的，但每条提交的数据都会经过 wwPDB 工作人员的审核与注解，并检验数据是否合理。PDB 及其提供的软件现在对公众免费开放。

蛋白质数据库 .pdb 文件可以在 http://www.wwpdb.org/、http://www.rcsb.org/pdb/home/home.do 等蛋白质数据库网络资源中获取。Grasshopper 提供了 Import PDB 用于读取 .pdb 格式的文件，结合使用 Atom Data 组件可以读取 .pdb 蛋白质及核酸的三维结构信息，并以可视化的方式呈现。

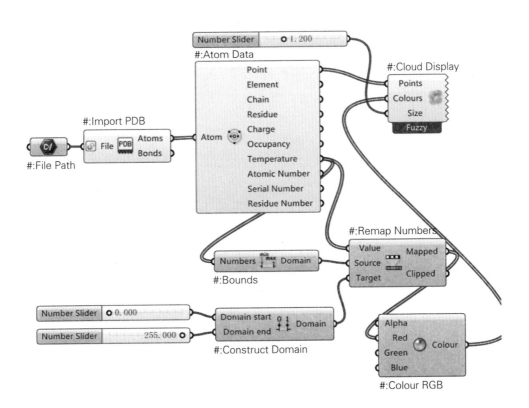

● 由于蛋白质数据库 .pdb 数据的支持，使得 Grasshopper 的应用领域进一步拓展，但是对于非生物学专业的建筑、景观和规划设计者，似乎没有必要深入地研究蛋白质及核酸的三维结构信息，但也许可以碰触出设计的灵光。

案例中使用的 .pdb 数据为 3ZL，CRYSTAL STRUCTURE OF MURF LIGASE FROM THERMOTOGA MARITIMA IN COMPLEX WITH ADP

Chain(s):　　A

Authors:　　Favini-Stabile, S., Contreras-Martel, C., Thielens, N., Dessen, A.

Release:　　2013-09-11

组件 Import Coordinates 调入坐标文件和 Import Image 调入图像文件在前文中均有实例阐述，这里不再赘述。组件 Import 3DM 调入 .3DM 格式文件，即 Rhinoceros 自身的文件格式，可以把 Rhinoceros 三维模型文件直接调入到 Grasshopper 空间中使用，组件 Import SHP 调入 .shp 地理信息数据可以与 GIS（Geographic Information System）地理信息系统数据更紧密结合，使用 Grasshopper 处理分析原本在 GIS 平台中处理的数据，并能够与参数化的方法结合，使得设计的过程更加智能化。

.shp地理信息数据的调入

ArcGIS下的数据

.shp 是地理信息数据的一种格式，一般可以绘制点、线和面，因为是包含了地理信息的数据格式，因此除了基本的几何图形外，还包括各类地理信息，基本的大地坐标系统和投影坐标系统的信息，一般存储在单独的 .prj 为后缀的文件中，属性表中的数据存储在 .dbf 为后缀的文件中。

shapefile 格式文件存储在同一项目工作空间，并使用特定文件的扩展名，包括定义地理配准要素的几何和属性等格式。这些文件是：

.shp － 用于存储要素几何的主文件；必需文件。

.shx － 用于存储要素几何索引的索引文件；必需文件。

.dbf － 用于存储要素属性信息的 dBASE 表；必需文件。

几何与属性是一对一关系，这种关系基于记录编号。dBASE 文件中的属性记录必须与主文件中的记录采用相同的顺序。

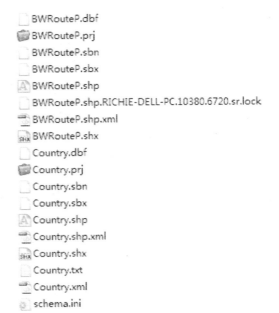

.sbn 和 .sbx － 用于存储要素空间索引的文件。

.fbn 和 .fbx － 用于存储只读 shapefile 的要素空间索引的文件。

.ain 和 .aih － 用于存储某个表中或专题属性表中活动字段属性索引的文件。

.atx － .atx 文件针对在 ArcCatalog 中创建的各个 Shapefile 或 dBASE 属性索引而创建。ArcGIS 不使用 shapefile 和 dBASE 文件的 ArcView GIS 3.x 属性索引，已为 shapefile 和 dBASE 文件开发出新的属性索引建立模型。

.ixs － 读 / 写 shapefile 的地理编码索引。

.mxs － 读 / 写 shapefile（ODB 格式）的地理编码索引。

.prj － 用于存储坐标系信息的文件；由 ArcGIS 使用。

.xml － ArcGIS 的元数据，用于存储 shapefile 的相关信息。

.cpg － 可选文件，指定用于标识要使用的字符集的代码页。

Rhinoceros 以及 Grasshopper 还不具有类似 ArcGIS 地理信息系统平台将图形和地理信息紧密关联存储地理信息数据的能力，使用组件 Import SHP 只能单独调入几何图形，相关联的信息需要分别读取存储在 Grasshopper 的列表中才能与几何图形构建关系。在将 .shp 地理信息数据文件调入 Rhinoceros 平台之前，需要确定 GIS 下的数据单位为长度单位而不是度，同时需要将属性表用的数据导出为 .txt 的文本文件才能够在 Grasshopper 空间中正确读取。

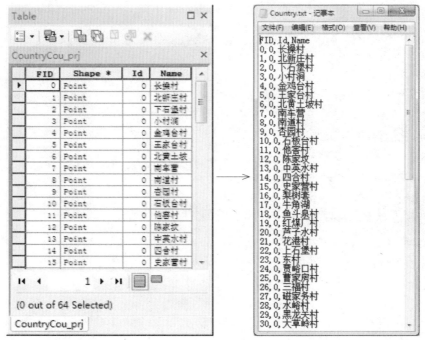

ArcGIS下的属性表   导出的.txt文本文件

● Import SHP 只能调入几何图形，与几何图形相关的属性表数据需要单独读取。首先读入表示村落位置的点坐标名称，再使用组件 Read File 读取内容，最后切分字符串提取村落名称。可以使用组件 File Path 和组件 Read File 读取相关的数据文件。例如 .xml 后缀文件，可以查看数据的基本信息，如相关文件的路径、创建日期等信息；后缀为 .prj 的投影信息文件，可以查看大地坐标系统和投影坐标系统的类型。

调入到Grasshopper空间中的地理信息数据

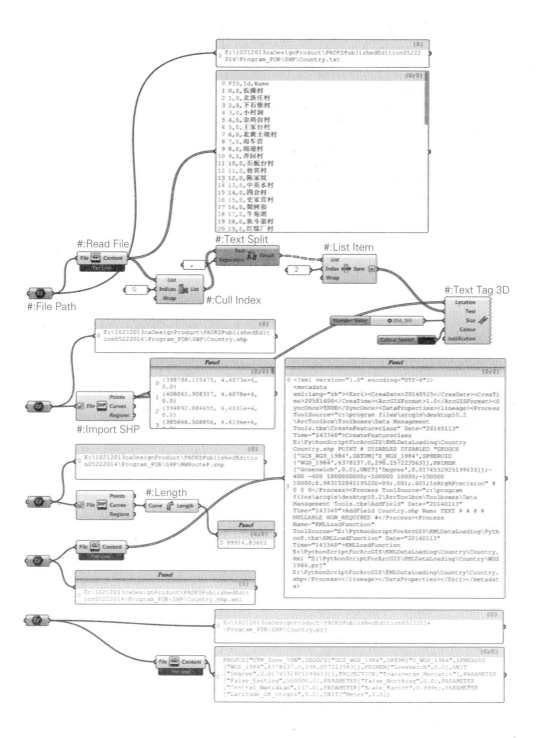

#:Read File

#:File Path

#:Text Split

#:List Item

#:Cull Index

#:Text Tag 3D

#:Import SHP

#:Length

4 Util: 基本参数下的工具类

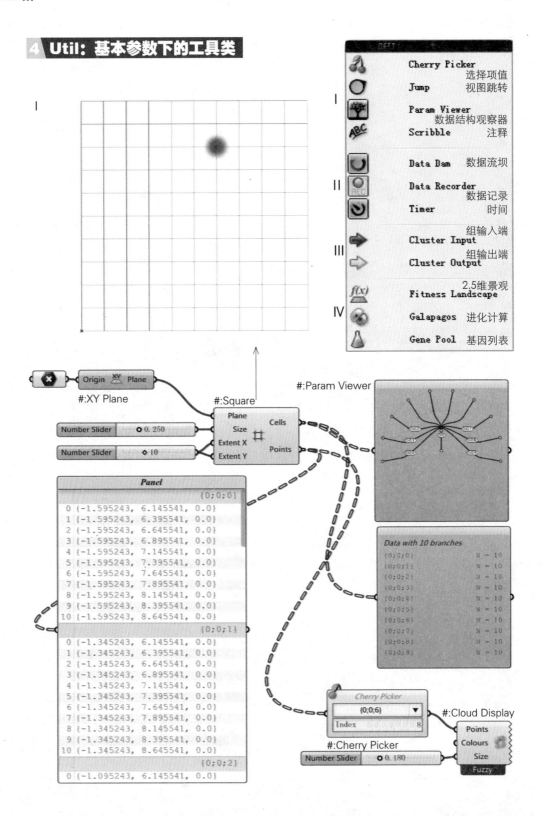

I	Cherry Picker　　选择项值
	Jump　　　视图跳转
	Param Viewer
	数据结构观察器
	Scribble　　注释
II	Data Dam　　数据流坝
	Data Recorder
	数据记录
	Timer　　　时间
III	组输入端
	Cluster Input
	组输出端
	Cluster Output
IV	2.5维景观
	Fitness Landscape
	Galapagos　进化计算
	Gene Pool　基因列表

#:XY Plane

Number Slider ○ 0.250

Number Slider ◇ 10

#:Square

Plane
Size
Extent X
Extent Y

Cells
Points

#:Param Viewer

Panel

	{0;0;0}
0	{-1.595243, 6.145541, 0.0}
1	{-1.595243, 6.395541, 0.0}
2	{-1.595243, 6.645541, 0.0}
3	{-1.595243, 6.895541, 0.0}
4	{-1.595243, 7.145541, 0.0}
5	{-1.595243, 7.395541, 0.0}
6	{-1.595243, 7.645541, 0.0}
7	{-1.595243, 7.895541, 0.0}
8	{-1.595243, 8.145541, 0.0}
9	{-1.595243, 8.395541, 0.0}
10	{-1.595243, 8.645541, 0.0}

	{0;0;1}
0	{-1.345243, 6.145541, 0.0}
1	{-1.345243, 6.395541, 0.0}
2	{-1.345243, 6.645541, 0.0}
3	{-1.345243, 6.895541, 0.0}
4	{-1.345243, 7.145541, 0.0}
5	{-1.345243, 7.395541, 0.0}
6	{-1.345243, 7.645541, 0.0}
7	{-1.345243, 7.895541, 0.0}
8	{-1.345243, 8.145541, 0.0}
9	{-1.345243, 8.395541, 0.0}
10	{-1.345243, 8.645541, 0.0}

	{0;0;2}
0	{-1.095243, 6.145541, 0.0}

Data with 10 branches

{0;0;0}	N = 10
{0;0;1}	N = 10
{0;0;2}	N = 10
{0;0;3}	N = 10
{0;0;4}	N = 10
{0;0;5}	N = 10
{0;0;6}	N = 10
{0;0;7}	N = 10
{0;0;8}	N = 10
{0;0;9}	N = 10

Cherry Picker

{0;0;6} ▼

Index　　　　　　8

#:Cherry Picker

Number Slider ○ 0.180

#:Cloud Display

Points
Colours
Size

Fuzzy

● Cherry Picker 组件可以通过选择某一路径以及该路径下的索引值获取项值。

组件 Param Viewer 数据结构观察器是最为常用的组件，因为所有程序的编写都是对数据的处理，而处理数据最核心的技术就是数据结构，即数据路径分支和索引值的情况，想要游刃有余处理数据的根本方法就是对数据结构的深刻理解。在程序编写过程中，需要通过 Param Viewer 组件时刻观察数据结构变化的情况，为达到下一步数据结构的变化结果作出反应。

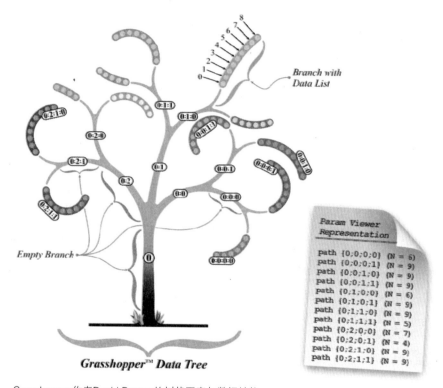

Grasshopper作者David Rutten的树状图表与数据结构

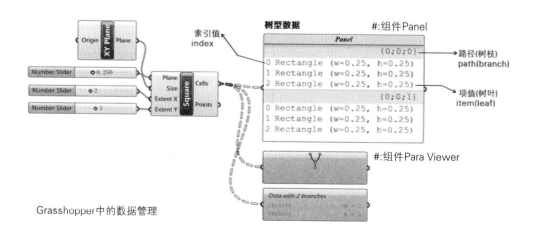

Grasshopper中的数据管理

Jump 组件类似于视图区域跳转，可以将相对的两个按钮放置于不同程序的区域，当需要将视图移动到相对按钮所在的区域时，只需要双击此端按钮，就会自动跳转到相对视图区域。

#:Jump

Doubleclick Me!
#:Scribble

Scribble 组件用于在 Grasshopper 空间中的注释说明。

虹桥结构解算-Galapagos

北宋张择端的《清明上河图》以北宋都城汴梁的汴河两岸清明时节景象为题材，表现北宋末年承平日久、繁荣昌盛的社会生活。全图采用全景式构图，以自然景观作为分隔，大致可分为郊野、汴河、街市三大段。其中虹桥形态造型、结构构思巧夺天工，为多数学者所关注和研究以及重建，例如开封清明上河园内的虹桥。

构建虹桥的结构关键在于三根系统与四根系统的搭建关系，张亦文在《清明杂谈：从〈清明上河图〉谈起》中阐述了一种虹桥结构计算模式，根据力法原理使用 Cremona 图解法进行手工计算。本书主要阐述参数模型构建的方法，从拓展研究模型构建方式着手，利用 Galapagos 进化计算的方法给出基于目前计算机解算方法的阐述，仅以此作为可供参考的切入点，深入的研究有待专业的分析。

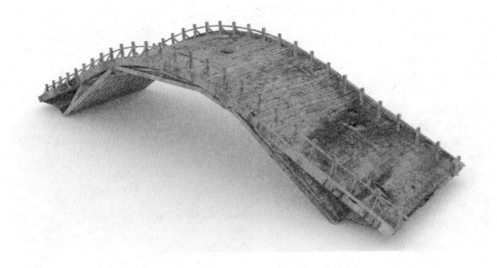

清明上河图

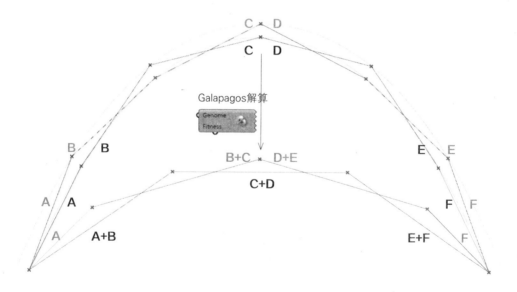

　　假设存在平行的两条弧线，将弧线等分成 6 份，并获取 7 个点，指定可变因子为平行弧线的距离和拱高。解算的目的是使得三根系统的黑色 A、B、C、D、E、F 中 A 和 B、C 和 D、E 和 F 尽可能位于一条直线上，从而获取三根系统；同理对于四根系统红色 A、B、C、D、E、F 中 B 和 C、D 和 E 尽可能位于一条直线上，从而获取四根系统。使得两条直线段尽可能位于同一条直线上的判断方式是计算三根与四根系统各段端点之间的距离与初始对应线段和的差值应该尽可能趋近于 0。

几何构建逻辑（虹桥）

1.定位轴线(确定方向与跨度)

2.建立悬链

3.沿垂直面方向移动复制

4.沿垂直方向偏移复制

5.等分6份获取等分点

6.按虹桥三根系统与四根系统连线

7.Galapagos进化计算确定结构系统

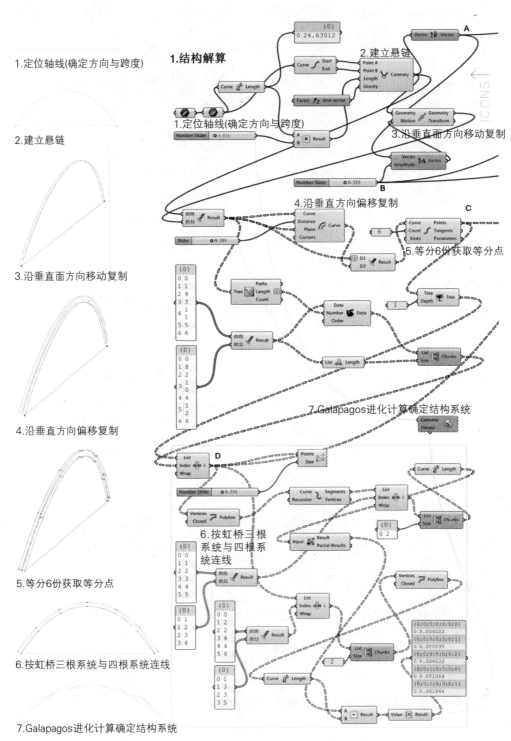

NAMES →

● 一般需要根据设计的目的确定基础的输入条件，桥体的输入条件一般为跨度，并同时能够确定方向，因此选择具体指定桥体跨度的直线作为输入条件。模型构建过程中一般避免选择平行于轴线的正方向，而是使得初始条件的对位轴线与 X、Y 轴向偏移一定的角度，成为一般情况。因为平行方向模型构建往往忽略参考平面与向量在非平行情况下的变化，设计模型构建完成，一旦变化对位轴方向在非平行向，模型容易发生扭曲，因此一开始就需要在一般情况下构建。

等分点之后需要按照虹桥的三根系统与四根系统的结构构建基本的结构线。因为需要重新组织点的顺序连为折线，故根据目的形式建立两组索引值列表，提取建立三根系统与四根系统的点再分别连为折线。

进化计算解算的目的是为了获取三根系统与四根系统合理的搭接关系，Galapagos 输入端的 Genome 基因参数初步确定为拱高变化值与垂直方向偏移值；Fitness 输入项保证直线段与所对应的两根折线段的和相等，从而向直线段逼近，即它们的差值趋近于 0，并双击进入该组件将 Fitness 选项设置为 Minimize。关于进化计算 Galapagos 更多内容可以参考"面向设计师的编程设计知识系统"的《参数设计方法》部分。

1.结构解算

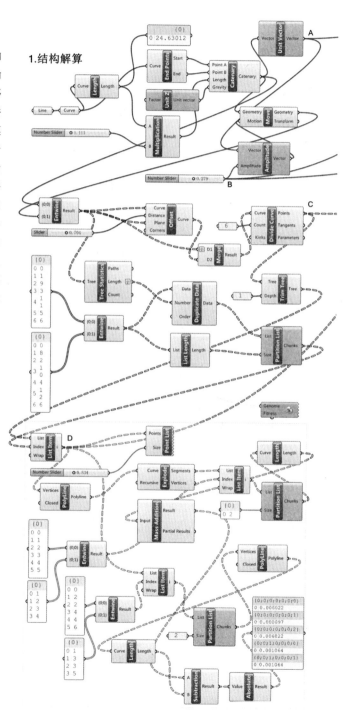

Galapagos
Evolutionary Computing（EC）进化计算

　　Evolutionary Computing（EC）进化计算已经在各领域中广泛应用，但是它主要被程序员层级的人员所使用。在设计中如何使用 EC 的逻辑，构建一个 EC 平台让非程序人员来处理更加广泛的问题，是 Galapagos 作者 David Rutten 一直考虑的问题。

　　在《参数设计方法》部分阐述了 Galapagos 与 Karamba 结合处理结构优化问题，以 Galapagos 为解算核心，获得合理的结构体系。其主要解算的就是那些可以以数值作为影响几何模型构建的参数与一定条件下所获得的结果（该结果应该具有最大值，或最小值的需求目标）之间的联动关系，以其期望结果来获得模型构建的初始条件。

　　David Rutten 在解释 Galapagos 时（2010 年 9 月 21 日维也纳 AAG10 会议）并不是对其本身具体程序语言的解释，毕竟使用 Galapagos 的对象不再是纯粹的程序员，而是设计师，因此在作出解释时，以更直观的方式解释程序运作的过程。

Evolutionary Principles Applied to Problem Solving
用于问题处理的进化计算原则

　　Evolutionary Solvers 进化解算或者 Genetic Algorithms 遗传算法并没有什么特别，它最开始来自于上个世纪 60 年代，Lawrence J.Fogel 里程碑式的论文 "On Organization of Intellect" 是首次对进化计算的尝试。在 70 年代初，Ingo Rechenberg 和 John Henry Holland 通过种子生长机制进一步印证进化算法。然而该算法并没有得到广泛的关注，直到计算机程序的发展，1986 年 Richard Dawkins "The Blind Watchmaker" 一书的问世，建立了一个基于人类基因选择，无止境生长的生物形态 "Bio-morphs" 小程序。80 年代个人计算机的发展也使进化算法被用于个人项目，使其得到更广泛的应用。

Pros and Cons
利弊

　　在开始解释 Galapagos 之前有必要说明该解算器的利弊。对于所有问题的解决策略似乎很难找到非常完美的答案，每种方法都有其缺憾，正如进化算法被广泛的获知其解算的速度不尽如人意，甚至一个单独的处理可能需要花费几天甚至更长的时间。

　　进化算法同时也并不能保证是否能解算问题，除非预先确定一个足够好的值。否则，可能程序永远运行下去，永远找不到答案，又或即使已经达到目的，但是却无法正确识别。

　　但是，相对于所有计算方法，EC 却有很强的优势，甚至有些独特。它具有很好的变通性，可以解决很广泛的问题，而且具有很好的宽容性。使用 EC 的方式进行解算，每一步迭代都是正向的，即后一个解算答案总比前一个有所改进，因此在解释的过程中，就可以选择优化于最开始的设置，甚至当在计算过程中失败时，该值也是一个可以考虑的答案。

EC 也具有很好的交互性，尤其在解算具有一定广度的问题时，它的运行过程是高度透明的，因此存在很多机会创建人机交互的对话窗口，引导解算跨过障碍，或者探索一些并不是很理想的答案，甚至一条死胡同。

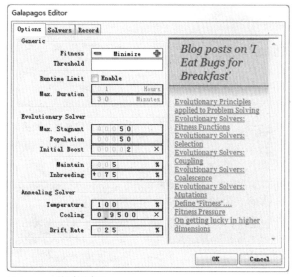

Galapagos的对话窗口

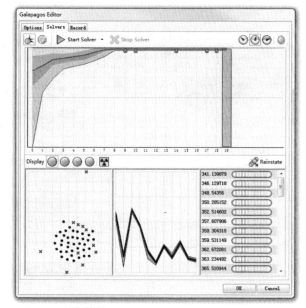

Galapagos的解算窗口

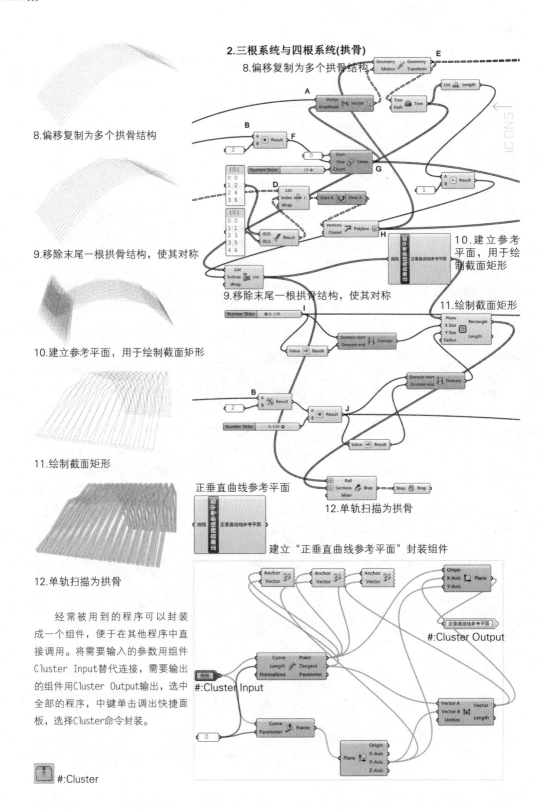

2.三根系统与四根系统(拱骨)

8.偏移复制为多个拱骨结构

8.偏移复制为多个拱骨结构

9.移除末尾一根拱骨结构，使其对称

10.建立参考平面，用于绘制截面矩形

11.绘制截面矩形

12.单轨扫描为拱骨

9.移除末尾一根拱骨结构，使其对称

10.建立参考平面，用于绘制截面矩形

11.绘制截面矩形

正垂直曲线参考平面

12.单轨扫描为拱骨

建立"正垂直曲线参考平面"封装组件

经常被用到的程序可以封装成一个组件，便于在其他程序中直接调用。将需要输入的参数用组件Cluster Input替代连接，需要输出的组件用Cluster Output输出，选中全部的程序，中键单击调出快捷面板，选择Cluster命令封装。

#:Cluster

2.三根系统与四根系统(拱骨)

NAMES

● 获取三根系统和四根系统的基本结构线后，需要构建体。采用单轨扫描成体时，需要在曲线端点建立用于构建扫描截面的参考平面，因为并非水平方向的对位轴，所以需要根据能够获知的基础条件构建垂直并且对位于曲线的参考平面。首先使用组件Evaluate Length获取开始端曲线的切线方向向量，以及使用组件Horizontal Frame获取水平向参考平面提取侧向垂直于该曲线的向量，并结合切线方向向量使用组件Cross Product求取垂直向量，进而构建"正垂直曲线参考平面"。因为求取"正垂直曲线参考平面"经常在相似案例的程序中使用，所以将其封装成独立的组件方便调用。

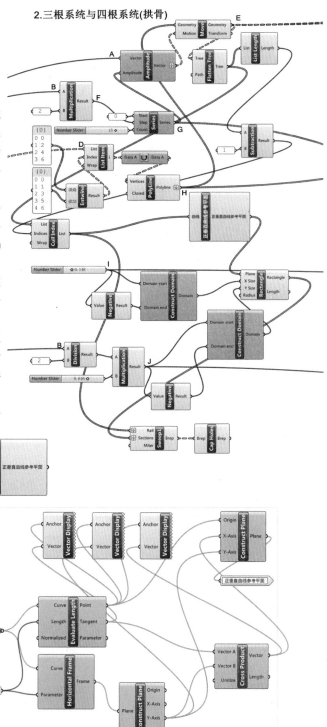

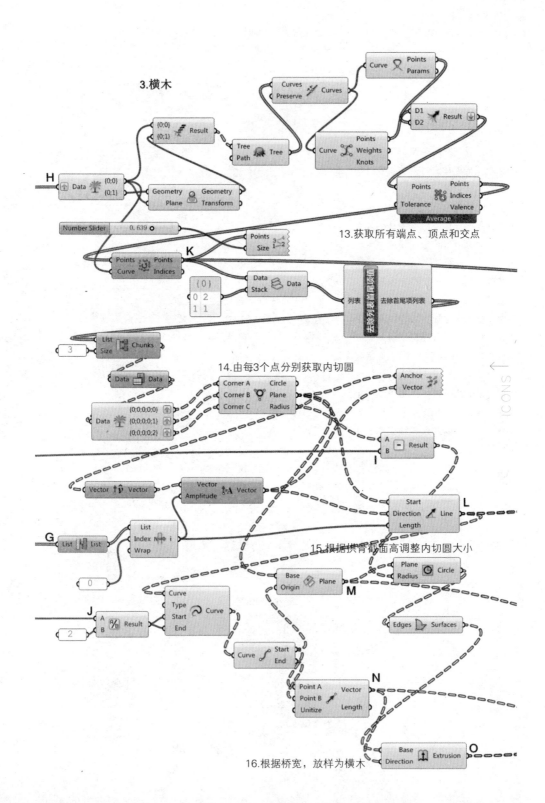

3.横木

Curve / Points / Params

Curves / Preserve / Curves

Curve / Points / Weights / Knots

D1 / D2 / Result

{0;0} / {0;1} / Result

Tree / Path / Tree

H / Data / {0;0} / {0;1}

Geometry / Plane / Geometry / Transform

Number Slider 0.639

Points / Curve / Points / Indices

K

Points / Size

Points / Tolerance / Points / Indices / Valence / Average

13.获取所有端点、顶点和交点

{0} / 0 2 / 1 1

Data / Stack / Data

去除列表首尾项值 / 列表 / 去除首尾项列表

List / Size / Chunks

3

Data / Data

{0;0;0;0;0} / Data / {0;0;0;0;1} / {0;0;0;0;2}

14.由每3个点分别获取内切圆

Corner A / Corner B / Corner C / Circle / Plane / Radius

Anchor / Vector

A / B / Result

I

Vector / Vector

Vector / Amplitude / Vector

Start / Direction / Line / Length

L

G / List / List

List / Index / Wrap

15.根据拱背截面高调整内切圆大小

0

Base / Origin / Plane

M

Plane / Radius / Circle

J / A / B / Result

Curve / Type / Start / End / Curve

2

Edges / Surfaces

Curve / Start / End

Point A / Point B / Unitize / Vector / Length

N

16.根据桥宽,放样为横木

Base / Direction / Extrusion

O

ICONS

13.获取所有端点、顶点和交点

14.由每3个点分别获取内切圆

15.根据拱骨截面高调整内切圆大小

16.根据桥宽，放样为横木

● 横木的尺寸受到拱骨的限制，为了获取适合的尺寸，获取所有的端点、顶点和交点，确定每三个点控制一个内切圆。这里首先将三根、四根系统的控制轴线焊接为一条折线，使用组件Curve | Self自相交的方法获得交点，使用组件Cull Duplicates剔除重合的点，使用组件Sort Along Curve按照拱骨的方向排序点，使用组件Stack Data按照指定的列表堆叠复制数据，去除首尾数据，使用组件Partition List每3个一组，获取内切圆。

因为去除列表首尾项值的程序经常被用到，所以可以将该部分程序封装成一个组件。

3.横木

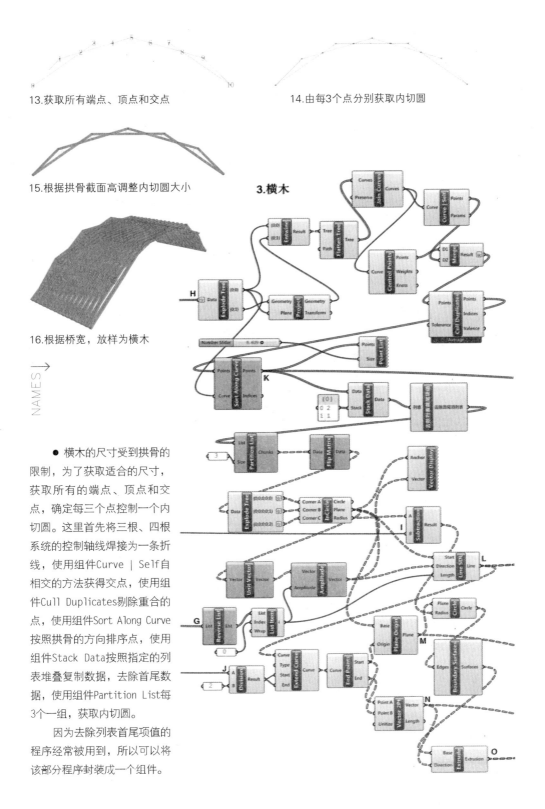

caDesign设计 | 61

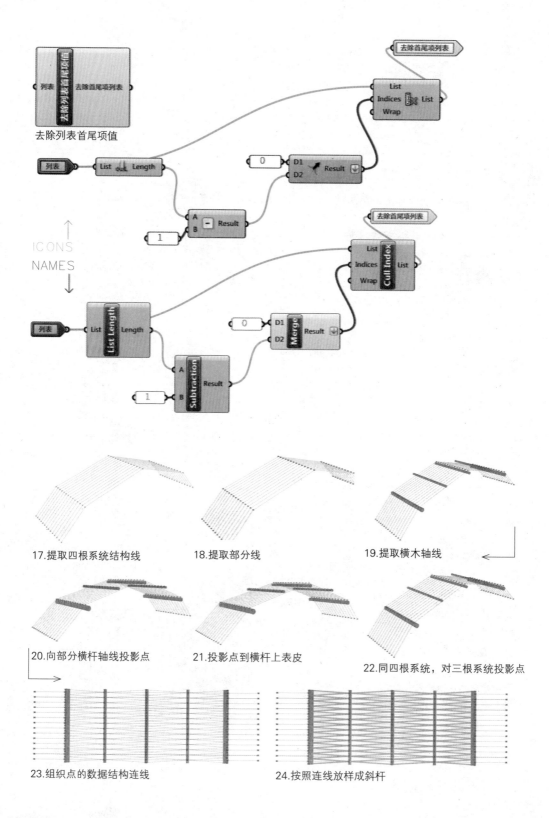

去除首尾项列表

去除列表首尾项值

List
Indices   List
Wrap

ICONS
NAMES

列表   List   Length   0   D1   Result
                          D2

A   Result
B
1

去除首尾项列表

List   Cull Index
Indices   List
Wrap

列表   List Length   Length   0   D1   Merge   Result
                                      D2

A   Subtraction   Result
B
1

17.提取四根系统结构线　　18.提取部分线　　19.提取横木轴线

20.向部分横杆轴线投影点　　21.投影点到横杆上表皮　　22.同四根系统，对三根系统投影点

23.组织点的数据结构连线　　24.按照连线放样成斜杆

4.斜杆

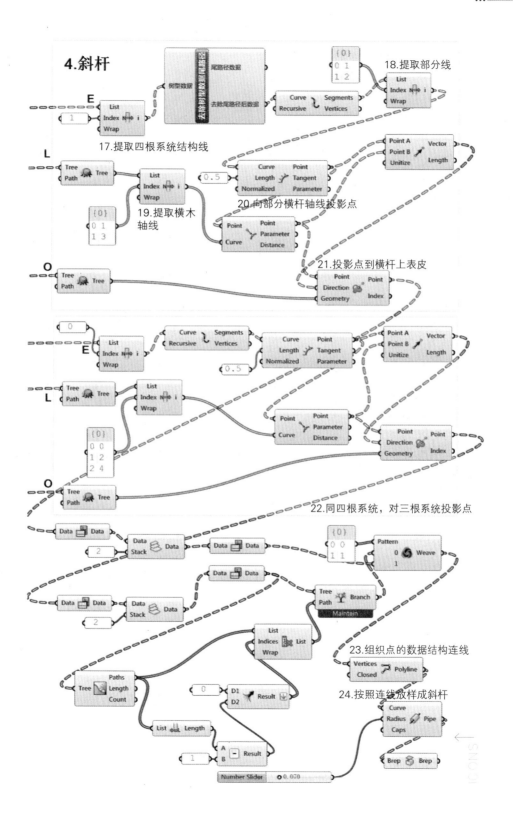

17.提取四根系统结构线

18.提取部分线

19.提取横木轴线

20.向部分横杆轴线投影点

21.投影点到横杆上表皮

22.同四根系统，对三根系统投影点

23.组织点的数据结构连线

24.按照连线放样成斜杆

Number Slider ○ 0.070

● 斜杆需要搭接在横木之上，因此需要获取对应的投影点，投影点的方向应该沿拱骨方向，需要构建对应的向量。三根、四根系统获取投影点的方法一致，只需要构建完一个后复制该组程序。

该部分程序的关键点在于如何组织点数据结构达到斜杆放置位置的要求。目前已获取两组投影点，每组投影点的数据包括具体的分支结构，使用组件Flip Matrix翻转矩阵，使得横向的点位于一个路径之下，使用组件Stack Data叠置复制两个之后再翻转数据。将其中一组位于两侧的点数据移除，移除的方法是先使用Tree Statistics组件获取路径列表，移除开始和结束的路径后，使用组件Tree Branch按照调整后的路径列表提取数据，再使用组件Weave与另一组数据编织组织，连线成管。

模型构建的过程就是数据组织的过程，在程序开始编写之前，需要分析研究构建形式的规律，找到规律并结合Grasshopper提供的数据组织的组件，配合使用组件达到数据组织的目的。

"去除树型数据尾路径"部分程序封装为一个组件，类似例如前文"去除树型数据首尾路径"也经常被用到，也可以封装成一个组件使用。程序的关键点在于使用组件Tree Statistics获取路径名列表，移除不需要的路径后，再根据路径名列表使用组件Tree Branch提取数据。

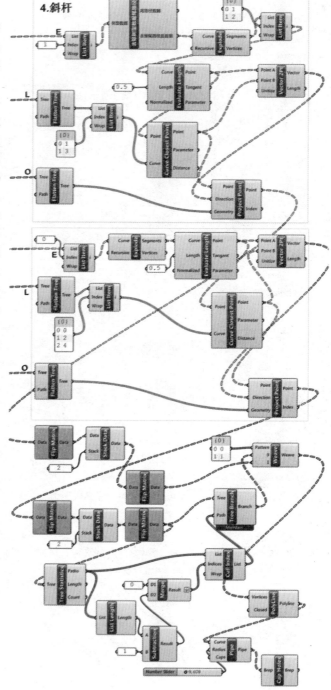

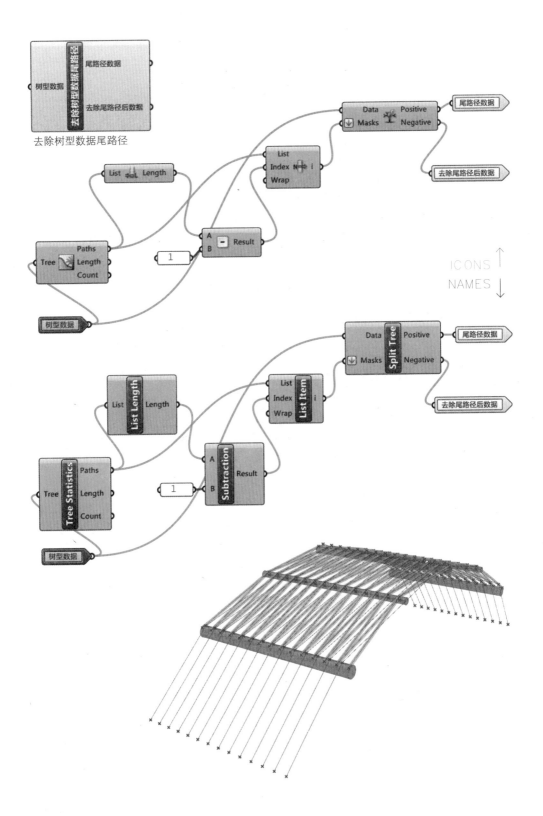

去除树型数据尾路径

5.桥上构件_A:桥面+地栿

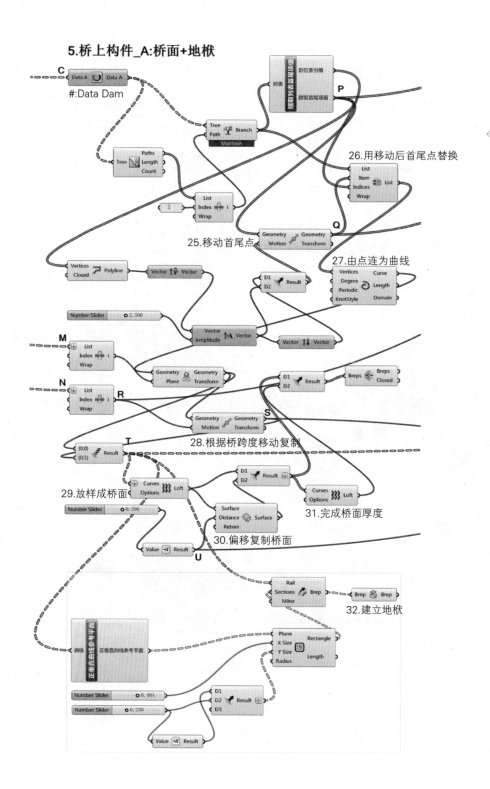

C

Data A — Data A

#:Data Dam

Tree
Path — Branch

Maintain

Paths
Tree — Length
Count

首位素引值

列表

提取首尾项值

P

26.用移动后首尾点替换

List
Item
Indices — List
Wrap

List
Index N — i
Wrap

1

25.移动首尾点

Geometry
Motion — Geometry
Transform

Q

27.由点连为曲线

Vertices
Degree
Periodic — Curve
KnotStyle — Length
Domain

Vertices
Closed — Polyline

Vector ↑ Vector

D1
D2 — Result

Number Slider ○ 2.500

Vector
Amplitude — Vector

Vector ↕ Vector

M

List
Index N — i
Wrap

Geometry
Plane — Geometry
Transform

D1
D2 — Result

Breps — Breps
Closed

N

List
Index N — i
Wrap

R

Geometry
Motion — Geometry
Transform

S

28.根据桥跨度移动复制

{0;0}
{0;1} — Result

T

29.放样成桥面

Curves
Options — Loft

D1
D2 — Result

Curves
Options — Loft

31.完成桥面厚度

Number Slider ○ 0.290

Surface
Distance — Surface
Retrim

30.偏移复制桥面

Value — Result

U

Rail
Sections — Brep
Miter

Brep — Brep

32.建立地栿

正垂直曲线参考平面

曲线 正垂直向线参考平面

Plane
X Size
Y Size — Rectangle
Radius — Length

Number Slider ○ 0.181

Number Slider ○ 0.230

D1
D2 — Result
D3

Value — Result

5.桥上构件_A:桥面+地栿

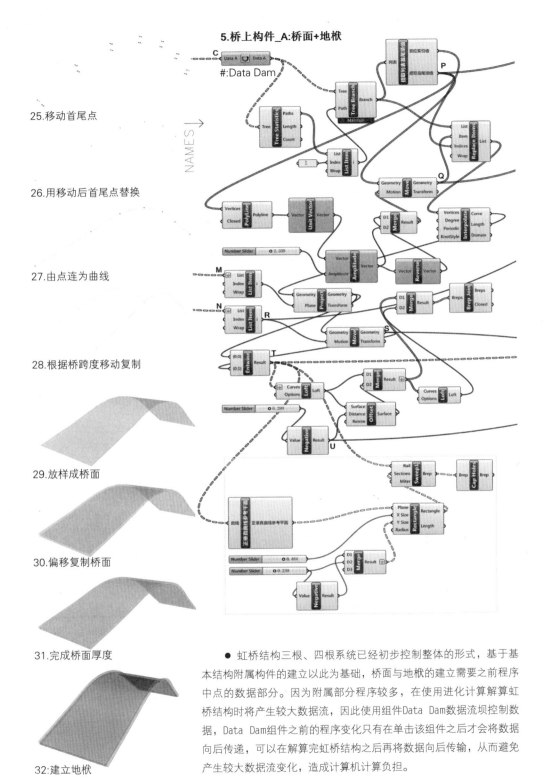

25.移动首尾点

26.用移动后首尾点替换

27.由点连为曲线

28.根据桥跨度移动复制

29.放样成桥面

30.偏移复制桥面

31.完成桥面厚度

32:建立地栿

● 虹桥结构三根、四根系统已经初步控制整体的形式，基于基本结构附属构件的建立以此为基础，桥面与地栿的建立需要之前程序中点的数据部分。因为附属部分程序较多，在使用进化计算解算虹桥结构时将产生较大数据流，因此使用组件Data Dam数据流坝控制数据，Data Dam组件之前的程序变化只有在单击该组件之后才会将数据向后传递，可以在解算完虹桥结构之后再将数据向后传输，从而避免产生较大数据流变化，造成计算机计算负担。

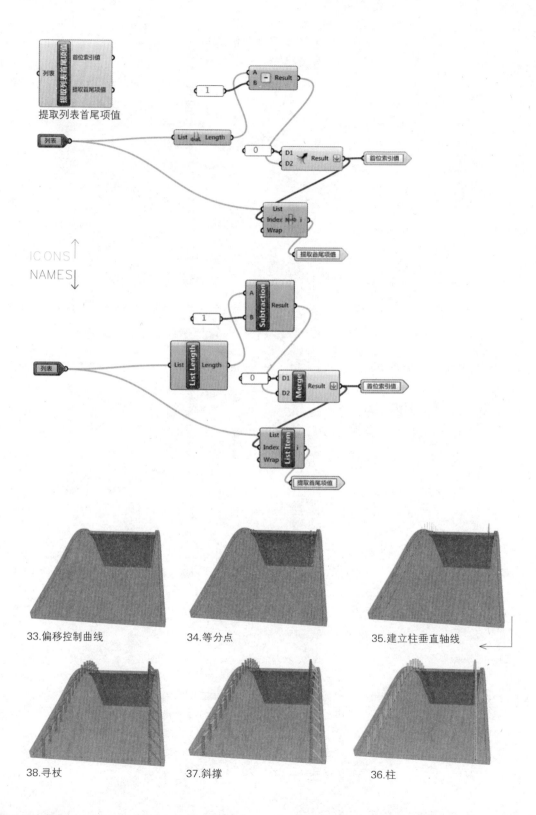

提取列表首尾项值

首位索引值

提取首尾项值

ICONS
NAMES

首位索引值

提取首尾项值

33.偏移控制曲线   34.等分点   35.建立柱垂直轴线

38.寻杖   37.斜撑   36.柱

5.桥上构件_B:柱+斜撑+寻杖

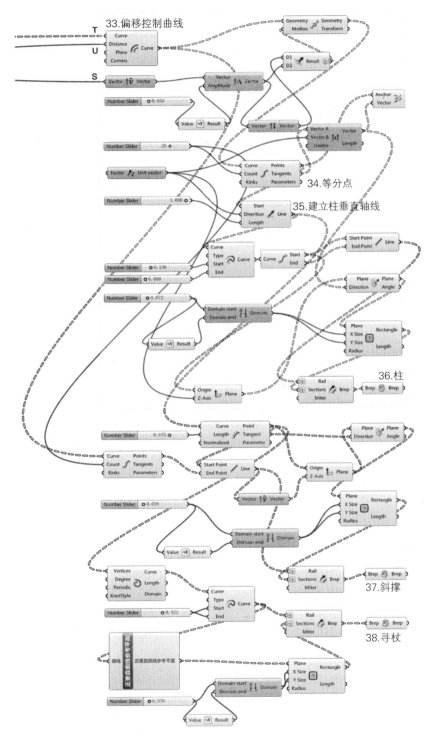

33.偏移控制曲线

34.等分点

35.建立柱垂直轴线

36.柱

37.斜撑

38.寻杖

● 柱等基本几何体的建立，一般是先获取放样曲线和端点处垂直于该曲线的截面，再使用组件Sweep1单轨扫描构建。程序的关键点是如何获得一般情况下垂直于该曲线的截面，可以使用前文封装的组件"正垂直曲线参考平面"，本部分则介绍了通过Align Plane对齐参考平面方法获取的方式。

5.桥上构件_B:柱+斜撑+寻杖

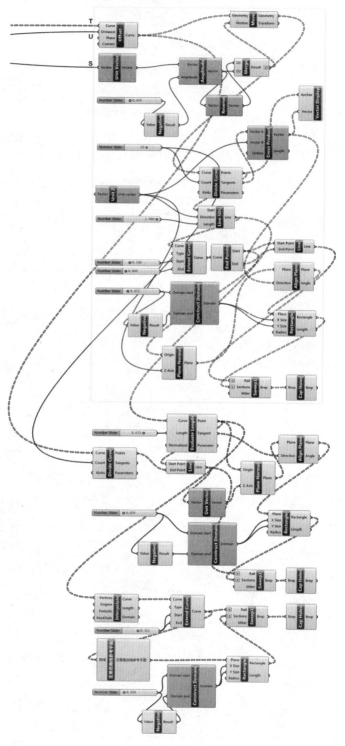

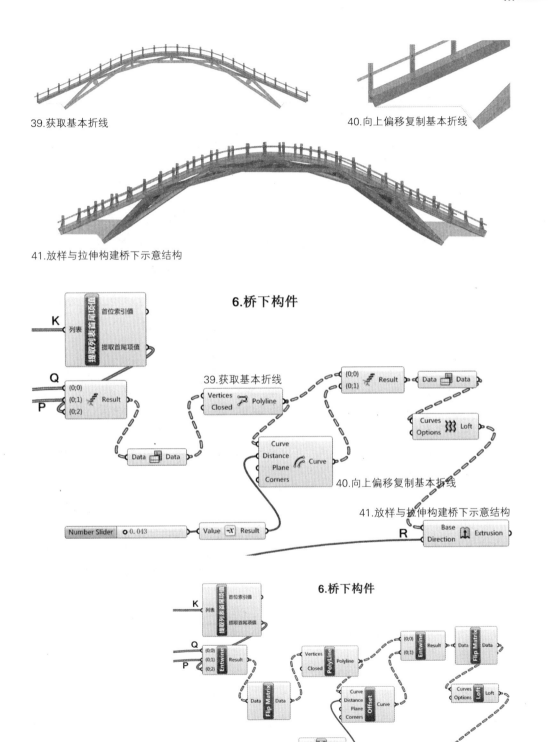

39.获取基本折线

40.向上偏移复制基本折线

41.放样与拉伸构建桥下示意结构

6.桥下构件

K
列表
首位索引值
提取列表首尾项值
提取首尾项值

Q
{0;0}
{0;1}
{0;2}
Result

P

Data | Data

39.获取基本折线

Vertices
Closed
Polyline

Curve
Distance
Plane
Corners
Curve

{0;0}
{0;1}
Result

Data | Data

Curves
Options
Loft

40.向上偏移复制基本折线

41.放样与拉伸构建桥下示意结构

Number Slider ○ 0.043

Value -x Result

R
Base
Direction
Extrusion

6.桥下构件

K
列表
首位索引值
提取列表首尾项值

Q
{0;0}
{0;1}
{0;2}
Entwine Result

P

Data Flip Matrix Data

Vertices
Closed
Polyline

Curve
Distance
Plane
Corners
Offset Curve

{0;0}
{0;1}
Entwine Result

Data Flip Matrix Data

Curves
Options
Loft Loft

Number Slider ○ 0.043

Value Negative Result

R
Base
Direction
Extrusion Extrusion

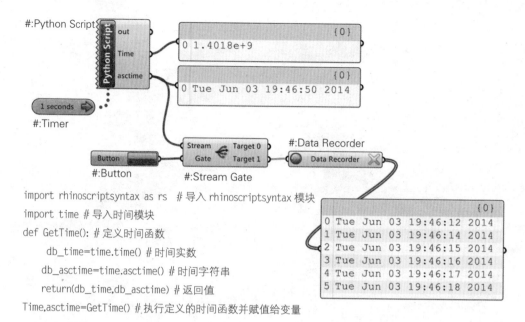

```
import rhinoscriptsyntax as rs  # 导入 rhinoscriptsyntax 模块
import time # 导入时间模块
def GetTime(): # 定义时间函数
    db_time=time.time() # 时间实数
    db_asctime=time.asctime() # 时间字符串
    return(db_time,db_asctime) # 返回值
Time.asctime=GetTime() # 执行定义的时间函数并赋值给变量
```

　　组件 Timer 可以调入系统时间，一般结合相关的组件配合使用，使用方法之一是将时间的变化作为迭代的计数器；之二是作为时间处理程序变化。可以使用 Python Script 组件（需从官网下载 Grasshopper Python 扩展组件）提取时间，time() 函数调入当前时间的实数，asctime() 函数调入时间字符串。关于 Python Scripting for Grasshopper 可以参考 "面向设计师的编程设计知识系统" 的《学习 Python——做个有编程能力的设计师》部分。

　　时间不断变化，可以使用组件 Data Recorder 记录时间，配合使用组件 Stream Gate，只有当按住组件 Button 时，即值为 True 时，数据流从输出端 Target 1 流出，Data Recorder 才会记录，可以点击该组件右侧的叉号清除数据。

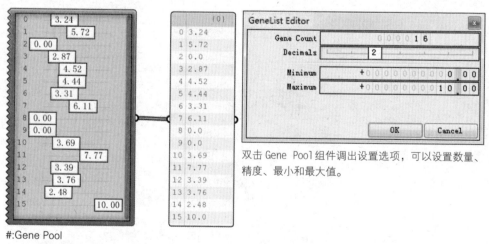

#:Gene Pool

Gene Pool 组件可以获得一组变化的数值列表，数值可以使用滑块调整。

双击 Gene Pool 组件调出设置选项，可以设置数量、精度、最小和最大值。

Math
数学

3

　　参数化设计的本质既然是数据，那么对于数据的操作管理自然脱离不开数学。而 Math 下的 Domain 区间组是最为常用的一组组件，用于定义区间、调整区间，以获得目标数据；其次是 Operators 运算部分，加减、乘除、相反数等组件体现了基本的数学运算关系，用以调节数值和管理数据。C#、VB、Python 程序语言可以拓展 Grasshopper 的编程能力，几种程序语言中建议学习与使用 Python 语言。

　　Math 部分是协助其他部分建立程序的基础，尤其是具有典型数学函数的图形组件，例如自然数、螺旋、三角函数所体现周期性关系的几何图形，以及可以用函数方程表达的几何图形等。

1 Domain: 区间

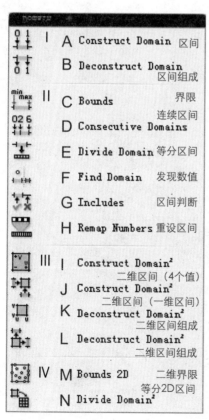

A　Construct Domain　区间　　　两个数值确定一个区间；

B　Deconstruct Domain　　　　将区间分解为开始与结束区间列表；
　　　　　　　　　区间组成

C　Bounds　　　　　　界限　　　确定输入列表的区间范围；

D　Consecutive Domains　　　从列表数组中建立连续区间；
　　　　　　连续区间

E　Divide Domain　等分区间　　将区间分成相等的几个部分区间；

F　Find Domain　　发现数值　　找到输入数值的指定区间；

G　Includes　　　区间判断　　　判断输入数值是否在输入区间范围内，给出布尔值和最近距离；

H　Remap Numbers　重设区间　　重新限定区间的范围；

I　Construct Domain²　　　　　通过 4 个输入值确定二维区间；
　　　二维区间（4个值）

J　Construct Domain²　　　　　通过一维区间确定二维区间；
　　　二维区间（一维区间）

K　Deconstruct Domain²　　　将二维区间分解为 UV 初始与结束数值列表；
　　　二维区间组成

L　Deconstruct Domain²　　　将二维区间分解为一维区间；
　　　二维区间组成

M　Bounds 2D　　二维界限　　通过输入的一组点确定二维区间范围；

N　Divide Domain²　等分2D区间　将二维区间分成相等的几个部分。

● Domain 区间是较多被使用的组件，可以建立一维和二维的区间范围，同时可以调节区间区域，提取区间组成，等分区间等操作。在很多案例中涉及对区间组件的使用，可以查询相关案例具体研习其用法。

区间常用使用方法_1_区间列表与随机数据

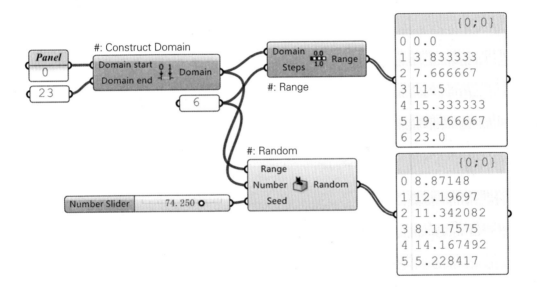

Range 与 Random 组件是常用构建数列与随机数的组件，其输入端要求输入一维区间，构建位于定义该区间内的等分数据列表和随机数据。

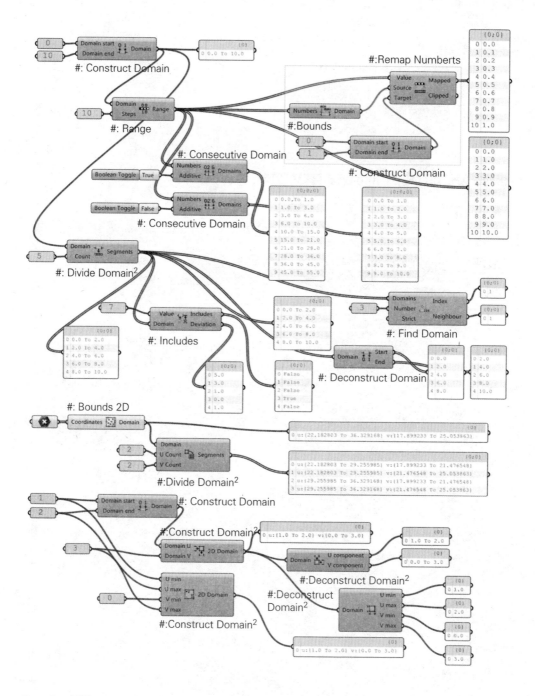

Domain：区间

● 使用 Random 与 Construct Domain 组件建立随机圆半径树型数据，使用 Range 与 Construct Domain 组件建立 0~1 区间的等差列表，并使用图形函数组件 Graph Mapper 建立 perlin 函数的数据变化，用于移动点输入向量大小的变化，从而构建具有某种函数规律变化的图形形态。

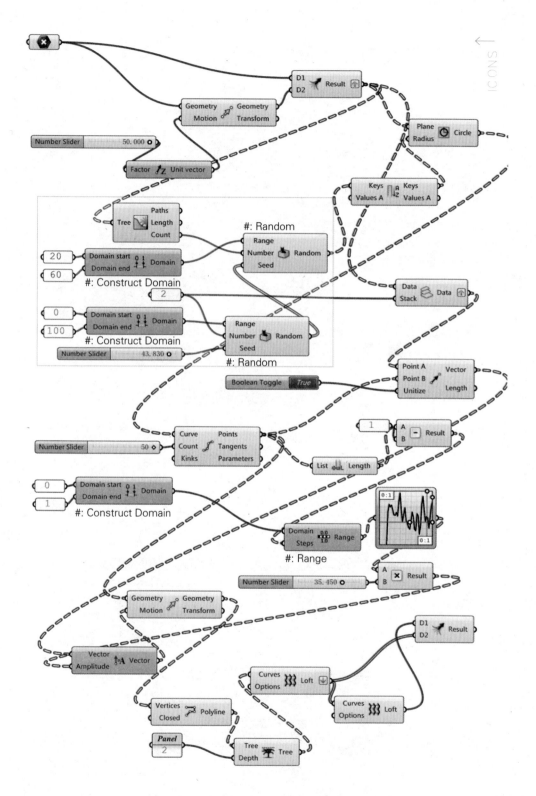

NAMES →

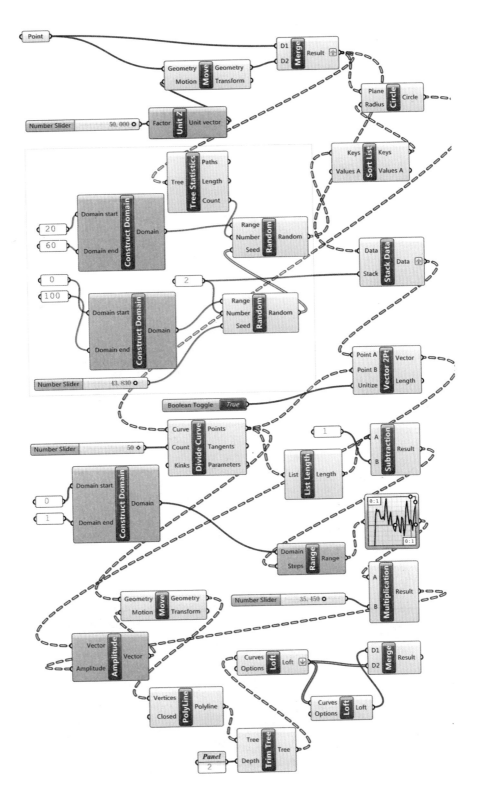

区间常用使用方法_2_几何体的输入条件

   某些几何体的建立或者几何对象属性的提取，往往需要区间作为输入条件，例如 Domain Box 建立立方体的组件，Rectangle 矩形的输入端也可以是区间，从而控制矩形的几何中心点的位置，Sub Curve 根据输入的区间值提取部分曲线，Length Domain 根据输入的区间计算区间内曲线的长度等。

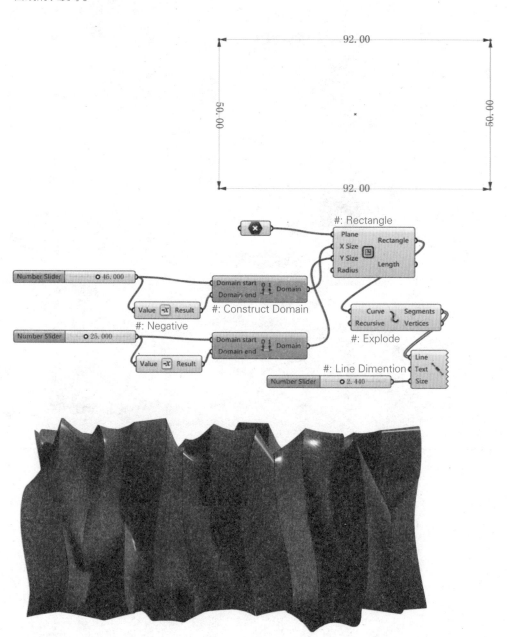

几何构建逻辑（区间常用使用方法-2-几何体的输入条件）

1.拾取一个点

2.由区间定义一个立方体

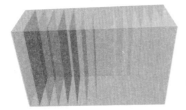

3.等分立方体区间，建立多个子立方体

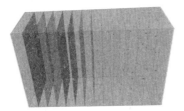

4.获取随机点

5.排序随机点并分别连为曲线

6.两两放样成面

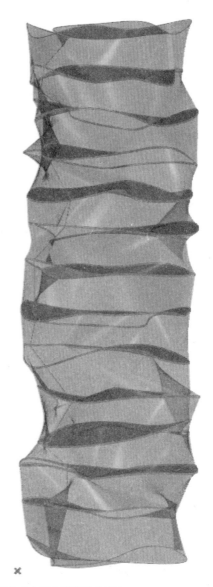

8.按指定向量分别移动几何体

7.建立两侧面

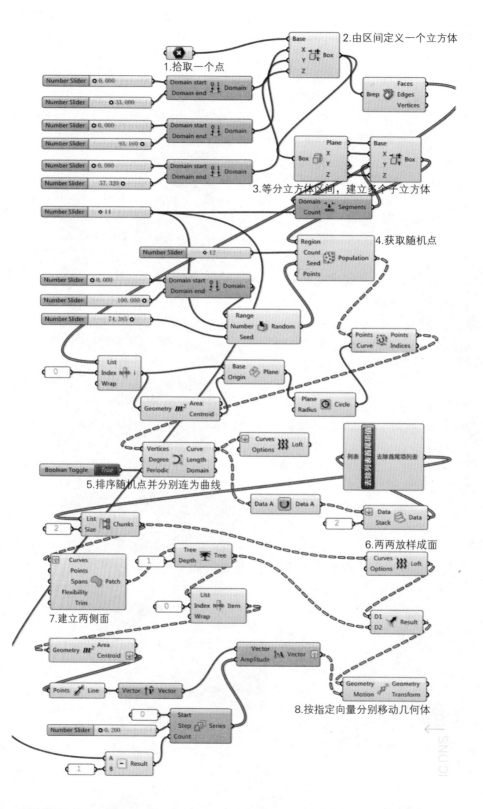

1.拾取一个点

2.由区间定义一个立方体

Number Slider 0.000
Number Slider 33.000

Number Slider 0.000
Number Slider 93.160

Number Slider 0.000
Number Slider 57.320

Domain start Domain end Domain
Domain start Domain end Domain
Domain start Domain end Domain

Base X Y Z Box

Brep Faces Edges Vertices

Plane X Y Z Box

Base X Y Z Box

3.等分立方体区间，建立多个子立方体

Number Slider 14

Domain Count Segments

4.获取随机点

Number Slider 12

Number Slider 0.000
Number Slider 100.000

Number Slider 74.385

Domain start Domain end Domain

Range Number Seed Random

Region Count Seed Points Population

Points Curve Points Indices

0

List Index i Wrap

Base Origin Plane

Plane Radius Circle

Geometry Area Centroid

Vertices Degree Periodic Curve Length Domain

Curves Options Loft

列表 去除首尾项列表

5.排序随机点并分别连为曲线

Boolean Toggle True

2

List Size Chunks

Data A Data A

2 Data Stack Data

6.两两放样成面

Curves Points Spans Flexibility Trim Patch

1

Tree Depth Tree

Curves Options Loft

7.建立两侧面

0

List Index Item Wrap

D1 D2 Result

Geometry Area Centroid

Vector Amplitude Vector

Points Line Vector Vector

Geometry Motion Geometry Transform

8.按指定向量分别移动几何体

0

Number Slider 0.200

Start Step Count Series

1

A B Result

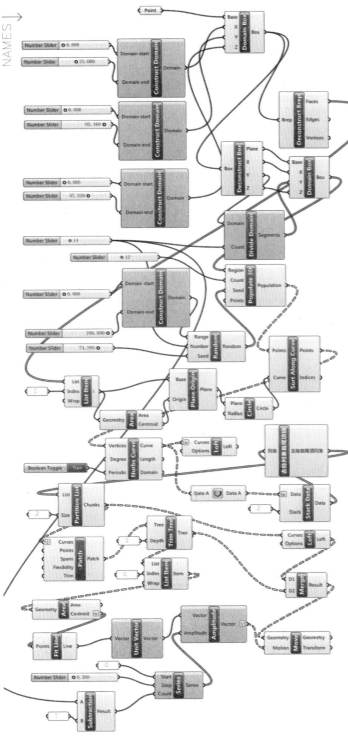

● Grasshopper组件类似于Python等程序语言的函数，只有相互之间配合使用才能够处理各类问题。使用一维区间Construct Domain与Domain Box建立基于区间作为输入条件的立方体，并将区间使用组件Divide Domain等分指定的份数，等分区间也可以直接连接最初的一维区间。

程序中的关键点是对获取立方体随机点的Populate 3D组件的输入端Seed随机种子再给予Random组件定义的树型数据随机数，从而使得每个单元立方体生成的随机点都不一样。另外，几何构建的目的是成多个曲面体块，因此需要组织放样曲线的数据结构，先使用Stack Data复制放样曲线，并使用之前自定义的封装组件"去除列表首尾项值"，再用组件Partition List两两一组进行放样。将每组放样所获曲面以及两侧曲面放置于各自的路径分支之下，并获取侧面多个几何中心点，使用组件Fit Line拟合出一条直线作为向量的参考来移动每组曲面。

区间常用使用方法_3_重设区间

很多时候需要重新调整列表数据到新的区间之内，并同时保持数据之间的关系，例如实现逐时气象数据中干球温度的视化，因为温度变化大约 40 摄氏度，不能够突出显示变化的趋势，因此可以将温度的值重新映射在新的区间上，并保持数据之间的关系不变。有时进行设计创作时，也往往希望几何对象存在某一参数关系，例如移动的点到 Mesh 格网各单元点的距离作为格网单元颜色变化的参数，这时就需要把距离参数值调整在 0~255 颜色值的区间范围，以更好地设置颜色的变化。

重设区间使用的核心组件是 Remap Numbers，同时需要配合使用 Bounds 获取数据区间以及 Construct Domain 建立目标一维区间的范围。

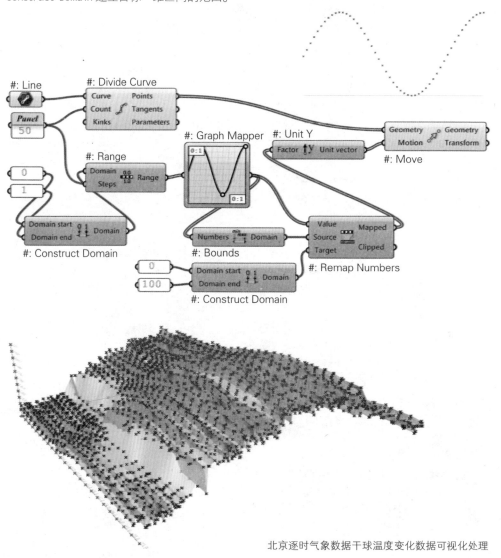

北京逐时气象数据干球温度变化数据可视化处理

逐时气象数据可视化处理的方法

计算机技术高速发展，通过计算机模拟计算的方法可以有效地预测建筑热环境在没有环境控制系统和存在环境控制系统时可能出现的状况。然而计算机模拟计算所需要的气象资料，以 EnergyPlus、Ecotect 为例，需要的是逐时气象数据，这样就对气象数据提出了新的要求：一是为具有代表性的统计气象数据，二是适合更详细计算的逐时气象数据。《中国建筑热环境分析专用气象数据集》即为适于此模拟要求的气象数据研究成果，具有较高的权威性。面对美国能源部网站所提供的逐时气象资料中，其包含气象数据的城市数量要多于《中国建筑热环境分析专用气象数据集》，但是数据的真实可靠性需要针对不同区域模拟的数据进行核实。

关于逐时气象数据的具体阐述可以查看 "面向设计师的编程设计知识系统" 中《生态辅助设计技术》部分。逐时气象数据可以保存为 .csv 数据格式，即可以在 Grasshopper 中调入该数据，并根据该数据进行相关的分析研究。借助 EnergyPlus Weather Converter 工具可以将 U.S DEPARTMENT OF ENERGY 官网气象数据格式进行转换，或者使用嵌入 Ecotect 中的 Weather Manager 工具。

• 美国能源部网站 http://apps1.eere.energy.gov/buildings/energyplus/

下载的数据包含三种格式文件

EPW: EnergyPlus 的气象文件 EnergyPlus weather files

DDY: 区域设计条件文件 design conditions files for the location

STAT: 数据摘要 a summary report on the data

名称	修改日期	类型	大小
CHN_Beijing.Beijing.545110_CSWD.ddy	2010/5/25 18:50	IDFEditor Document	17 KB
CHN_Beijing.Beijing.545110_CSWD.epw	2010/5/25 18:50	EPW 文件	1,731 KB
CHN_Beijing.Beijing.545110_CSWD.stat	2010/5/25 18:50	STAT 文件	19 KB

在美国能源网站下载同一地区的气象数据资料可能会存在多种来源不同的文件。

对于不同文件的来源可以查询该网站的气象数据说明 http://apps1.eere.energy.gov/buildings/energyplus/cfm/weather_data3.cfm/region=2_asia_wmo_region_2/country=CHN/cname=China

Chinese Standard Weather Data (CSWD)

Developed for use in simulating building heating and air conditioning loads and energy use （一般用于热湿环境模拟）, and for calculating renewable energy utilization, this set of 270 typical hourly data weather files. These data were developed by Dr. Jiang Yi, Department of

Building Science and Technology at Tsinghua University and China Meteorological Bureau. The source data include annual design data, typical year data, and extreme years for maximum enthalpy, and maximum and minimum temperature and solar radiation.

Solar and Wind Energy Resource Assessment (SWERA)

The Solar and Wind Energy Resource Assessment (SWERA) project, funded by the United Nations Environment Program, is developing high quality information on solar and wind energy resources in 14 developing countries. (一般用于日照和风分析) Typical year hourly data are available for 156 locations in Belize, Brazil, China, Cuba, El Salvador, Ethiopia, Ghana, Guatemala, Honduras, Kenya, Maldives, Nicaragua, and Sri Lanka. The data are available from the SWERA project website.

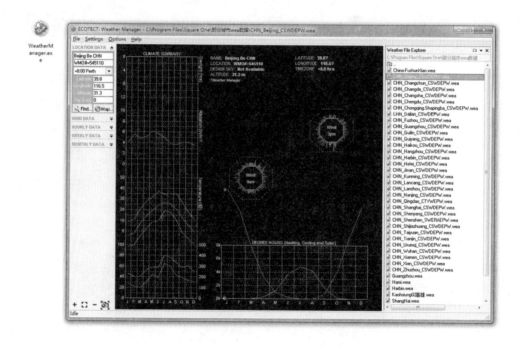

使用 Weather Manager 工具打开从美国能源网站下载的北京地区的逐时气象数据，并根据提示选择数据另存为 .csv 格式，以在 Grasshopper 中读取。

逐时气象数据可以在 Weather Manager 中可视化并初步进行相关分析，例如热舒适性的策略分析。在 Grasshopper 中加载逐时气象数据则可以从具体的数据层面根据项目的具体情况进行有目的性的应用，具有更大的灵活性。本例阐述气象数据的调入和基本处理以及可视化，将调入的干球温度作为 Z 值在三维空间中获取所有温度的点，并建立 Mesh 格网，根据温度的高低对点和 Mesh 格网赋予颜色，易于观察温度变化情况。

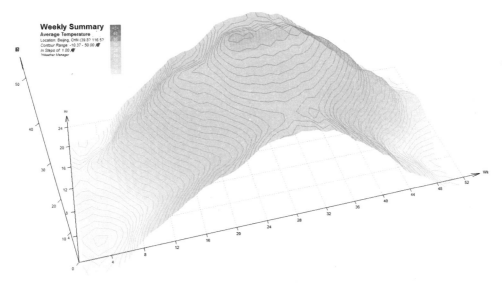

北京逐时气象数据平均温度变化数据可视化-Weather Manager中显示

● 气象数据文件使用组件 Text Split 按空格切分为列表，总共包括 1 年 365 日每天的气象数据，本例中为干球温度和每日对应的 24 小时数。

点阵列的建立以其中一个方向为每日 24 小时的温度数据，以另一个方向为 365 天的数据，相当于 U 和 V 两个方向的二维数组，逐一放置温度数据，每 24 个数据为一天的温度，总共为 8760/24=365 天。建立完的点阵列，其每个点 Z 值默认为 0，将温度值作为 Z 值在三维空间中拉伸，为了突出温度变化的规律，重新设置了区间，同时将温度值设置于 0~255 的区间范围，用于色彩的输入值赋予 Mesh 格网显示温度变化，红色越亮的区域温度越高，反之越低。同时建立日轴表示 24 个小时，年轴表示 365 天，Z 方向代表温度值，根据年轴和日轴就可以确定任意时刻的温度值。

同样可以调入可以获取的任何逐时气象数据可视化，也可以结合规划设计根据气象数据编写气象数据对建筑布局、朝向、开窗等规划设计影响因素的参数程序关系。

2.根据气象数据建立点阵

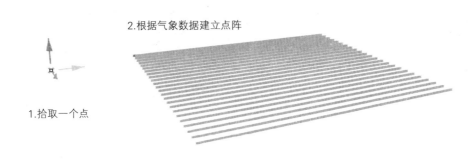

1.拾取一个点

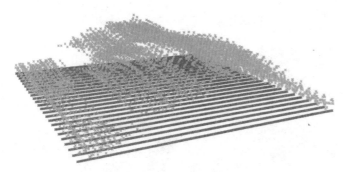

3.干球温度值作为点的Z值，并重设区间增加变化幅度

4.根据温度点建立Mesh格网，并根据温度值赋予色彩

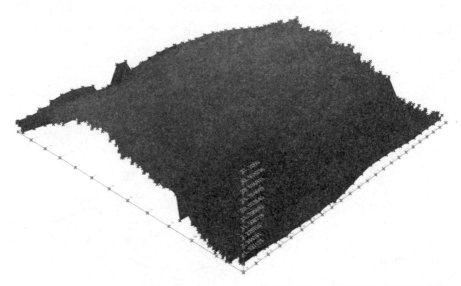

5.建立坐标轴，分别为日轴、年轴和温度轴

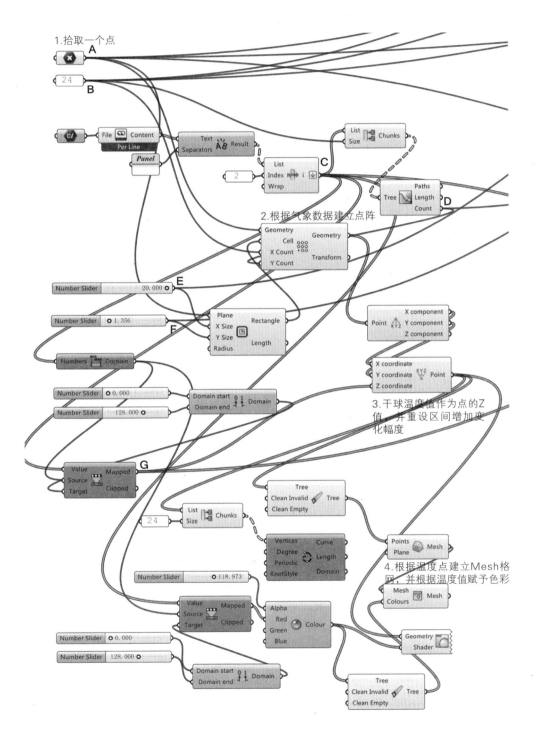

1.拾取一个点

A

B

C

Per Line

Panel

2.根据气象数据建立点阵

D

E

F

3.干球温度值作为点的Z
值，并重设区间增加变
化幅度

G

4.根据温度点建立Mesh格
网，并根据温度值赋予色彩

5.建立坐标轴，分别为日轴、年轴和温度轴

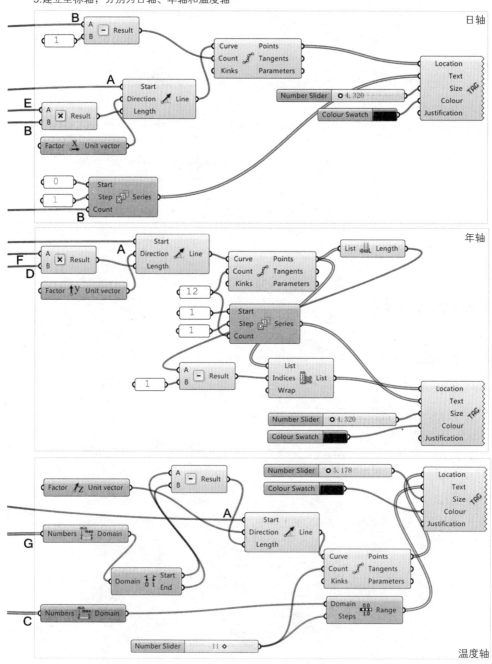

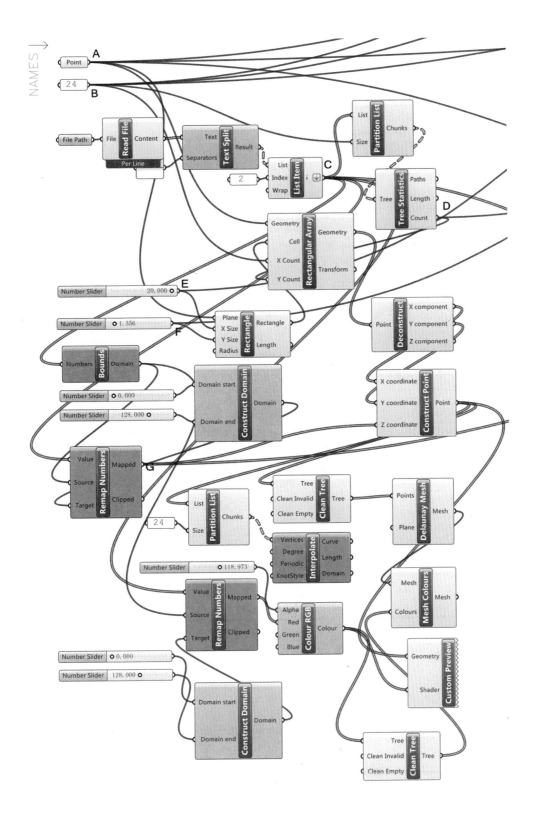

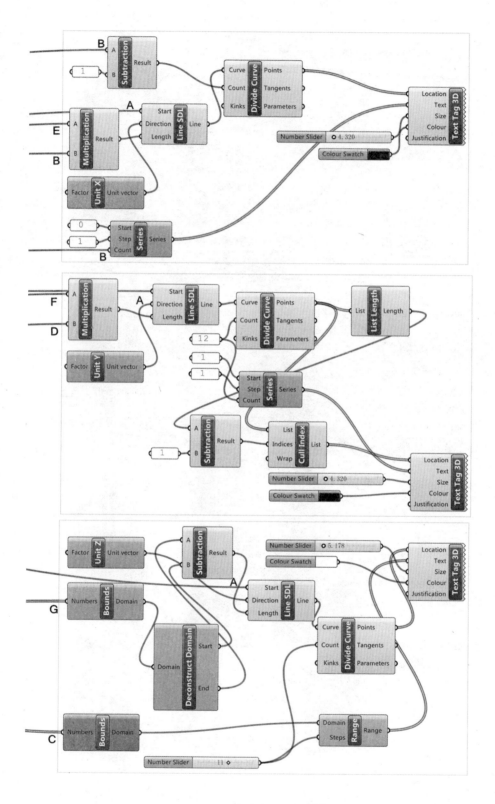

2 Operators: 运算符

I	➕	A Addition	加法	ᴬ/ᴮ	B Division	除法		
	✖	C Multiplication	乘法	-x	D Negative	相对值		
	AᴮB	E Power	幂	—	F Subtraction	减法		
II	|x|	G Absolute	绝对值	n!	H Factorial	阶乘		
	AᴮB	I Integer Division	整除	%	J Modulus	余数		
III		K Mass Addition	求和		L Mass Multiplication	求积		
		M Relative Differences	相对差异					
IV	=	N Equality	等于判断	>	O Larger Than	大于判断		
	≈	P Similarity	近似判断	<	Q Smaller Than	小于判断		
V	∧	R Gate And	与	¬	S Gate Not	非		
	∨	T Gate Or	或	≠	U Gate Xor	异或		
VI	✥	V Gate Majority	多数门	↑	W Gate Nand	与非		
	↓	X Gate Nor	或非	≡	Y Gate Xnor	异		

● 前文阐述了如何调入逐时气象数据可视化的方法，如果仅需要分析研究全年日平均温度的变化情况，可以使用组件 Partition List 按照每天 24 小时分组数据，并结合 Mass Addition 分别求取每天温度总和，再除以 24 小时获取平均温度，结合使用 Quick Graph 组件可以快速显示全年日平均温度的变化曲线。

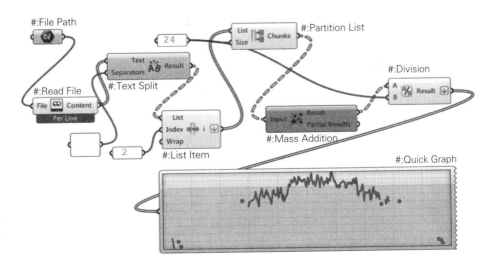

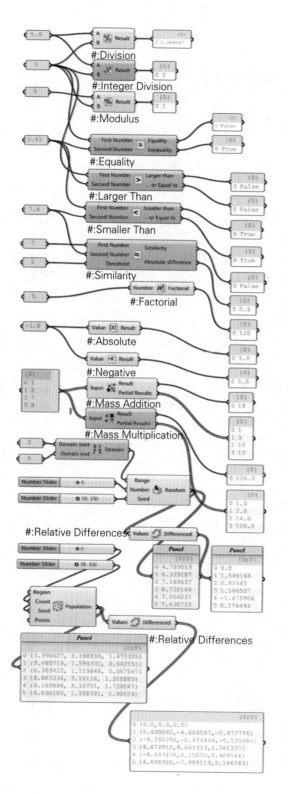

● 通过运算符可以进行一些基本的运算，通过布尔值可判断运算符输出，还可进行数据的一些管理操作。例如，结合 Cull Pattern 组件剔除数据，结合 HoopSnake 组件判断是否结束迭代等。

Boolean: 布尔

0: 假 False

1: 真 True

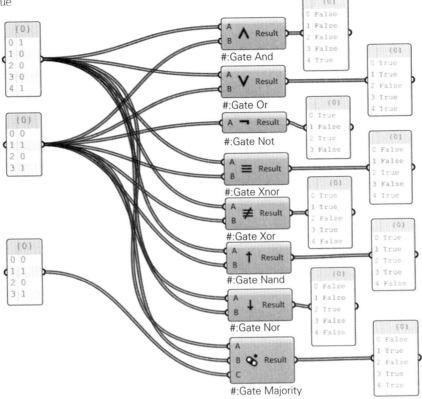

布尔运算性质:

$$a \vee (b \vee c) = (a \vee b) \vee c \qquad a \wedge (b \wedge c) = (a \wedge b) \wedge c \qquad \text{结合律}$$

$$a \vee b = b \vee a \qquad a \wedge b = b \wedge a \qquad \text{交换律}$$

$$a \vee (a \wedge b) = a \qquad a \wedge (a \vee b) = a \qquad \text{吸收律}$$

$$a \vee (b \wedge c) = (a \vee b) \wedge (a \vee c) \qquad a \wedge (b \vee c) = (a \wedge b) \vee (a \wedge c) \qquad \text{分配律}$$

$$a \vee \neg a = 1 \qquad a \wedge \neg a = 0 \qquad \text{互补律}$$

$$a \vee a = a \qquad a \wedge a = a \qquad \text{幂等律}$$

$$a \vee 0 = a \qquad a \wedge 1 = a \qquad \text{有界律}$$

$$a \vee 1 = 1 \qquad a \wedge 0 = 0$$

$$\neg 0 = 1 \qquad \neg 1 = 0 \qquad \text{0 和 1 是互补的}$$

$$\neg (a \vee b) = \neg a \wedge \neg b \qquad \neg (a \wedge b) = \neg a \vee \neg b \qquad \text{德·摩根定律}$$

$$\neg \neg a = a \qquad \text{对合律}$$

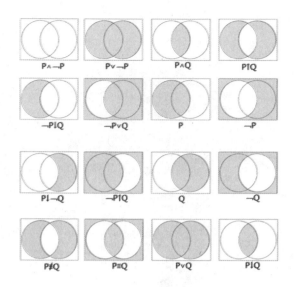

P∧¬P	P∨¬P	P∧Q	P↑Q
¬P↑Q	¬P∨Q	P	¬P
P↓¬Q	¬P↑Q	Q	¬Q
P≢Q	P≡Q	P∨Q	P↓Q

优先规则：¬ 高于 ∧，∧ 高于 ∨

计算满足建筑间距的建筑点位

假设存在很多街区地块，计算每个地块的面积，选择符合面积要求的地块，在选择的地块下能够随机获取多数点，需要移除部分点，达到点与点之间的距离大于设置的最小距离要求。

解题的过程尝试使用 Voronoi 泰森多边形和 HoopSnake 循环迭代组件，并不断进行判断获取布尔值，确定是否符合要求，进而采取不同的程序过程。

HoopSnake循环计算获取满足
建筑间距的建筑点位 →

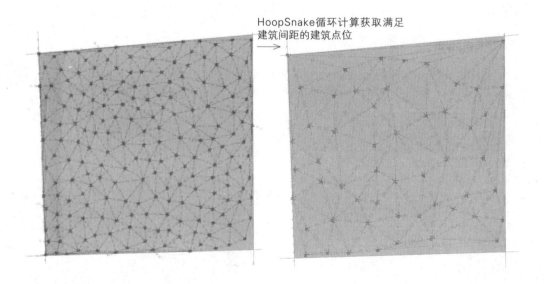

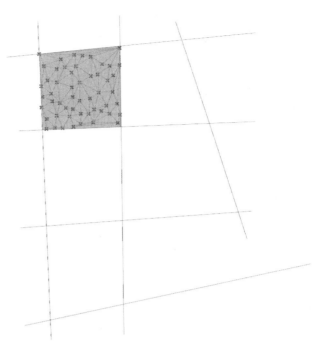

HoopSnake迭代组件
官方网站http://yconst.
com/computation/
hoopsnake/

在 Grasshopper 中程序编写过程基本存在两种状态：一种是静态数据，另一种是动态数据。绝大部分组件所具有的静态数据过程，输入、输出的数据都是以列表的方式出现，如果想要以时间前后的方式逐一使用列表中的数据进行某种行为的操作，就需要遍历列表，使用另一种动态的数据化过程，在 Python 程序语言中可以是 For 循环，或者进一步增加处理的难度，将第一次产生的结果作为下一次初始条件的迭代过程往复循环。

HoopSnake 可以以节点的方式来处理动态的数据过程（在语言中，例如 Python，C# 等很容易实现），获得程序语言中迭代的作用，将每次处理后的结果作为下一次的开始条件再次循环，并记录每次循环的结果。双击该组件将调出运行控制面板。

Starting Data：开始值，迭代开始前输入的第一个参数值；

Data：返回值，迭代开始后经过一系列组件处理获得的结果值；

Termination Condition：控制值，给定迭代终止的条件；

Trigger：循环控制开关。

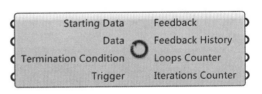

几何构建逻辑（计算满足建筑间距的建筑点位）

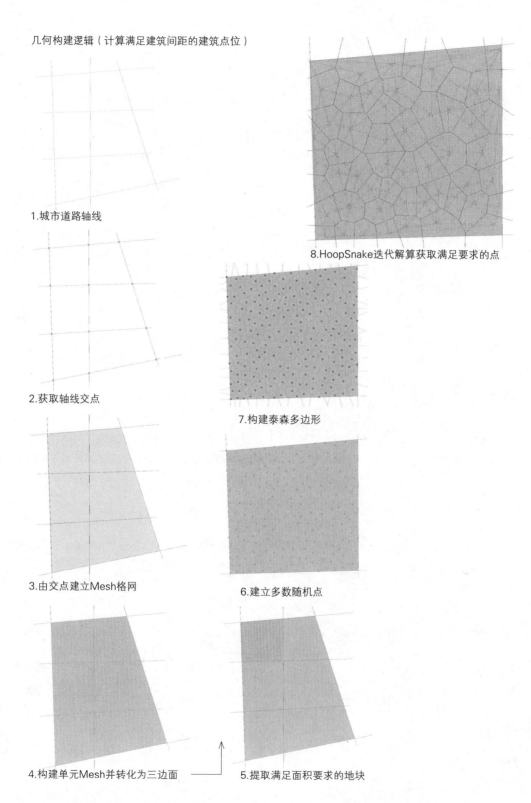

1.城市道路轴线

8.HoopSnake迭代解算获取满足要求的点

2.获取轴线交点

7.构建泰森多边形

3.由交点建立Mesh格网

6.建立多数随机点

4.构建单元Mesh并转化为三边面

5.提取满足面积要求的地块

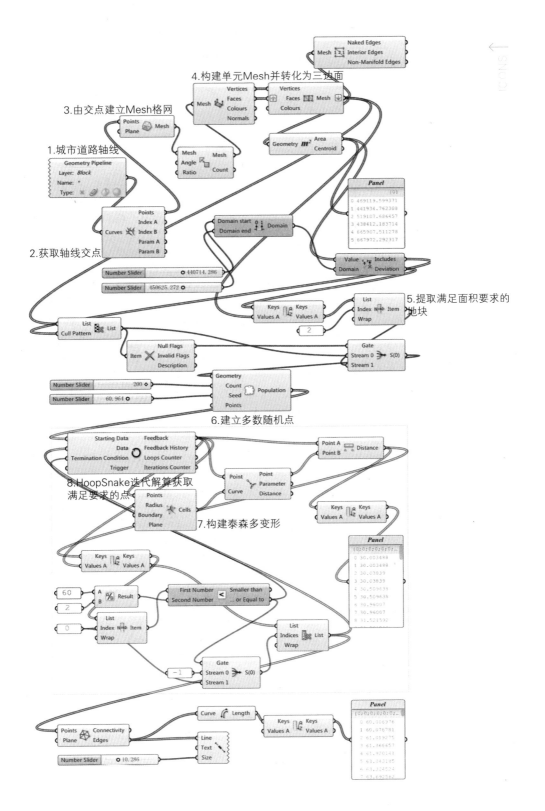

4.构建单元Mesh并转化为三边面

3.由交点建立Mesh格网

1.城市道路轴线

2.获取轴线交点

5.提取满足面积要求的地块

6.建立多数随机点

8.HoopSnake迭代解算获取满足要求的点

7.构建泰森多变形

● 为了方便在Rhinoceros空间中绘制与调整道路轴线，单独建立一个Block层，使用组件Geometry Pipeline将层中所有轴线调入到Grasshopper空间中。使用组件Multiple Curves在焦点处打断轴线获取交点建立Mesh格网，并进而转化为各个街区的单独Mesh格网。在规划设计过程中有时需要选取满足指定面积的地块，因此根据输入的面积区间条件，使用组件Includes判断哪个地块的面积符合要求，并提取出符合要求的地块。而有时所有的地块都不满足要求，则提取与之最为接近的地块，可以借助组件Includes输出端的Deviation相对距离值进行判断。首先根据相对距离值排序，距离最小的即为满足要求的值，并借助组件Stream Filter筛选数据。

计算点位到泰森多边形的最近距离，判断该值是否大于或者小于指定的最小距离值，如果小于则剔除该点，如果大于则保留，其中Cull Index组件Indices输入端为−1时，则表示不剔除任何项值，使用HoopSnake迭代组件循环计算，实现任意两点之间的距离均大于建筑点位最小指定距离，不同的初始随机点将会获取不同的计算结果。

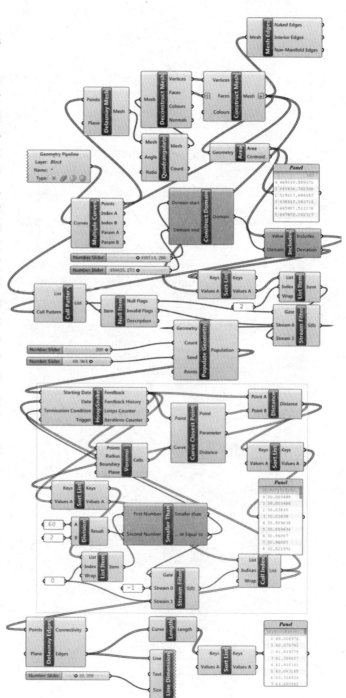

③ Polynomials: 多项式

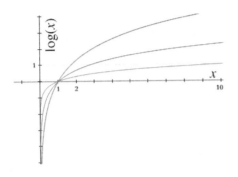

A^3	I	A	Cube	立方
$\sqrt[3]{}$		B	Cube Root	立方根
A^2		C	Square	平方
$\sqrt{}$		D	Square Root	平方根
x^{-1}	II	E	One Over X	倒数
10^A		F	Power of 10	10的n次方
2^A		G	Power of 2	2的n次方
e^A		H	Power of E	e的n次方
LOG^N	III	I	Log N	对数
LOG		J	Logarithm	以10为底的对数
LN		K	Natural logarithm	自然对数

各种底数的对数：红色函数底数是 e，绿色函数底数是 10，而紫色函数底数是 1.7。在数轴上每个刻度是一个单位。所有底数的对数函数都通过点（1,0），因为任何数的 0 次幂都是 1，而底数 β 的函数通过点（β，1），因为任何数的 1 次幂都是其自身。曲线接近纵轴但永不触及它，因为 x=0 具有奇异性。

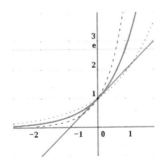

e 是在 x=0 点上 f (x)=ex（蓝色曲线）的导数（切线的斜率）值为 1 的唯一的一个数。对比一下，函数 2x（虚点曲线）、4x（虚线曲线）和斜率为 1 的直线（红色）并不相切。

● 使用自然对数构建螺旋线，其中建立了 0 ~ 720° 的区间数值，使用 Radians 组件转换为弧度值，用于向量旋转 VRot(Rotate) 组件的角度输入项。

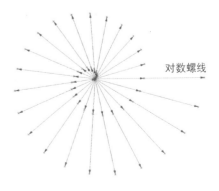

对数螺线

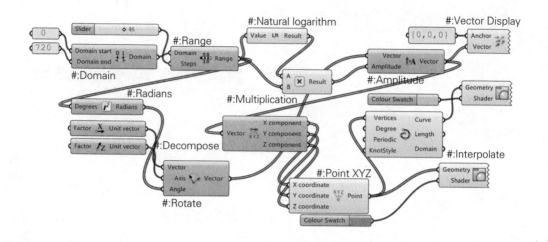

4 Trig: 三角函数

三角函数

函数	英语	简写	定义	关系
正弦	Sine	sin	$\dfrac{a}{h}$	$\sin\theta = \dfrac{1}{\csc\theta}$
余弦	Cosine	cos	$\dfrac{b}{h}$	$\cos\theta = \dfrac{1}{\sec\theta}$
正切	Tangent	tan	$\dfrac{a}{b}$	$\tan\theta = \dfrac{\sin\theta}{\cos\theta} = \dfrac{1}{\cot\theta}$
余切	Cotangent	cot	$\dfrac{b}{a}$	$\cot\theta = \dfrac{\cos\theta}{\sin\theta} = \dfrac{1}{\tan\theta}$
正割	Secant	sec	$\dfrac{h}{b}$	$\sec\theta = \dfrac{1}{\cos\theta}$
余割	Cosecant	csc	$\dfrac{h}{a}$	$\csc\theta = \dfrac{1}{\sin\theta}$

I

A Cosine 余弦

B Sinc Sinc函数

C Sine 正弦

D Tangent 正切

II

E ArcCosine 反余弦

F ArcSine 反正弦

G ArcTangent 反正切

III

H CoSecant 余割

I CoTangent 余切

J Secant 正割

IV

K Degrees 角度转换

L Radians 弧度转换

数学领域，历史上非归一化 sinc 函数 (for sinus cardinalis) 定义：
sinc(x)=sin(x)/x

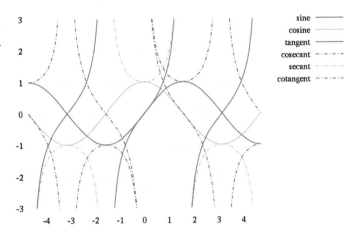

● 在 Grasshopper 中很多角度值的输入均采用弧度值，即 0 ~ 2π 区间，如果习惯 0 ~ 360° 角度输入方式，可以使用 Radians 组件转换。

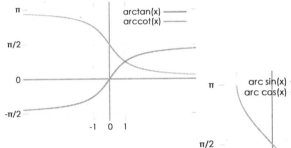

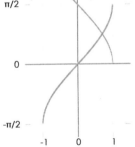

相同角度转换表

角度单位	值							
转	0	$\frac{1}{12}$	$\frac{1}{8}$	$\frac{1}{6}$	$\frac{1}{4}$	$\frac{1}{2}$	$\frac{3}{4}$	1
角度	0°	30°	45°	60°	90°	180°	270°	360°
弧度	0	$\frac{\pi}{6}$	$\frac{\pi}{4}$	$\frac{\pi}{3}$	$\frac{\pi}{2}$	π	$\frac{3\pi}{2}$	2π
梯度	0^g	$33\frac{1}{3}^g$	50^g	$66\frac{2}{3}^g$	100^g	200^g	300^g	400^g

反三角函数

名称	常用符号	定义	定义域	值域
反正弦	$y=\arcsin x$	$x=\sin y$	$[-1,1]$	$\left[-\frac{\pi}{2},\frac{\pi}{2}\right]$
反余弦	$y=\arccos x$	$x=\cos y$	$[-1,1]$	$[0,\pi]$
反正切	$y=\arctan x$	$x=\tan y$	$\mathbb{R}$	$\left(-\frac{\pi}{2},\frac{\pi}{2}\right)$
反余切	$y=\operatorname{arccot} x$	$x=\cot y$	$\mathbb{R}$	$(0,\pi)$
反正割	$y=\operatorname{arcsec} x$	$x=\sec y$	$(-\infty,-1]\cup[1,+\infty)$	$\left[0,\frac{\pi}{2}\right)\cup\left(\frac{\pi}{2},\pi\right]$
反余割	$y=\operatorname{arccsc} x$	$x=\csc y$	$(-\infty,-1]\cup[1,+\infty)$	$\left[-\frac{\pi}{2},0\right)\cup\left(0,\frac{\pi}{2}\right]$

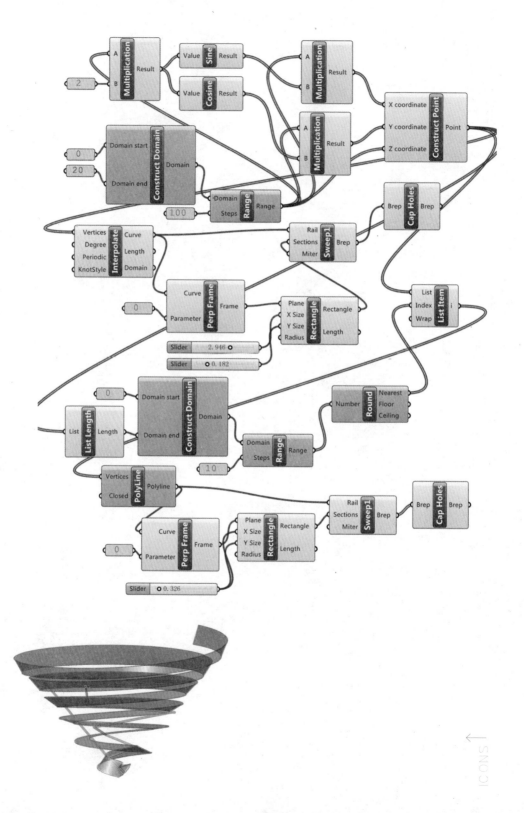

ICONS ↑

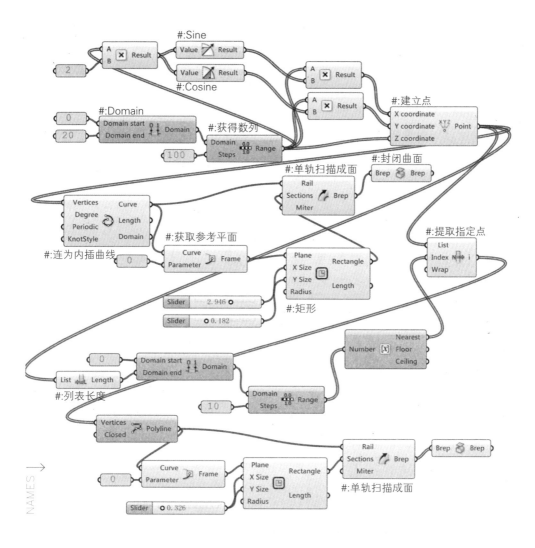

NAMES →

● 将 Domain 与 Range 组合组件建立的区间数列，使用 Sine 正弦、Cosine 余弦函数组件，调整数据变化的规律，用于点 X、Y 坐标值的输入，从而构建出连为曲线螺旋的点，并使用 Series 组件建立间隔为 10 的数列，即 0、10、20、30……提取开始建立的螺旋点来构建空间三角折线。

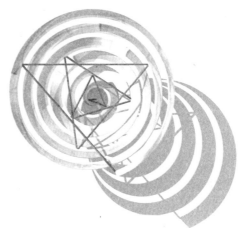

5 Time: 时间

在例如 Python 程序语言中，时间都是
非常重要而又复杂的部分，因为需要处理
很多与时间相关的事物，日程表、邮件、
系统任务、交易记录等等。但是在建筑设
计领域，时间似乎不那么重要，也许根据
时间确定的设计过程相对会更加复杂。

Grasshopper 也提供了时间的模块，只
是远远不及 Python 的 Datetime 和 Time 模
块强大，但却从设计的角度使得设计师能够
引起重视，逐步发掘时间在设计创作过程中
的应用方式。

I	A	Construct Date	建立日期与时间
	B	Construct Exotic Date	建立日期
	C	Construct Smooth Time	建立连续时间
	D	Construct Time	建立时间
	E	Deconstruct Date	解构时间
II	F	Combine Date & Time	合并日期和时间
	G	Date Range	建立连续时间
	H	Interpolate Date	插值时间或日期

时间一般分为日期和时间，日期是指年、月、日，时间是指小时、分钟和秒。可以使用
Calendar 和 Clock 组件直接建立时间，双击 Clock 组件也可以获取当前的时间。使用 Timer 则可
以获取连续变化的时间，但是需要结合 Python 组件的 Datetime 和 Time 时间模块不断获取当前
时间。在例如 Kangaroo 动力学扩展组件中，Timer 时间被用来当作计数器，计算迭代的次数。

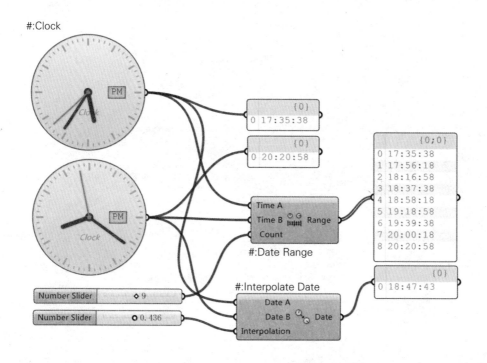

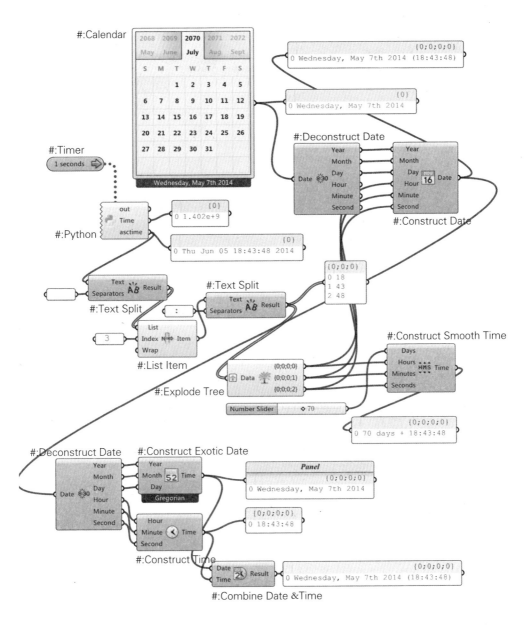

asctime时间

Python 程序部分

```
import rhinoscriptsyntax as rs  # 调入 rhinoscriptsyntax 模块
import time # 调入时间模块
def GetTime(): # 定义时间函数
    db_time=time.time() # 时间实数
```

```
    db_asctime=time.asctime() # 时间字符串
    return(db_time,db_asctime) # 返回值
Time,asctime=GetTime() # 执行定义的时间函数并赋值给变量
```

随时间生成的树

很多事物都是随着时间的变迁而发生变化，不管这种变化是明显的或者是潜在的，都无法被忽视。但是恰恰时间是容易被忽视的，因为能够关注时间的设计受到更多复杂因素的影响，往往并不给予考虑，随着科学技术的发展，设计技术的进步，解决这个问题的方法也日益明朗。

结合 Rabbit 组件的 L-System 系统简单模拟树木的生长过程，确定几个时间点，当时间到达这个时间时，就迭代一次。其中关键的一个是对于 Rabbit 组件的使用，可以结合官方案例学习；另外，借助 Python 的 Datetime 模块的函数处理时间数据的形式，来组织和确定时间。

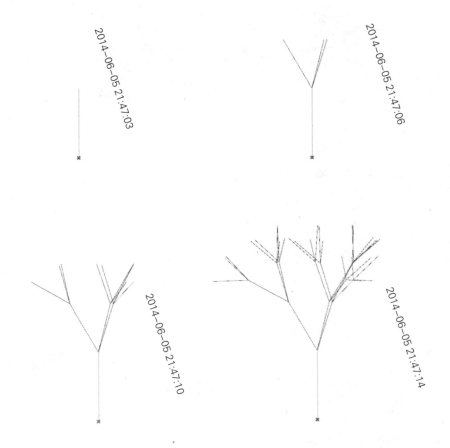

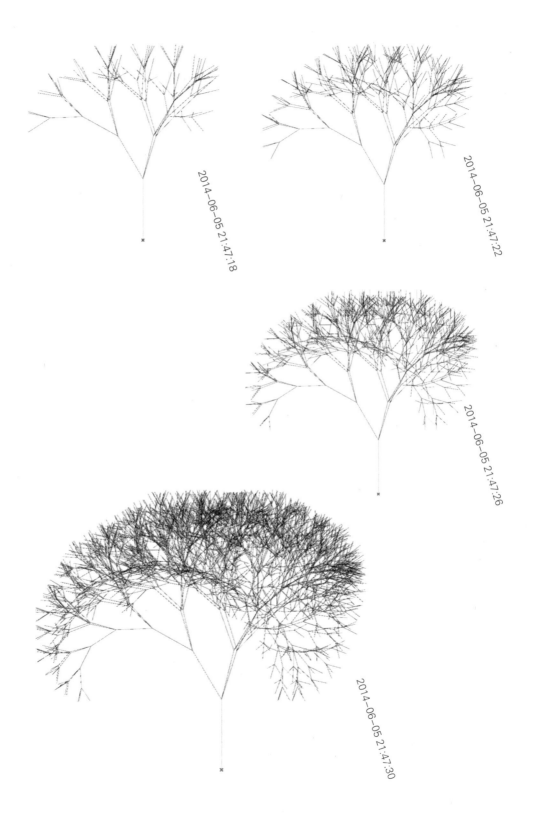

2014-06-05 21:47:18

2014-06-05 21:47:22

2014-06-05 21:47:26

2014-06-05 21:47:30

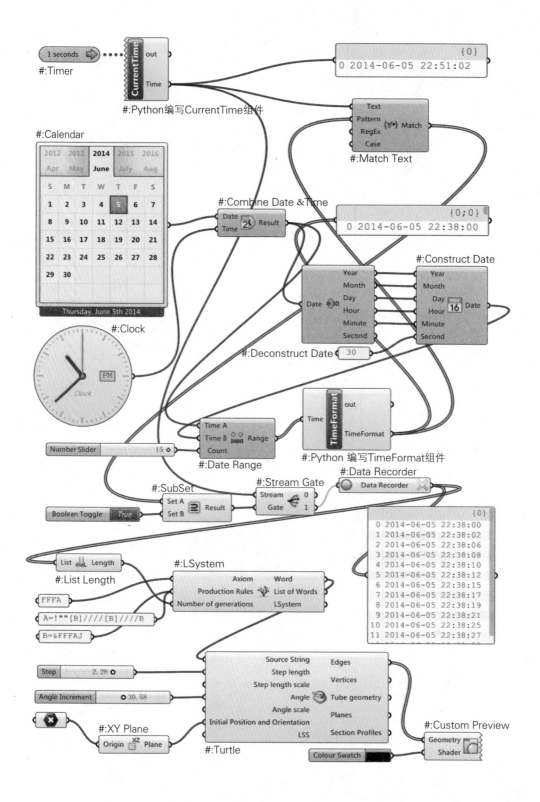

#:Timer
#:Python编写CurrentTime组件

1 seconds

CurrentTime
out
Time

{0}
0 2014-06-05 22:51:02

Text
Pattern
RegEx
Case
(?/•) Match

#:Match Text

#:Calendar

| 2012 | 2013 | **2014** | 2015 | 2016 |
| Apr | May | **June** | July | Aug |

S	M	T	W	T	F	S
1	2	3	4	5	6	7
8	9	10	11	12	13	14
15	16	17	18	19	20	21
22	23	24	25	26	27	28
29	30					

Thursday, June 5th 2014

#:Combine Date &Time

Date
Time
Result

{0;0}
0 2014-06-05 22:38:00

#:Construct Date

Year
Month
Day
Hour
Minute
Second

Date 8:30

Year
Month
Day
Hour
Minute
Second

Date

#:Deconstruct Date   30

#:Clock

PM
Clock

Number Slider   15

Time A
Time B
Count
Range

#:Date Range

TimeFormat
Time
out
TimeFormat

#:Python 编写TimeFormat组件

#:SubSet

Boolean Toggle   True

Set A
Set B
Result

#:Stream Gate

Stream   0
Gate   1

#:Data Recorder

Data Recorder

{0}
```
0  2014-06-05 22:38:00
1  2014-06-05 22:38:02
2  2014-06-05 22:38:06
3  2014-06-05 22:38:08
4  2014-06-05 22:38:10
5  2014-06-05 22:38:12
6  2014-06-05 22:38:15
7  2014-06-05 22:38:17
8  2014-06-05 22:38:19
9  2014-06-05 22:38:21
10 2014-06-05 22:38:25
11 2014-06-05 22:38:27
```

List   Length

#:List Length

FFFA

A=!""[B]////[B]////B

B=&FFFAJ

#:LSystem

Axiom   Word
Production Rules   List of Words
Number of generations   LSystem

Step   2. 28

Angle Increment   30. 58

#:XY Plane

Origin   Plane

#:Turtle

Source String   Edges
Step length   Vertices
Step length scale
Angle   Tube geometry
Angle scale
Initial Position and Orientation   Planes
LSS   Section Profiles

#:Custom Preview

Geometry
Shader

Colour Swatch

#:Python 编写 CurrentTime 组件　　　　　　　　　　　　　　　　**CurrentTime**

import datetime # 调入 datetime 模块

d=datetime.datetime.today() # 返回当前日期的 date 对象

t=datetime.datetime.strptime(str(d), '%m/%d/%Y %H:%M:%S') # 解析 datestring 日期字符串，创建一个 datetime 对象

Time=t # 赋值变量

#:Python 编写 TimeFormat 组件

import datetime # 调入 datetime 模块

oldtime=Time # 赋值变量

TimeFormat=[] # 建立空的列表，用于放置格式化后的 datetime 对象

for i in range(len(oldtime)): # 循环遍历输入列表

　　d=datetime.datetime.strptime(str(oldtime[i]), '%m/%d/%Y %H:%M:%S') # 解析 datestring 日期字符串，创建一个 datetime 对象

　　TimeFormat.append(d) # 将日期对象追加到列表中

注：输入端 Time 数据类型在其上右键选择 List Access

　　Python 的 datetime 模块提供表示和处理日期、时间的一些类。该模块的大部分功能是关于如何创建和输出日期与时间信息，主要包括数学运算，例如时间增量的比较和计算。日期处理是一个复杂的主题，更多信息可以自行查阅相关资料获取。

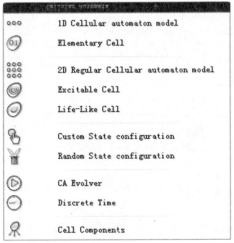

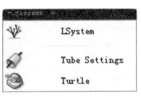

Rabbit http://morphocode.com/rabbit/

　　Rabbit 扩展组件以一种简单的方式探索模式衍化、自组织形式以及涌现等自然现象，并将这种现象应用到建筑设计领域，希冀能够对设计的过程产生影响。

6 | Matrix: 矩阵

A.Construct Matrix 建立矩阵:
　　输入行、列数量和值建立矩阵。

B.Deconstruct Matrix 矩阵解构:
　　将矩阵解构为行、列个数和值列表。

C.Display Matrix 显示矩阵:
　　以图式的方式显示矩阵。

D.Invert Matrix 矩阵求逆:
　　关于矩阵求逆的方法可以查看高等代数计算方法。

E.Transpose Matrix 矩阵转置:
　　行、列数据互换。

F.Swap Columns 列互换:
　　指定列索引值，互换列位置。

G.Swap Rows 行互换:
　　指定行索引值，互换行位置。

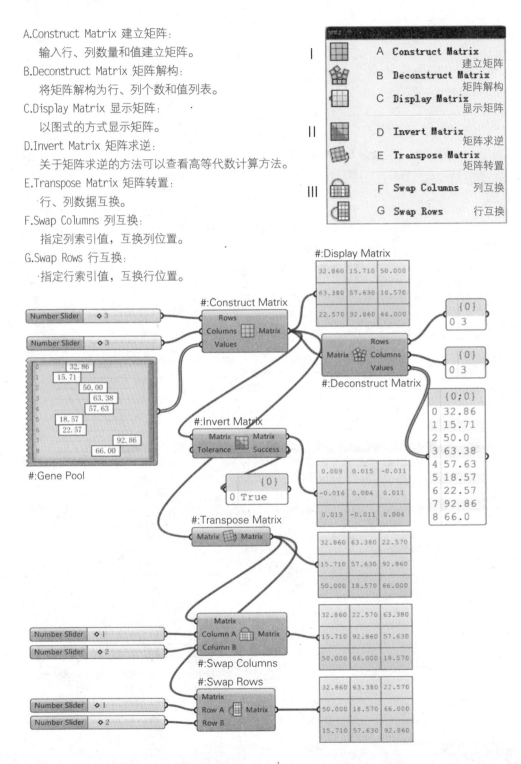

7 Util: 数学下的工具类

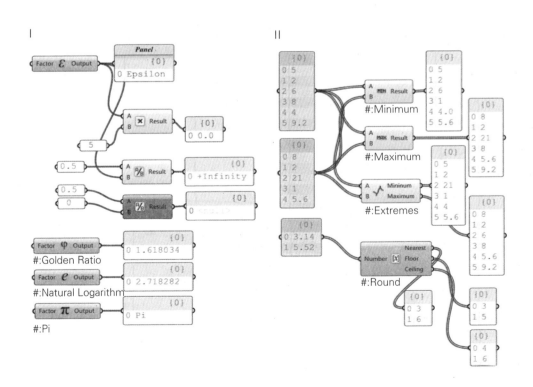

I

	A Epsilon	B φ	Golden Ratio	黄金比例
	大于0的最小正数Double值			
	C Natural logarithm	D π	Pi	圆周率 Pi (π)值
	自然对数			

II

| | E Extremes | 最值 | F MAX | Maximum | 最大值 |
| MIN | G Minimum | 最小值 | H [x] | Round | 约整数 |

III

	I Average	算数平均值	J	Blur Numbers	
				模糊数据列表	
	K Interpolate data		L	Truncate	截断
	插值				
	M Weighted Average	权重平均值			

IV

	N Complex Argument	O R I	Complex Components	
	偏角		复数组成（实部+虚部）	
	P Complex Conjugate	Q Z	Complex Modulus	
	共轭		绝对值（模、幅值）	
	R Create Complex	建立复数		

I

Panel
{0}
0 Epsilon

Factor ε Output

A × Result
B
{0}
0 0.0

5

0.5
A % Result
B
{0}
0 +Infinity

0.5
0
A % Result
B
{0}
0 <...>

Factor φ Output
{0}
0 1.618034
#:Golden Ratio

Factor e Output
{0}
0 2.718282
#:Natural Logarithm

Factor π Output
{0}
0 Pi
#:Pi

II

{0}
0 5
1 2
2 6
3 8
4 4
5 9.2

{0}
0 8
1 2
2 21
3 1
4 5.6

{0}
0 3.14
1 5.52

A MIN Result
B
#:Minimum

A MAX Result
B
#:Maximum

A Minimum
B Maximum
#:Extremes

Number [x] Nearest
Floor
Ceiling
#:Round

{0}
0 5
1 2
2 6
3 1
4 4.0
5 5.6

{0}
0 8
1 2
2 21
3 8
4 5.6
5 9.2

{0}
0 5
1 2
2 21
3 1
4 4
5 5.6

{0}
0 8
1 2
2 6
3 8
4 5.6
5 9.2

{0}
0 3
1 6

{0}
0 3
1 5

{0}
0 4
1 6

III

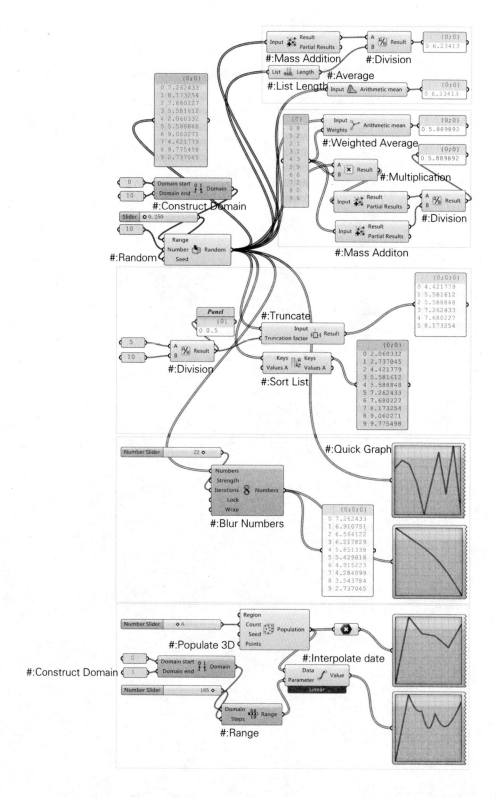

#:Mass Addition

#:Division

#:Average

#:List Length

#:Weighted Average

#:Multiplication

#:Division

#:Construct Domain

#:Random

#:Mass Additon

#:Truncate

#:Division

#:Sort List

#:Quick Graph

#:Blur Numbers

#:Populate 3D

#:Interpolate date

#:Construct Domain

#:Range

适宜性评价程序编写的方法

规划设计领域系统化使用专题地图叠合的方法进行土地适宜性分析与评价，可以追溯到20世纪60年代Ian McHarg（1969）的著作《设计结合自然》（Design With Nature）。McHarg将影响土地用途的各种因素，例如地质、植被、社会等条件细分为多个因子，每个因子形成单一专题图，再将多张专题图一层层叠起来，得出最佳选址。例如将地质条件细分为坡度、地表排水、土壤排水、基岩地基、土壤地基、易侵蚀程度；将社会条件细分为历史价值、风景价值、休憩价值等。每一因子划分成若干评分等级，采用不同深浅颜色，将该因子的评分结果绘制在一张透明图片上，因子评分较高的位置，颜色较浅。然后将所有的透明图片叠合在一起，覆盖在灯光桌面上观察，最亮、最透明的范围就是综合所有因子最佳选址区域。后来很多学者在专题地图上画方格网，根据相关资料或者在地图上量算，对每个格网的单元赋值，对多个专题位置相同的网格单元之间作逻辑或者算术运算，将结果记录在另一个格网单元中，进一步分类、统计，并绘制成专题图。

目前这种方法已经在地理信息系统中广泛被使用，借助计算机可以减轻工作量、增加灵活性并提高准确性。随着编程设计技术的发展，在Grasshopper中编写土地适宜性评价的程序，可以由设计师更多地控制参数，并渗入更多的相关条件，参数模型的建立将构建前后联系的有机整体，在判断条件和扩展性上具有更大的灵活性。

满足输入条件和权重的点位，颜色越浅越适宜

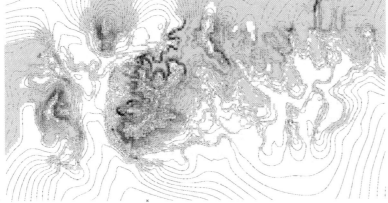

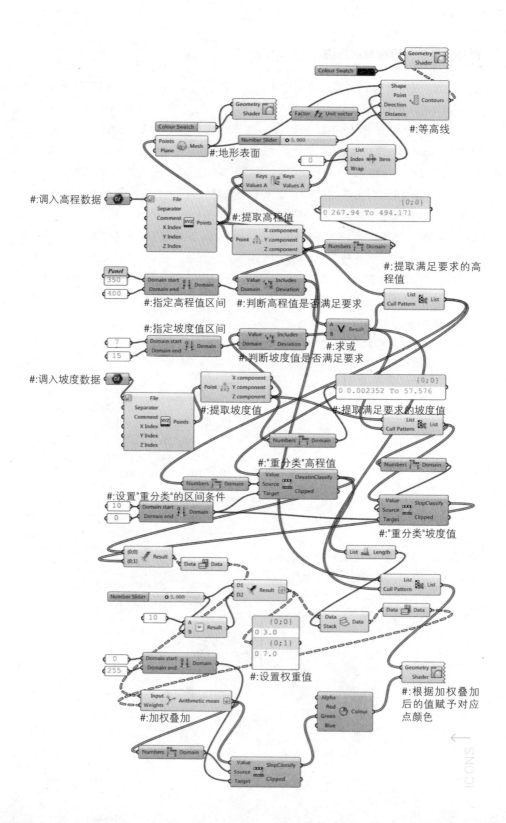

#:等高线

#:地形表面

Colour Swatch

#:调入高程数据

#:提取高程值

{0;0}
0 267.94 To 494.171

#:提取满足要求的高程值

#:指定高程值区间   #:判断高程值是否满足要求

#:指定坡度值区间

#:求或

#:判断坡度值是否满足要求

#:调入坡度数据

#:提取坡度值

{0;0}
0 0.002352 To 57.576

#:提取满足要求的坡度值

#:"重分类"高程值

#:设置"重分类"的区间条件

#:"重分类"坡度值

{0;0}
0 3.0
{0;1}
0 7.0

#:设置权重值

#:根据加权叠加
后的值赋予对应
点颜色

#:加权叠加

● 将XYZ格式的.txt高程数据和坡度地理信息数据使用组件File Path和Import Coordinates调入到Grasshopper空间中，其中，Z值即为高程值。假设满足高程要求的区间在350~400之间，满足坡度要求的区间在7~15之间，分别判断满足要求的数据，并求或，即只要其中一个条件满足要求就符合，根据求或的结果提取满足要求的高程值和坡度值。

提取的值因为具有不同属性，因此数据的区间不同，使用核心组件Remap Numbers重设到指定的区间。

对于不同属性的数据，对分析结果的影响不同，假设权重分配总数为10， 高程值对结果的影响较小占据3，坡度对结果的影响较大占据7，使用组件Weighted Average计算权重，获取加权叠加的结果。

将加权叠加的结果作为位置点颜色的参数。对于满足输入条件的点位，绿色越浅则会具有较高的适宜性，即越满足选址的要求。

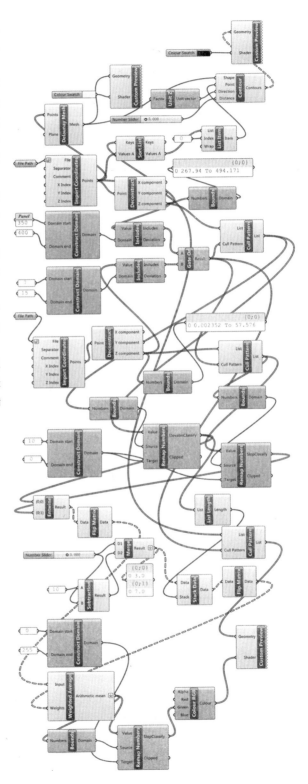

NAMES→

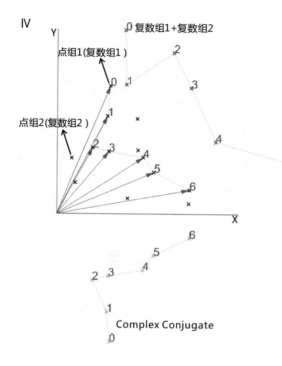

IV

点组1(复数组1)

复数组1+复数组2

点组2(复数组2)

Complex Conjugate

复数为实数的推广，它使任一多项式都有根。复数当中有个"虚数单位 i"，它是 -1 的一个平方根，即 $i^2=-1$。任一复数都可表达为 $a+bi$，其中 a 及 b 皆为实数，分别称为复数的"实部"和"虚部"。

运算：

通过形式上应用代数的结合律、交换律和分配律，再加上等式 $i^2=-1$，定义复数的加法、减法、乘法和除法。

- 加法: $(a+bi)+(c+di)=(a+c)+(b+d)i$
- 减法: $(a+bi)-(c+di)=(a-c)+(b-d)i$
- 乘法: $(a+bi)(c+di)=ac+bci+adi+bdi^2=(ac-bd)+(bc+ad)i$
- 除法:
$$\frac{(a+bi)}{(c+di)}=\frac{(a+bi)(c-di)}{(c+di)(c-di)}=\frac{ac+bci-adi-bdi^2}{c^2-(di)^2}=\frac{ac+bd+(bc-ad)i}{c^2+d^2}=\left(\frac{ac+bd}{c^2+d^2}\right)+\left(\frac{bc-ad}{c^2+d^2}\right)i$$

复数域：

复数可定义为实数组成的有序对，而其相关之和及积为：

- $(a,b)+(c,d)=(a+c,b+d)$
- $(a,b)\cdot(c,d)=(ac-bd,bc+ad)$

复平面：

复数 z 可以被看作在被称为阿甘得图（得名于让－罗贝尔·阿冈）的二维笛卡尔坐标系内的一个点或位置矢量。这个点也就是这个复数 z 可以用笛卡尔（直角）坐标指定。复数的笛卡尔坐标是实部 $x=\mathrm{Re}(z)$ 和虚部 $y=\mathrm{Im}(z)$。复数的笛卡尔坐标表示叫做复数的"笛卡尔形式"、"直角形式"或"代数形式"。

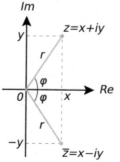

绝对值、共轭：

如果 $z=a+bi$，则

$$|z|=\sqrt{a^2+b^2}$$

$$\bar{z}=a-ib$$

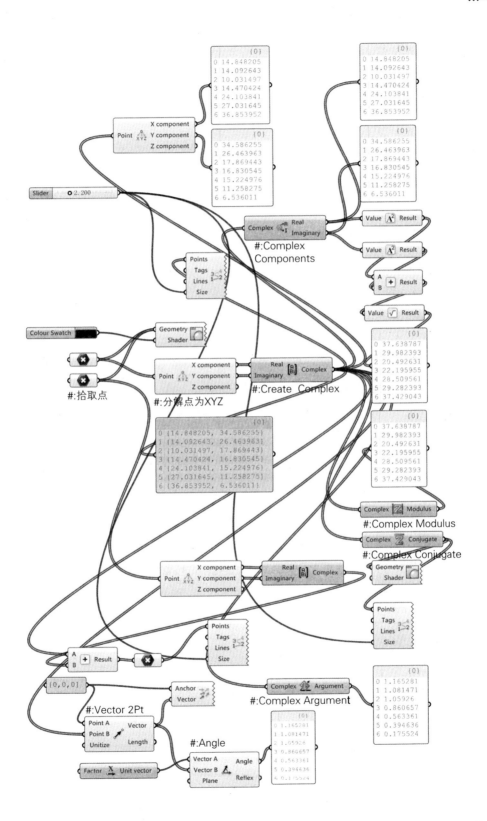

8 | Script：脚本

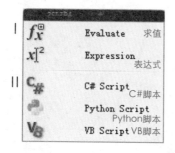

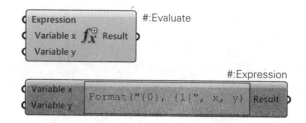

Evaluate 和 Expression 组件提供了方程表达式输入计算的方式，除了一般方程表达式，也提供用于计算的函数列表如下所示，类似于列表推导式的方法，进一步增强了程序编写的能力。

Name	Signature	Description
Abs	Abs(x)	Returns the absolute value of a specified number or vector
Acos	Acos(x)	Returns the angle whose cosine is the specified number
Asin	Asin(x)	Returns the angle whose sine is the specified number
Atan	Atan(x)	Returns the angle whose tangent is the specified number
Atan2	Atan2(x, y)	Returns the angle whose tangent is the quotient of two specified numbers
CDbl	CDbl(x)	Creates a floating point number
Ceiling	Ceiling(x)	Returns the smallest integer greater than or equal to the specified number
CInt	CInt(x)	Converts a number or string to the nearest integer
Contains	Contains(s, p)	Tests whether [p] occurs within [s]
Cos	Cos(x)	Returns the cosine of an angle
Cosh	Cosh(x)	Returns the hyperbolic cosine of an angle
Define	{a, b[, c]}	Create a new vector, plane or complex construct
Deg	Deg(x)	Converts an angle in radians to degrees
Distance	Distance(x, y)	Returns the distance (Pythagorean) between two numbers or vectors
EndsWith	EndsWith(s, a)	Test whether [s] ends with [a]
Exp	Exp(x)	Returns e raised to the specified power
Fix	Fix(x)	Returns the integer portion of a number
Floor	Floor(x)	Returns the largest integer less than or equal to the specified number
Format	Format(s[, a, b, ···])	Replaces each format item in a specified String with the text equivalent of a corresponding value
GMean	G(x[, y, z, ···])	Returns the geometric mean of a set of numbers
HMean	O(x[, y, z, ···])	Returns the harmonic mean of a set of numbers
Hypot	Hypot(x, y)	Returns the length of the hypotenuse of a right triangle
If	If(test, A, B)	Returns A if test is True, B if test is false
IndexOf	IndexOf(s, a[, i])	Find the first character position of [a] within [s], starting the search at index [i]
Int	Int(x)	Returns the integer portion of a number
LCase	LCase(s)	Converts all characters in a string to their lower case equivalent
Left	Left(s, i)	Returns the [i] characters on the left hand side of the string
Length	Length(x)	Returns the magnitude of a vector or the number of characters in a string
Ln	Ln(x)	Returns the natural (base e) logarithm of a specified number
Log	Log(x[, b])	Returns the base [b] logarithm of a specified number
Log10	Log10(x)	Returns the base 10 logarithm of a specified number
Max	Max(x[, y, z, ···])	Returns the maximum value in a set of numbers
Mean	A(x[, y, z, ···])	Returns the mean (average) of a set of numbers, vectors or planes
Min	Min(x[, y, z, ···])	Returns the minimum value in a set of numbers
Minko...	MinkowskiDistance(x, y, p)	Returns the p-order Minkowski distance between two numbers or vectors
Pow	Pow(x, y)	Returns a specified number or vector raised to the specified power
Prod	∏(x[, y, z, ···])	Returns the product of a set of numbers
Rad	Rad(x)	Converts an angle in degrees to radians
Replace	Replace(s, a, b)	Replaces all occurrences of [a] in [s], with [b]
Right	Right(s, i)	Returns the [i] characters on the right hand side of the string
Round	Round(x[, d])	Rounds a floating point number to the specific decimal places
Sin	Sin(x)	Returns the sine of an angle
Sinh	Sinh(x)	Returns the hyperbolic sine of an angle
Sqrt	Sqrt(x)	Returns the square root of a specified number
Start...	StartsWith(s, a)	Test whether [s] starts with [a]
SubSt...	SubString(s, i[, 1])	Returns a substring based on start char index and length
Sum	∑(x[, y, z, ···])	Returns the sum of a set of numbers or vectors
Tan	Tan(x)	Returns the tangent of an angle
Tanh	Tanh(x)	Returns the hyperbolic cosine of an angle
UCase	UCase(s)	Converts all characters in a string to their upper case equivalent
Unitize	[v]	Returns a unit length vector

● 使用函数 If(test,A,B) 即表示如果 test 为真则返回 A，否则返回 B。

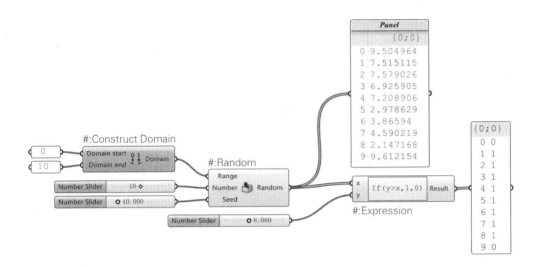

"Python（英式发音：/ˈpaɪθən/ 美式发音：/ˈpaɪθɑːn/），是一种面向对象、直译式电脑编程语言。它包含了一组完善而且容易理解的标准库，能够轻松完成很多常见的任务。它的语法简洁和清晰，尽量使用无异义的英语单词，与其他大多数程序设计语言使用大括号不一样，它使用缩进来定义语句块。"——Wikipedia

Python 语言被广泛用于各类领域。例如，编程语言、数据库、Windows 编程、多媒体、科学计算、网络编程、游戏编程、嵌入和扩展、企业与政务应用等。在过去几十年中，大量的编程语言被发明、被取代，并修改或者组合在一起。2012 年 4 月编程语言排行榜前 20 名的依次为：C、Java、C++、Objective-C、C#、PHP、(Visual)Basic、Python、JavaScript、Perl、Ruby、PL/SQL、Delphi/Object Pascal、Visual Basic.NET、Lisp、Pascal、Ada、Transact-SQL、Logo、NXT-G，众多的编程语言并不是都对设计行业都适用的，具体选择哪种语言由行业使用软件平台所支持的脚本语言来确定。对于建筑、景观与城市规划设计行业，Python 语言也起到越来越重要的作用，Python 往往被嵌入到设计行业的软件平台上作为脚本使用。MAYA 是 MEL，自 8.5 之后支持 Pyhton 语言。Rhinoceros 是 RhinoScript，自 5.0 之后嵌入 Ironpython，Houdini 使用的是 HScript，自 9.0 后使用 HOM（Houdini Object Mode），支持 Python 语言。地理信息软件，ArcGis8 基于地理视图的脚本语言开始引入，9.0 开始支持 Python。VUE 自然景观生成软件与 FME 地理数据转化平台同样支持 Python 语言，可见 Python 程序语言在逐渐地被更广泛的三维图形软件所支持，成为众望所归共同的脚本语言。

Python 是"一种解释型的、面向对象的、带有动态语义的高级程序设计语言"，已经具有近 20 年的发展历史，成熟且稳定，在 2012 年之前是 2007 年、2010 年的年度编程语言，众多三维图形软件选择 Python 作为脚本语言是未来图形程序软件发展的趋势。Python 的设计语言"优美"、"明确"、"简单"，在面对多种选择时，Python 开发者会拒绝花哨的语法，而选择明确的没有或者很少歧义的语言，因此学习 Python 不像学习 C++、Java 等语言难以学习，其语言优美与英语语法结构类似，这正是 Python 语言最早的设计指导思想之一，提高了代码的可读性。

在 Python 成为绝大部分图形程序的脚本语言后，对于设计师个人来说有莫大的好处。在项目中，经常使用 ArcGIS 处理地理数据，FME 转换数据格式，使用 Rhinoceros 与 Grasshopper 来构建几何模型，在进一步拓展软件的设计能力，解决诸多软件本身模块无法解决的现实问题时，就要求助于脚本语言，如果各软件的脚本语言不统一，就要耗费设计师过多的时间在脚本语言的学习上。然而编程也只是协助设计师处理设计问题的手段，这个手段在变得越来越重要时，所有图形化设计软件自然将脚本语言转向 Python 这种语言形式，以减轻设计师的负担。

设计师恐怕从来没有想过建筑等设计行业会与编程发生关联，甚至对设计的传统方法提出调整，甚至变革。实际上自从计算机辅助设计开始，编程就已经渗入到设计行业，只是各类功能的开发都是由软件科技公司处理提供给设计者使用。例如，AutoDesk 公司的各类辅助设计的产品。然而，随着计算机辅助设计软件平台的发展，紧紧依靠开发者提供的功能不足以满足设计的要求，为了适应设计无限的创造力，必须为设计者提供一套设计者本人根据设计的目的，可以进一步通过程序编写达到要求的方法，那就是在各类三维图形设计软件中嵌入编程语言，例如最为广泛使用的 Python。

编程语言通过图形程序与设计构建了最为直接的联系，使得设计的过程更加智能化，以利用语言的魔力实现更复杂设计形式的创造和各类设计以及分析问题的解决途径。同时也对设计者提出了新的要求，那就是只有在掌握编程语言的基础上，才能够应用这一具有魔力的技术，实现设计过程的创造性改变。设计技术的发展趋势也使得设计者不得不面临这一种情况，然而任何人都应该学会编程，编程不仅是一门语言，耐用它也在改变着人们思考问题的方式，尤其是充满创造力的设计行业。当设计者开始从编程语言的逻辑思维方式思考设计形式的时候，是一种与直观的设计观照截然不同的思维方式，一个在理性逻辑思维与感性设计思维之间不断跳跃的过程，两者之间不断地影响与融合，这正是使用编程语言来辅助设计带来的影响，更是一种设计者乐此不彼的游戏似的设计过程，因为编程让设计过程更具有创造力。

Python+GhPython
官方网站http://www.python.org./
http://www.food4rhino.com/project/ghpython

一般不建议使用 Rhinoceros 的 PythonScript 编写程序辅助设计，因为 Rhinoceros 具有节点可视化插件 Grasshopper，大部分程序编写工作只需要 Grasshopper 来完成，节点可视化程序编写的方法可以实时地观察程序编写变化所对应形式的变化，并且进一步强调参数变化之间的联系，建立有机互动的整体形式设计。但是 Grasshopper 并不能很方便地解决所有问题，甚至有些时候无法解决，因此需要配合基于 Grasshopper 的 Python 解释器 GhPython，Grasshopper 与 GhPython 程序编写的组合方式，来进行辅助设计以及设计分析，它是解决各类设计问题最好的方式。

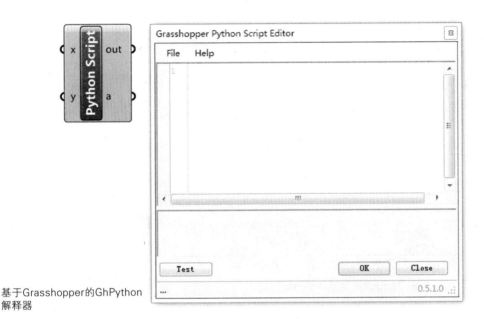

基于Grasshopper的GhPython
解释器

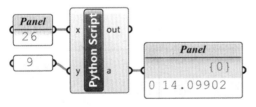

import math # 调入模块 math
x,y=float(x),float(y) # 将字符串转换为浮点数
a=math.sqrt(x)+y # 计算表达式并赋值给 a

关于 Python Scripting for Grasshopper 具体阐述，可以参照 "面向设计师的编程设计知识系统" 中《学习 Python——做个有编程能力的设计师》部分。

用Python编写连续展平程序

建筑设计过程本身的复杂性和多样性，必然存在难以预料的问题需要解决。大部分模型构建包括几何模型和分析模型都可以使用 Grasshopper 自身的组件解决，但是也存在很多不易甚至不能依靠现有组件解决的各类模型构建的情况。一方面可以查找 Add-ons 扩展组件中是否存在能够解决所存在问题的组件，虽然本案例中可以在扩展组件 Kangaroo 中获取 Unroller 展平组件，但是该组件目前仍旧无法完成本例中较为复杂的展平问题；另一方面最好的办法就是依靠基础的程序语言 Python 自行编写程序解决问题，这是最为直接和最有效的方法。

延续前文阐述的"区间常用使用方法＿1＿区间列表与随机数据"中的案例，前文中的建筑表皮是使用组件 Loft 采用放样的方式完成，对于大部分建筑都会处理为 Mesh 格网的四边面或者三边面，这样容易加工和处理，便于重新组织点的分组和排序，使之满足 Mesh 格网构建的要求。初始建立的四边面因为 4 个点并不共面，因此转化为三边面，再使用 Python 编写连续展平的程序。

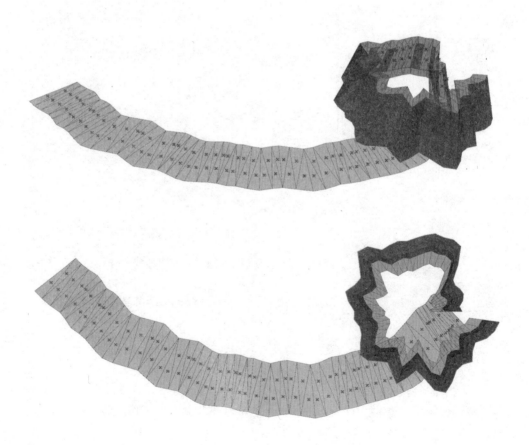

炸开Mesh格网使用扩展模块Mesh Analysis and Utility Components中Mesh Explode组件，可以从Grasshopper官网获取下载链接：http://www.uto-lab.com/，具体阐述可以参考Mesh | 格网部分章节。

接前文 "区间常用使用方法_1_区间列表与随机数据" 部分案例

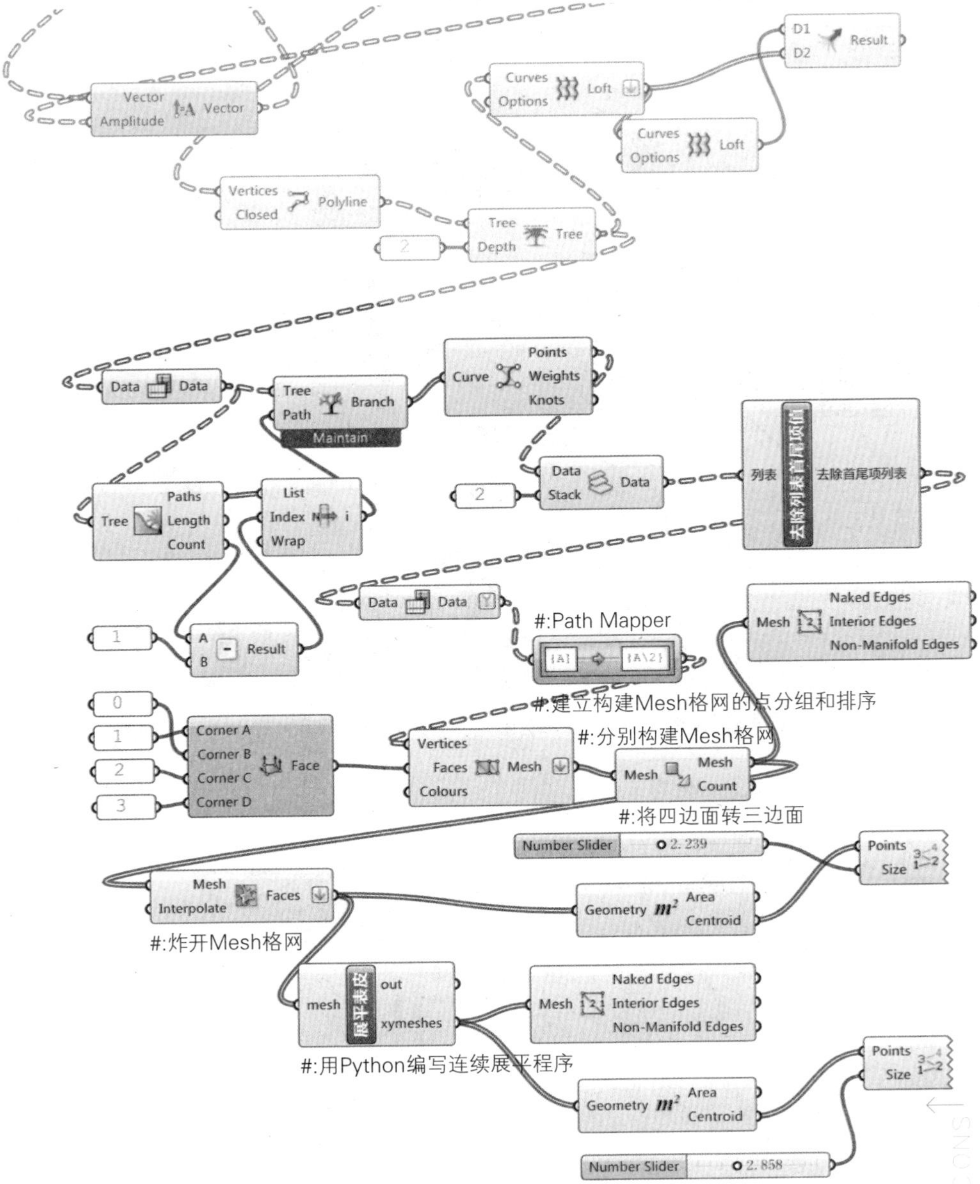

#:Path Mapper

#:建立构建Mesh格网的点分组和排序

#:分别构建Mesh格网

#:将四边面转三边面

#:炸开Mesh格网

#:用Python编写连续展平程序

接前文"区间常用使用方法_1_区间列表与随机数据"部分案例

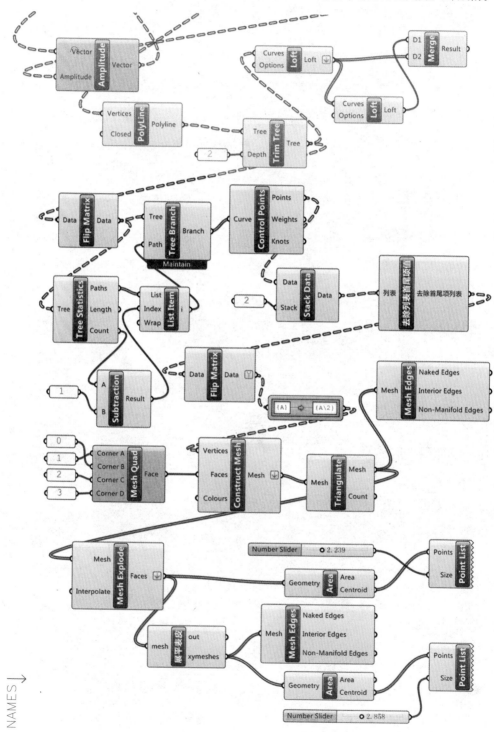

NAMES

#: 用 Python 编写连续展平程序

```
import rhinoscriptsyntax as rs meshes=rs.ExplodeMeshes(mesh)
refplane=rs.WorldXYPlane() oriplanepoints0=rs.MeshVertices(meshes[0])
oriplanepoints1=rs.MeshVertices(meshes[1])
xymeshes=[]
for i in range(len(meshes)):
    if i ==0:
        mesh0point=rs.MeshVertices(meshes[i])
        mesh0points=[]
        for r in mesh0point:
            mesh0points.append([r[0],r[1],r[2]])
        xymesh0=rs.OrientObject(meshes[i],mesh0points,\
        [[0,10,0],[10,0,0],[0,0,0]],1)
        xymeshes.append(xymesh0)
    else:
        vertices2=rs.MeshVertices(meshes[i])
        vertices1=rs.MeshVertices(meshes[i-1])
        vertices2lst=[]
        vertices1lst=[]
        for q in vertices2:
            vertices2lst.append([q[0],q[1],q[2]])
        for p in vertices1:
            vertices1lst.append([p[0],p[1],p[2]])
        ver=[m for m in vertices1lst for n in vertices2lst if m==n]
        a=ver[0]
        b=ver[1]
        indexa=vertices1lst.index(a)
        indexb=vertices1lst.index(b)
        cref=[m for m in vertices1lst if m not in ver][0]
        cv=[m for m in vertices2lst if m not in ver][0]
        refvertice=rs.MeshVertices(xymeshes[i-1])
        refvertices=[]
        for x in refvertice:
            refvertices.append([x[0],x[1],x[2]])
        indexc=[c for c in range(0,3) if c !=indexa and c!=indexb]
```

```
        refverticespoint=rs.MirrorObject(rs.AddPoint(refvertices[indexc[0]]),refvertices[indexa
],refvertices[indexb])
        mirrorpoint=[rs.PointCoordinates(refverticespoint)]
        for z in mirrorpoint:
            mirrorpoint=[z[0],z[1],z[2]]
        xymesh=rs.OrientObject(meshes[i],[a,b,cv],[refvertices[indexa],refvertices[indexb],mirro
rpoint],1)
        xymeshes.append(xymesh)
    vertices2lst=[]
    vertices1lst=[]
    ver=[]
```

4

Sets
数据处理

　　Sets 数据处理是 Grasshopper 程序编写的核心，处理数据的手段自然是首先要解决的问题。在 Grasshopper 中对于数据的处理主要为两个方面，一个是 List 列表，即线性列表数据；一个是 Tree 树型数据，包含多个线性列表，由数据路径分支索引每一个线性列表。只有对数据结构有了清楚的认识，才能够正确、有目的地组织数据，才能真正进入到编程设计的领域。

　　Sets 面板中 Sequence 部分提供了多种建立数列的方法，也包括建立随机数，能够表达自然随机的几何形态。而字符串 (String) 部分往往被忽略，但是类似于 .txt 文件等数据的调入，则需要使用 Strings 组中的组件来处理数据格式。

1 List: 列表

I	A Insert Items 插入项值	B Item Index 项索引
	C List Item 提取项值	D List Length 列表长度
	E Partition List 列表分片	F Replace Items 替换项值
	G Reverse List 反转列表	H Shift List 列表移位
	I Sort List 列表排序	J Split List 切分列表
	K Sub List 子列表	
II	L Dispatch 模式分组	M Null Item 空值判断
	N Pick'n'Choose 挑拣重组	O Replace Nulls 替换空值
	P Weave 编织重组	
III	Q Combine Data 按长组合	R Sift Pattern 筛分模式
IV	S Cross Reference 交叉匹配	T Longest List 最长匹配
	U Shortest List 最短匹配	

I

A.Inset Items 插入项值：

　　将输入的值 "Grasshopper" 插入到指定索引值 "1" 位置上，如果指定的索引值大于列表长度，则循环计算其索引值。

B.Item Index 项索引：

　　用于检索指定项值的索引值。

C.List Item 提取项值：

　　根据指定的索引值，提取对应的项值。

D.List Length 列表长度：

　　获得输入列表的长度，即最大索引值加 1。

E.Partition List 列表分片：

　　根据指定的长度大小分片列表，建立树型数据。

F.Replace Items 替换项值：

　　指定索引值 3 和新项值 Grasshopper，用新项值替换输入列表中指定索引值 3 所对应的项值 5.0。

G.Reverse List 反转列表：

　　反转输入列表的顺序。

H.Shift List 列表移位：

　　将输入列表向上或向下移动，移动的多少由输入项 Shift 确定，如果 Shift 为 1，则上移一位，Shift 为 −1，则下移一位。Wrap 输入端用于设置布尔值，布尔值为 True 时，第一个项值被移到列表的底部，为 False 时，第一个项值被移除。

I.Sort List 列表排序：

　　输入端为 Keys 键与 Values 值，输出键将输入键所对应的列表按顺序自动排序，输出项值按照输出键索引值位置自动排序。

J.Split List 切分列表：

　　按输入索引值的位置切分列表。

K.Sub List 子列表：

　　根据输入的索引值区间选取输入列表所对应的区间项值输出。

　　编程设计的核心是处理数据，通过数据的调整，例如插入（Inset Items）、替换（Replace Items）、反转（Reverse List）、移位（Shift List）、排序（Sort List）、切分（Split List）、子列表（Sub List）、分片（Partition List）等方法重新组织数据结构。

　　数据结构是通过某种方式，例如对项值（元素）进行编号，组织在一起的数据项值的集合，这些项值可以是数字或者字符，亦可以是其他数据形式，例如，列表、元组、甚至字典等。列表 List 是数据结构的基本形式。序列中每个项值被分配一个序号——即项值的位置，称为索引值。第一个索引值是 0，第二个是 1，以此类推。

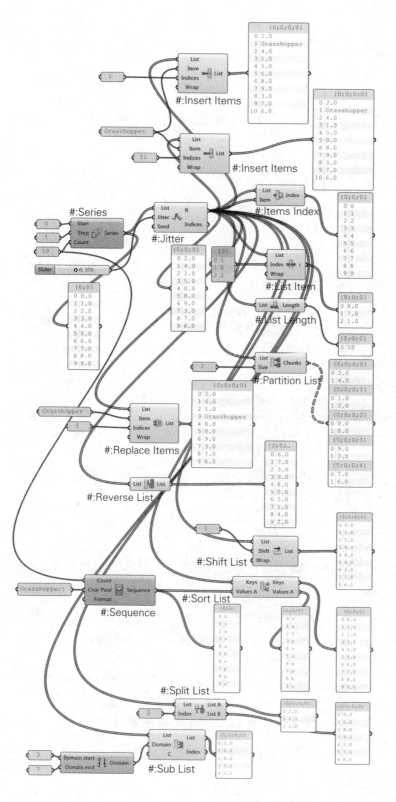

空心折柱

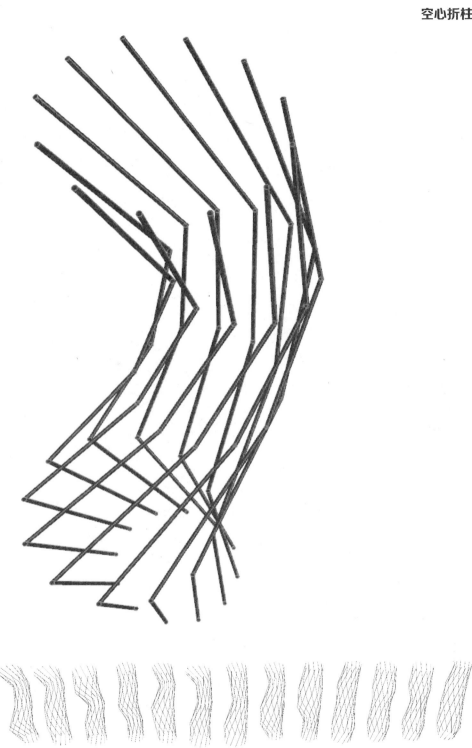

几何构建逻辑（空心折柱）

1.定位点

2.线性阵列

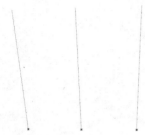

3.根据向量建立直线

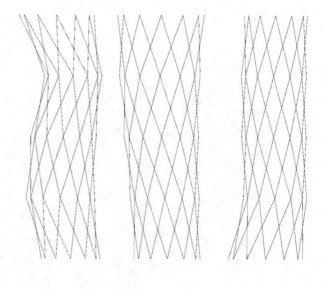

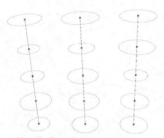

4.等分直线并建立第一组圆

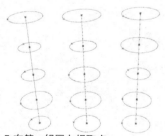

5.在第一组圆上提取点

8.翻转矩阵连为折线

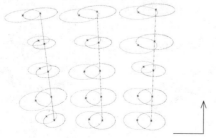

6.在提取点上建立第二组圆

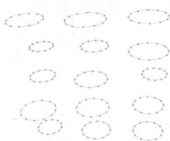

7.等分第二组圆

● 在构建模型时，需要分析几何构建逻辑，使位于逻辑顺序后面的组件紧密与之前的组件构建联系，从而形成互动，减少参数调整的数量。例如 Shift List 输入项 Shift 移位列表偏移的级数是由 Tree Statistics 组件统计前一组件的数据结构结果获取，因此使用组件编写程序时，需要关注前后的联系，避免再次增加多余的参数而致使后期调整繁琐。

GraphMapper 组件内置了多个图形函数，可以输入数据列表，并根据所选择的图形函数变化数据，在第一组圆上提取点时使用图形函数，使几何图形在三维上的变化更加丰富，并富有一定的规律。

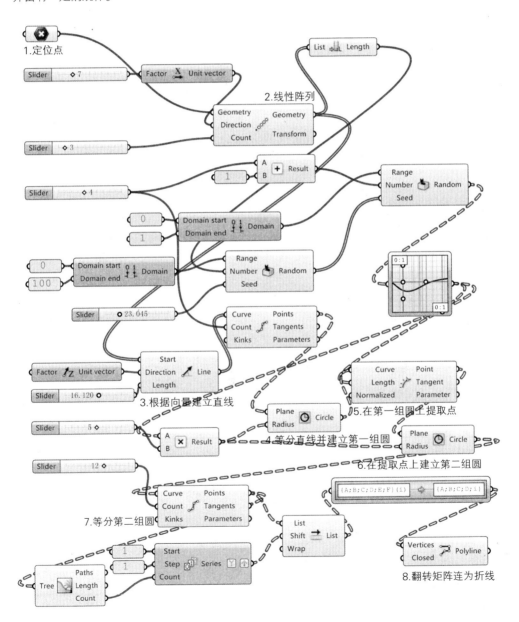

NAMES →

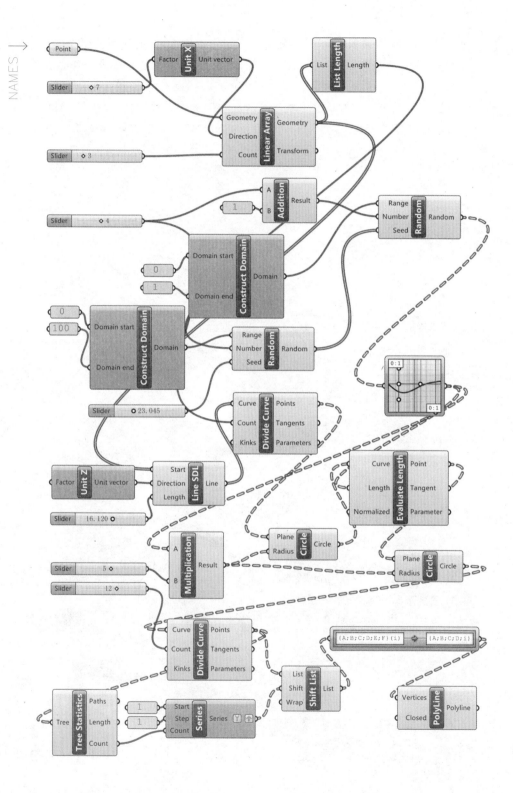

II

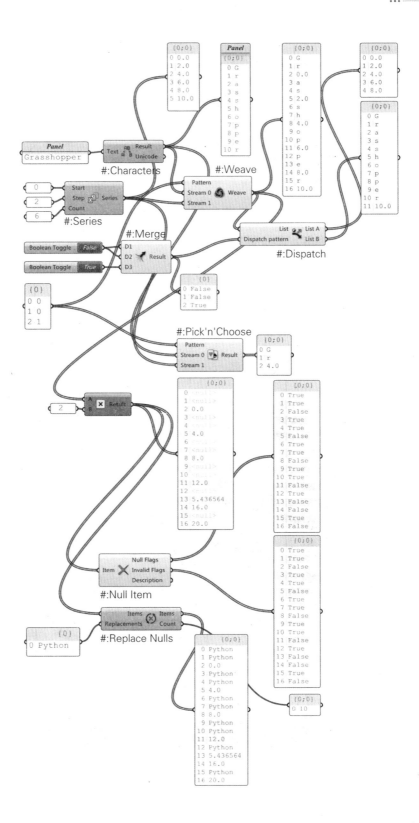

L.Dispatch 模式分组：

　　将输入端 List 的列表数据按照 Dispatch pattern 的布尔值设置模式顺序分组。

M.Null Item 空值判断：

　　判断输入列表中是否存在空值或无效值，存在则为 True，否则为 False。

N.Pick'n' Choose 挑拣重组：

　　根据输入端 Pattern 输入的序号模式从对应序号的输入端中选取项值。

O.Replace Nulls 替换空值：

　　将输入端 Items 数据中存在的空值或无效值替换为指定的项值。

P.Weave 编织重组：

　　按照输入端 Pattern 输入的序号模式从对应序号的输入端中选取项值，并循环重复输入序号模式直至全部完成。

支撑下张系统

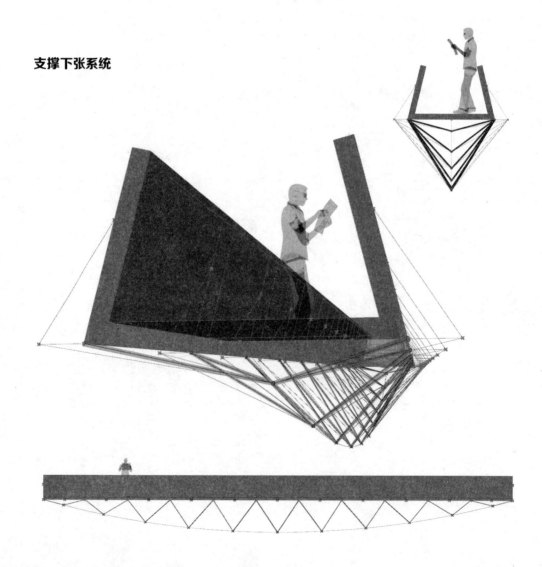

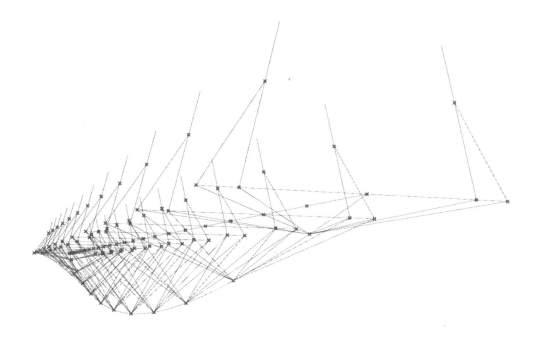

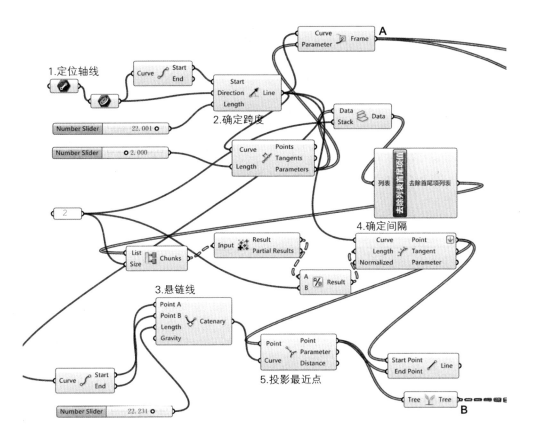

A

1.定位轴线

Curve — Start / End

Start / Direction — Line / Length

2.确定跨度

Number Slider   22.001

Number Slider   2.000

Curve — Start / End

Curve / Length — Points / Tangents / Parameters

Data / Stack — Data

去除列表首尾项值
列表   去除首尾项列表

4.确定间隔

Curve / Length / Normalized — Point / Tangent / Parameter

2

List / Size — Chunks

Input — Result / Partial Results

A / B — Result

3.悬链线

Point A / Point B / Length / Gravity — Catenary

Point / Curve — Point / Parameter / Distance

5.投影最近点

Start Point / End Point — Line

Curve — Start / End

Number Slider   22.231

Tree — Tree

B

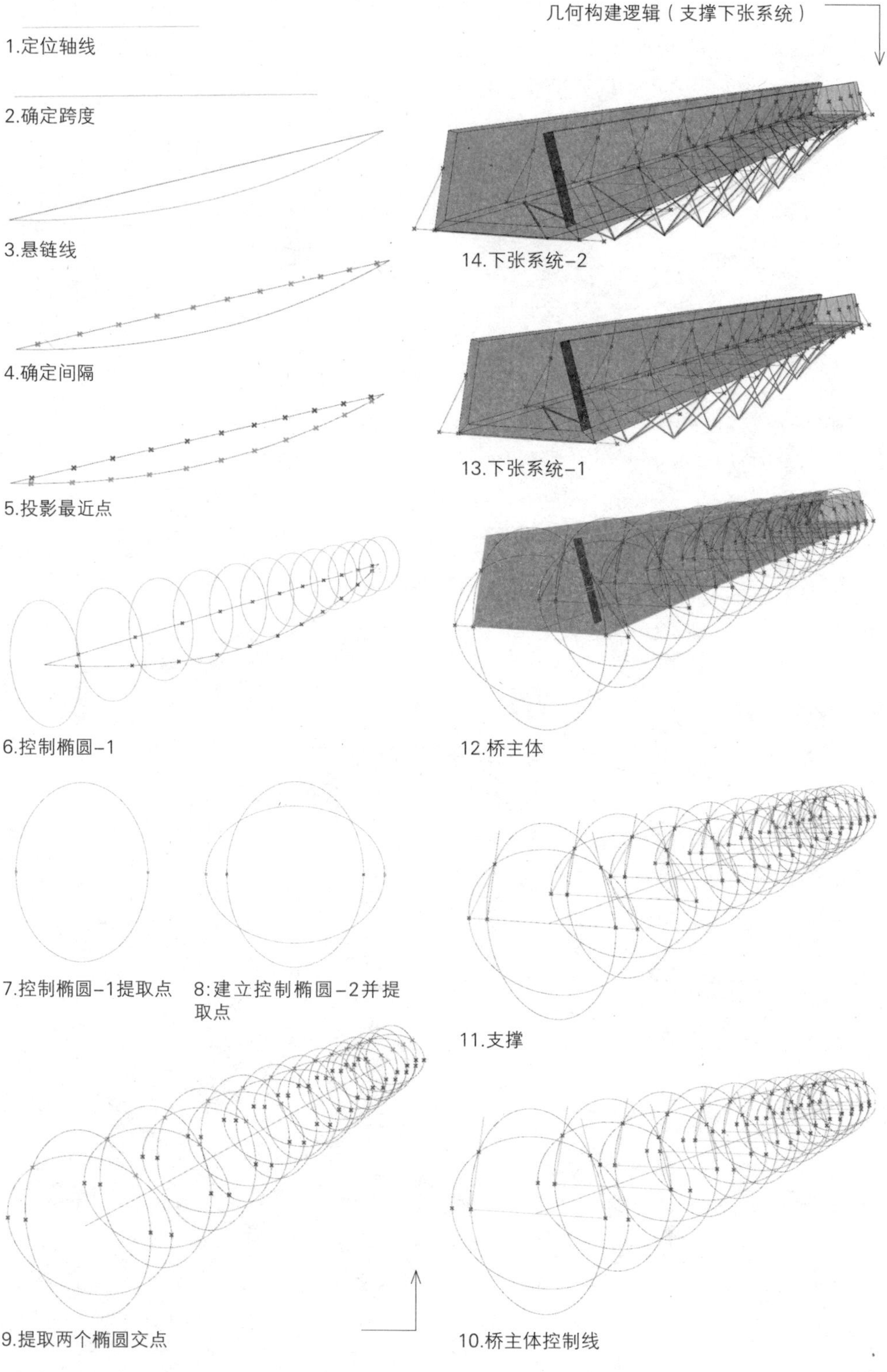

1.定位轴线

2.确定跨度

几何构建逻辑（支撑下张系统）

14.下张系统-2

3.悬链线

13.下张系统-1

4.确定间隔

5.投影最近点

12.桥主体

6.控制椭圆-1

7.控制椭圆-1提取点　8:建立控制椭圆-2并提取点

11.支撑

9.提取两个椭圆交点

10.桥主体控制线

15.人尺度

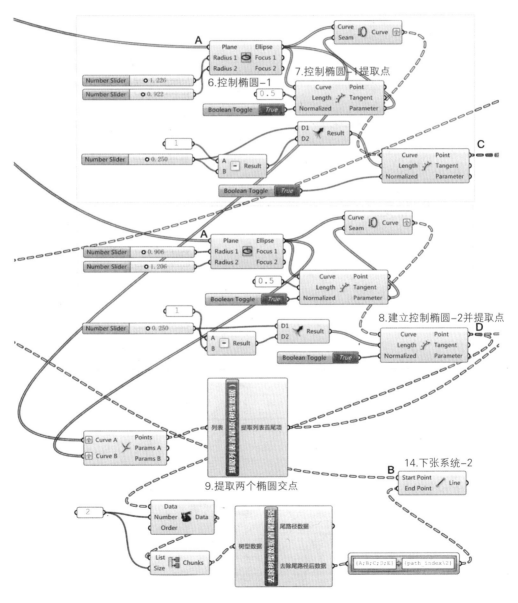

A

Plane   Ellipse
Radius 1   Focus 1
Radius 2   Focus 2

Curve
Seam   Curve

Number Slider ○ 1.226
Number Slider ○ 0.922

6.控制椭圆-1

0.5

7.控制椭圆-1提取点

Boolean Toggle *True*

Curve   Point
Length   Tangent
Normalized   Parameter

1

D1
D2   Result

Number Slider ○ 0.250

A
B   — Result

C
E

Curve   Point
Length   Tangent
Normalized   Parameter

Boolean Toggle *True*

A

Plane   Ellipse
Radius 1   Focus 1
Radius 2   Focus 2

Curve
Seam   Curve

Number Slider ○ 0.906
Number Slider ○ 1.206

0.5

Boolean Toggle *True*

Curve   Point
Length   Tangent
Normalized   Parameter

1

Number Slider ○ 0.250

A
B   — Result

D1
D2   Result

8.建立控制椭圆-2并提取点

D

Boolean Toggle *True*

Curve   Point
Length   Tangent
Normalized   Parameter

提取列表首尾项(树型数据)

列表   提取列表首尾项

Curve A   Points
Curve B   Params A
               Params B

14.下张系统-2

B

Start Point
End Point   Line

9.提取两个椭圆交点

2

Data
Number   Data
Order

去除树型数据首尾路径空

树型数据   尾路径数据

去除尾路径后数据

List
Size   Chunks

{A;B;C;D;E}   {path_index\2}

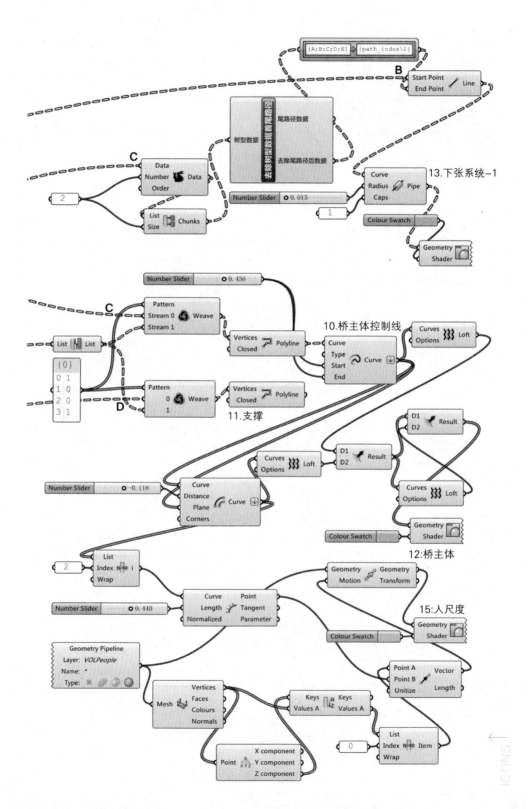

{A;B;C;D;E}　{path_index\2}

B
Start Point
End Point　Line

去除树型数据首尾路径
树型数据　尾路径数据
　　　　　去除尾路径后数据

C
Data
Number　Data
Order

2

List
Size　Chunks

Number Slider　○ 0.015

1

Curve
Radius　Pipe
Caps

13.下张系统-1

Colour Swatch

Geometry
Shader

Number Slider　○ 0.436

C
Pattern
Stream 0　Weave
Stream 1

List　List

{0}
0　1
1　0
2　0
3　1

D

Pattern
0　Weave
1

Vertices
Closed　Polyline

Vertices
Closed　Polyline

11.支撑

10.桥主体控制线

Curve
Type
Start　Curve
End

Curves
Options　Loft

D1　Result
D2

D1　Result
D2

Number Slider　○ -0.118

Curve
Distance
Plane　Curve
Corners

Curves
Options　Loft

Curves
Options　Loft

Colour Swatch

Geometry
Shader

12:桥主体

2

List
Index　i
Wrap

Number Slider　○ 0.440

Curve　Point
Length　Tangent
Normalized　Parameter

Geometry
Motion　Geometry
　　　　Transform

15:人尺度

Colour Swatch

Geometry
Shader

Geometry Pipeline
Layer: VOLPeople
Name: *
Type: ✕ ✎ ◐ ●

Mesh
Vertices
Faces
Colours
Normals

Keys
Values A　Keys
　　　　Values A

Point A　Vector
Point B
Unitize　Length

Point　X component
　　　　Y component
　　　　Z component

0

List
Index　Item
Wrap

ICONS

NAMES

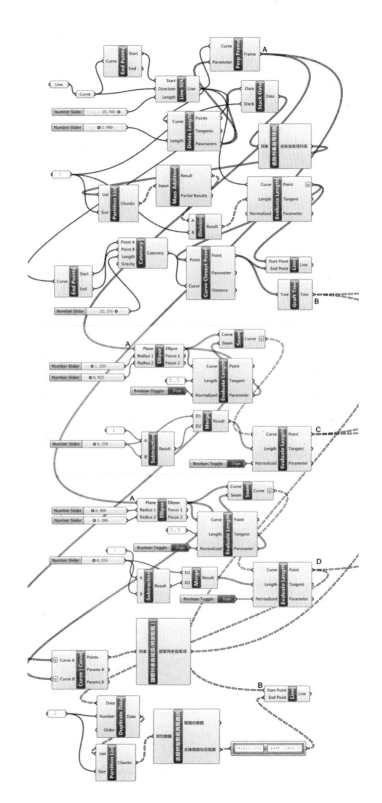

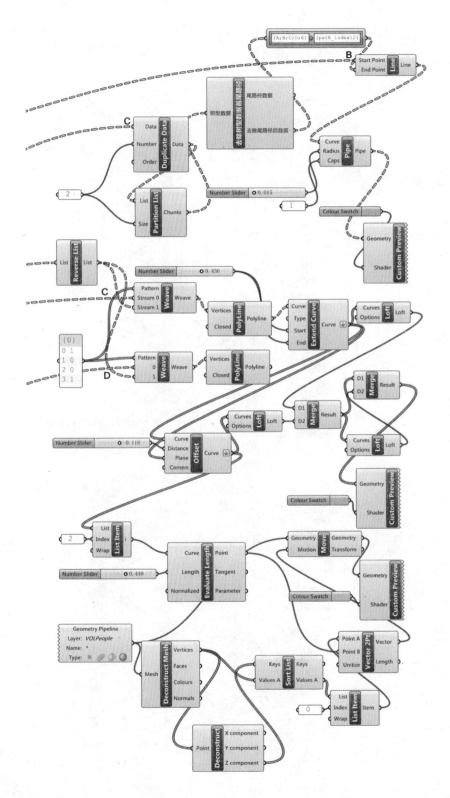

● 编程设计的目的是使用编程的方法解决设计过程中的问题。编程设计的过程也能够帮助梳理设计构建的整个逻辑，例如，本例使用两个相互叠合的椭圆和一个悬链线确定基本的形体架构，并能够相互之间建立参数化关系，当变化椭圆大小和提取点位置以及悬链线的长度时，相应的形体也会发生变化，从而为设计形式的推敲提供最为方便的对比方式。

本例试图将建筑结构的关系构建为一个相互关联的有机体，即参数化所有的基本结构线，进一步使用 Galapagos 进化计算的算法和 Karamba 结构分析扩张模块的几何结构优化可以参考"面向设计师的编程设计知识系统"中《参数设计方法》部分。

程序编写过程中从构建的两个椭圆中提取点需要首先使用 Seam 接合点组件调整椭圆接合点的位置到最低点，这样比较方便使用组件 Evaluate Length 提取水平对应的两个点，其中一个点的参数是 1 减去另一个点的参数位置，并默认椭圆区间在 0~1，即其输入端 Normalized 为 True。由提取的点和 Curve | Curve 相交获取交点组件提取上部的交点，使用编织重组 Weave 组件，根据设计目的组织点，分别建立两个上部的支撑结构线。

支撑下张系统需要组织悬链线上的垂直投影点和上部支撑系统的基础点，构建为多个基本单元的形式，除去基础点两侧的为单个之外，其余的都被使用了两次，因此使用组件 Duplicate Data 复制基础点并去除首尾项，结合使用 Path Mapper 组件编写 {A;B;C;D;E}->{path_index\2}，调整路径结构。

为了观察尺度变化，调入一个人体模型，并使用组件 Geometry Pipeline 调入到 Grasshopper 空间，通过 Deconstruct Mesh 获取点，并提取 Z 值为最小的点作为定位点，移动到桥体表面的点上。

结构变化比较

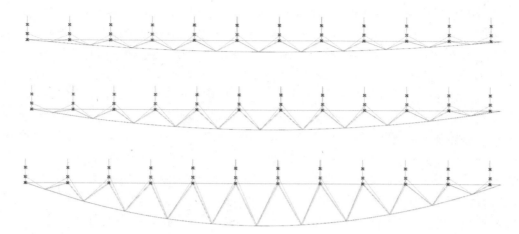

支撑下张系统幅度变化

桥面支撑变化

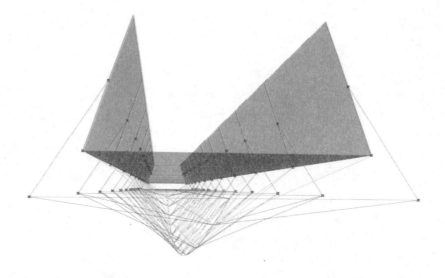

常用程序封装

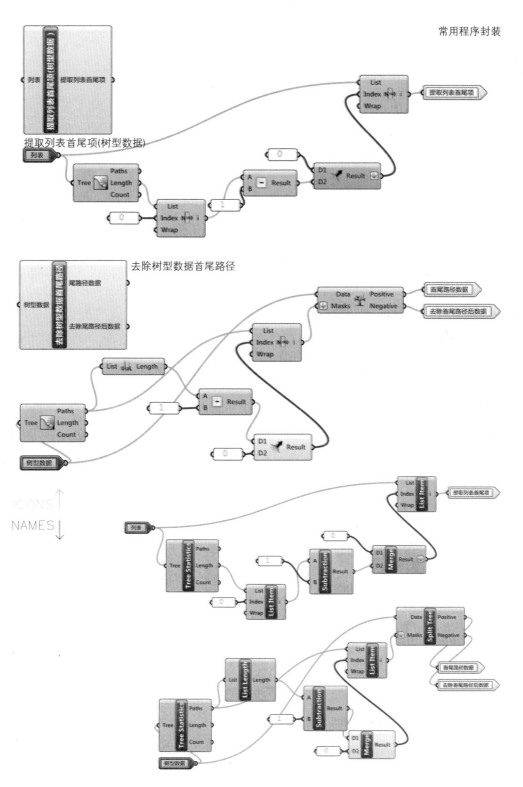

提取列表首尾项(树型数据)

去除树型数据首尾路径

ICONS ↑
NAMES ↓

III+IV

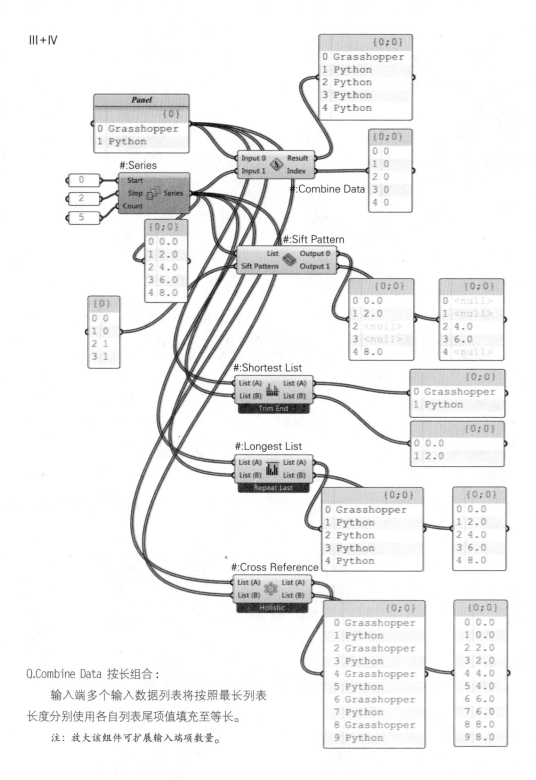

{0;0}
0 Grasshopper
1 Python
2 Python
3 Python
4 Python

Panel
{0}
0 Grasshopper
1 Python

{0;0}
0 0
1 0
2 0
3 0
4 0

#:Series

| 0 |
| 2 |
| 5 |

Start
Step Series
Count

Input 0 Result
Input 1 Index

#:Combine Data

{0;0}
0 0.0
1 2.0
2 4.0
3 6.0
4 8.0

#:Sift Pattern

List Output 0
Sift Pattern Output 1

{0}
0 0
1 0
2 1
3 1

{0;0}
0 0.0
1 2.0
2 <null>
3 <null>
4 8.0

{0;0}
0 <null>
1 <null>
2 4.0
3 6.0
4 <null>

#:Shortest List

List (A) List (A)
List (B) List (B)
Trim End

{0;0}
0 Grasshopper
1 Python

#:Longest List

List (A) List (A)
List (B) List (B)
Repeat Last

{0;0}
0 0.0
1 2.0

{0;0}
0 Grasshopper
1 Python
2 Python
3 Python
4 Python

{0;0}
0 0.0
1 2.0
2 4.0
3 6.0
4 8.0

#:Cross Reference

List (A) List (A)
List (B) List (B)
Holistic

{0;0}
0 Grasshopper
1 Python
2 Grasshopper
3 Python
4 Grasshopper
5 Python
6 Grasshopper
7 Python
8 Grasshopper
9 Python

{0;0}
0 0.0
1 0.0
2 2.0
3 2.0
4 4.0
5 4.0
6 6.0
7 6.0
8 8.0
9 8.0

Q.Combine Data 按长组合：

　　输入端多个输入数据列表将按照最长列表
长度分别使用各自列表尾项值填充至等长。

　　注：放大该组件可扩展输入端项数量。

R.Sift Pattern 筛分模式:

　　输入端 List 列表数据将按照 Sift Pattern 输入端提供的模式循环分组，模式中的序号代表输出端的序号，按模式循环提取，未筛选项填充为空值，保持筛选后的列表长度与输入列表长度一致。

　　注：放大该组件可扩展输出端项数量；

S.Cross Reference 交叉匹配:

　　输入端列表 A 中的每一个项值均与 B 中对应的项值匹配，反之亦然。

　　注：放大该组件可扩展输入端项数量；

T.Longest List 最长匹配:

　　输入端列表 A 和 B 项值一一对应，列表长度较短方将填充其尾项值直到完成一一匹配。

　　注：放大该组件可扩展输入端项数量；

U.Shortest List 最短匹配:

　　输入端列表 A 和 B 项值一一对应，直至列表长度最短的数据用完为止。

　　注：放大该组件可扩展输入端项数量。

2 Sequence: 数列

I

A.Cull Index 按索引剔除:

　　根据输入的索引值剔除列表中对应的项值。

B.Cull Nth 按长度剔除:

　　每隔输入端 Cull Frequency 指定的数值，剔除对应的项值，或者理解为按照 Cull Frequency 指定的数值循环切分列表，剔除各自末尾项。

C.Cull Pattern 按模式剔除:

　　输入端 Cull Pattern 为布尔值，True 时保留，Flase 时剔除。

D.Random Reduce 随机移除:

　　输入端 Reduction 为移除的数量，Seed 为随机种子，控制不同的移除结果。

I
- A Cull Index 按索引剔除
- B Cull Nth 按长度剔除
- C Cull Pattern 按模式剔除
- D Random Reduce 随机移除

II
- E Duplicate Data 复制数据
- F Fibonacci 斐波那契数列
- G Range 区间数列
- H Repeat Data 循环复制
- I Sequence 字符串序列
- J Series 等差数列
- K Stack Data 堆叠数据

III
- L Jitter 振荡
- M Random 随机

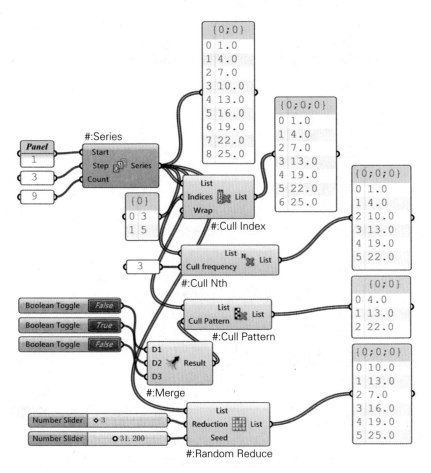

方格网土方计算方法

V=6.4038e+8

　　方格网土方计算方法是将目标场地划分为边长 10~40 米的正方形方格网，通常 20 米居多。再将场地设计标高和自然地面标高分别标注在方格角上，场地设计标高与自然地面标高的差值即为各角点的施工高度（挖或填），习惯以"＋"表示填方，"－"表示挖方。将施工高度标注于角点上，然后分别计算每一方格地填挖土方量，并算出场地边坡的土方量。将挖方区（或填方区）所有方格计算的土方量和边坡土方量汇总，即得场地挖方量和填方量的总土方量。

　　方格网土方计算方法可以在 Grasshopper 中编程完成，并能够构建参数关系，作为进一步分析研究的基础，例如结合进化计算求取整平土方量最小"零线"的位置等。

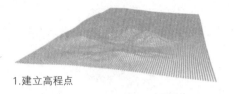

1.建立高程点

2.建立地形表面

11.计算所有单元柱体的体积之和

3.获取等高线

10.建立单元柱体

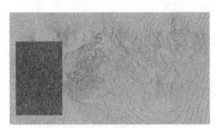

4.调入研究区域

9.建立拉伸向量

5.获取研究区域的外接矩形

8.投影单元几何中点到地形表面

几何构建逻辑（方格网土方计算方法）

6.建立方格网

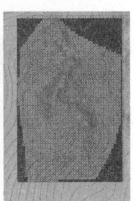

7.提取研究区域内的单元

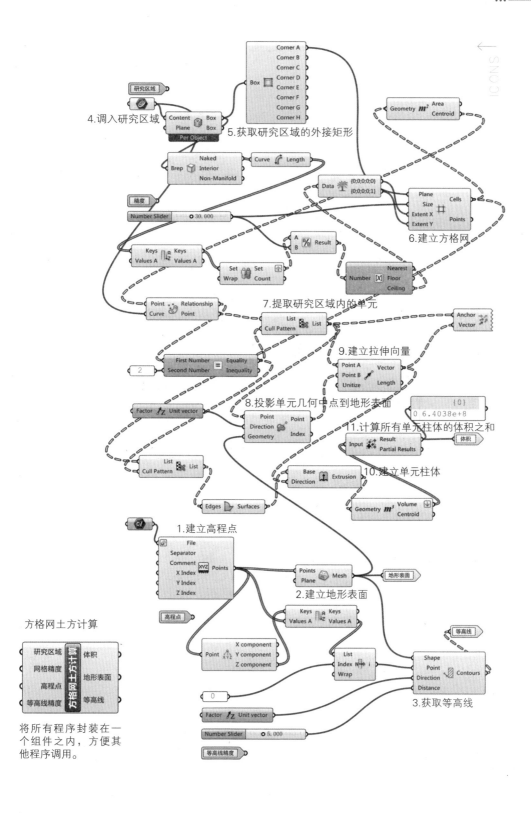

4.调入研究区域

5.获取研究区域的外接矩形

6.建立方格网

7.提取研究区域内的单元

9.建立拉伸向量

8.投影单元几何中点到地形表面

11.计算所有单元柱体的体积之和

10.建立单元柱体

1.建立高程点

2.建立地形表面

3.获取等高线

方格网土方计算

将所有程序封装在一个组件之内，方便其他程序调用。

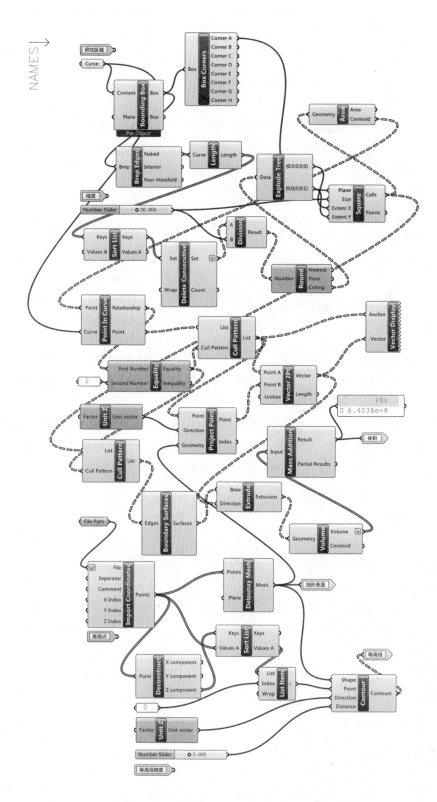

● 编程设计的关键是找到解决问题的逻辑构建过程。求取体积的方法有多种，本案例以相对较为简单的方格网法编写整个过程。在开始编写之前，需要清楚一般方格网法计算的整个过程，再将这个过程在 Grasshopper 空间中实现。

首先调入高程点数据并使用 Delaunay Mesh 建立地形表面，同时可以提取等高线。绘制计算土方的范围，高程默认在 XY 参考平面上，即高程值为 0 的平面，也可以根据需要选择"零线"。开始建立平面格网，因为不同于手工绘制计算，需要根据目前 Grasshopper 既有的组件和逻辑建立方格网，不同的编写者会有不同的思路，这里采用 Square 组件绘制方格网，并判断哪些单元方格不在计算区域，使用组件 Cull Pattern 剔除。

获取平面单元几何中心点，并使用组件 Project Point 投影到地形表面建立二者之间的向量，拉伸单元格网获得单元立方体，所有立方体的体积之和为从 XY 参考平面开始计算的地形土方的体积。计算的精度与细分的方格网大小有关，网格越小，精度越高。

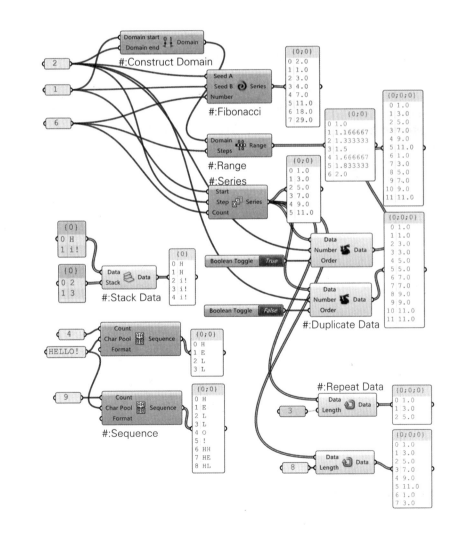

E.Duplicate Data 复制数据：

　根据指定的 Number 输入端数值复制列表，Order 输入端可以指定复制项值放置的位置。

F.Fibonacci 斐波那契数列：

建立 Fibonacci 数列，后一个项值是紧随前两个项值之和。

G.Range 区间数列：

在指定区间范围内，等分区间获取数列。

H.Repeat Data 循环复制：

根据输入端 Length 指定的复制列表长度进行复制，大于列表长度则循环复制。

I.Sequence 字符串序列：

将字符串按照输入端 Count 指定的数量分解为列表，每个字符串占据一个索引值位置。

J.Series 等差数列：

由初始值 Start，步幅值 Step 和数量 Count 建立一个等差数列。

K.Stack Data 堆叠数据：

将输入端 Stack 指定的数值作为 Data 输入端列表各项值复制的次数，并循环该数值。

图形函数变化

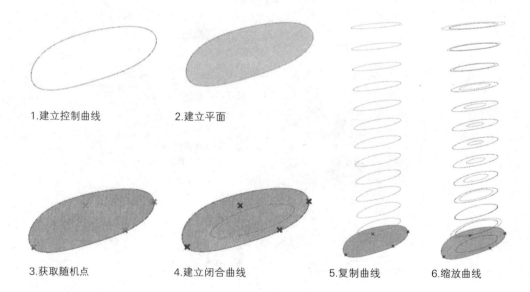

1.建立控制曲线　　2.建立平面

3.获取随机点　　4.建立闭合曲线　　5.复制曲线　　6.缩放曲线

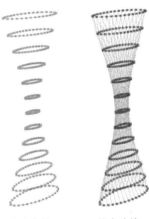

7.等分曲线　　8.纵向连线

9.自由延伸曲线

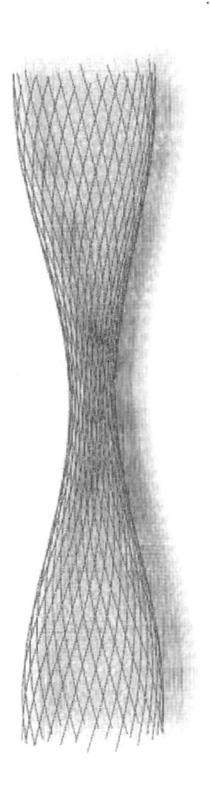

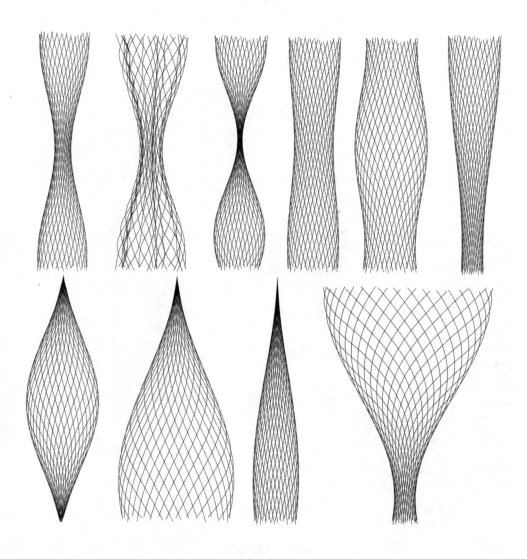

　　编程设计的方法与传统设计最大的区别是设计过程的逻辑构建思维方式，但是两者的本质并没有变化，仍然是以设计为核心，最初的构思仍然是需要设计者自行寻找，而不是无端地自动生成。所谓生成的方法也是以设计为核心，确定输入的参数条件和逻辑结构后，来衍生形式。

　　因为编程设计的方法是借助于 Grasshopper 节点式编程语言和 Python 等程序语言，具有较强的逻辑性和数理思维，而设计本身需要形象思维，传统设计在空间模型推敲过程中是一种直接的观照，例如 SketchUp 中以推拉为主的模型构建技术，类似于使用胶泥捏造设计形式，但是借助编程设计的方法时，这个设计者头脑中呈现的形式需要从数理逻辑思维的角度分析并进行编写。设计者需要在形象思维和逻辑思维之间不断地变化，这个过程也在影响着设计者有意识地重新思考设计，强调逻辑构建的方法和设计形式之间的数理关系，也是对设计形式内在逻辑的思考。

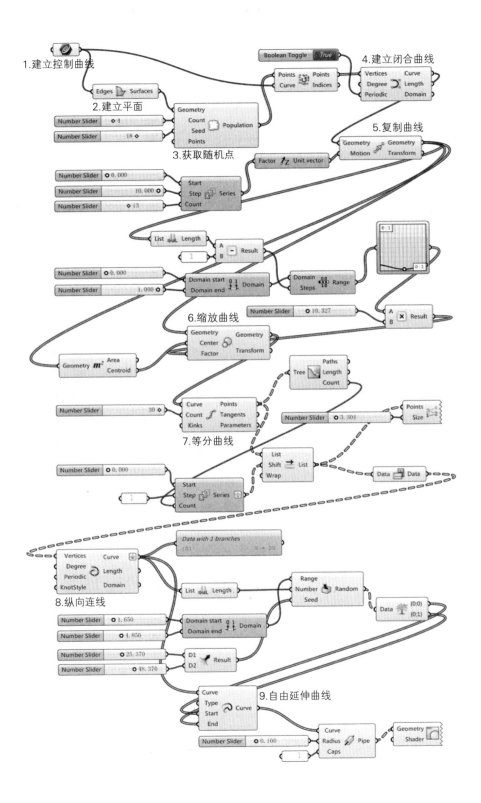

1.建立控制曲线

2.建立平面

3.获取随机点

4.建立闭合曲线

5.复制曲线

6.缩放曲线

7.等分曲线

8.纵向连线

9.自由延伸曲线

● 设计过程的初始条件一般是可以与场地环境容易结合调整控制，这里选择了闭合的曲线，由闭合的曲线控制整个设计形体的尺度和基本形式。使用组件Populate Geometry获取多个随机点，并进一步构建闭合曲线，从而利用随机点可变化的结果获取不同的形式变化。复制闭合曲线多个，并借助图形函数Graph Mapper有规律地缩放复制的闭合曲线，构建基本的外形形式。获取点并使用组件Shift List递增的移位列表，且使用组件Flip Matrix对树型数据翻转矩阵后，将每一个路径分支下索引值相同的项值放置于同一个路径之下，即可以理解为由原来横向排布的点，按照纵向排布，从而可以连为纵向的折线。

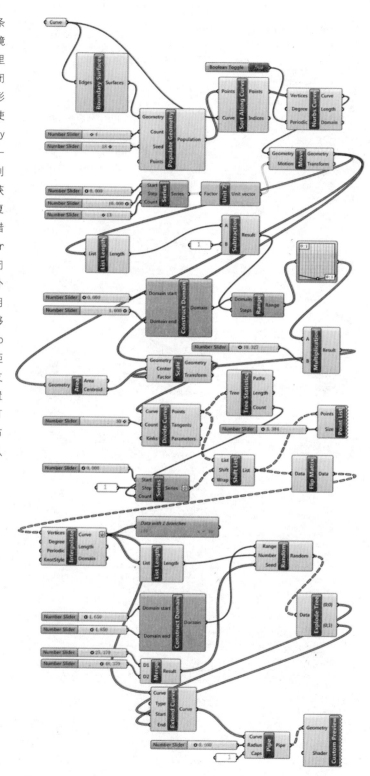

III

很难使用传统手工操作获得较自然的设计形式，Jitter 振荡和 Random 随机组件可以建立随机数，能够较好地用于表达参差、随意、散落等自然的几何形态。

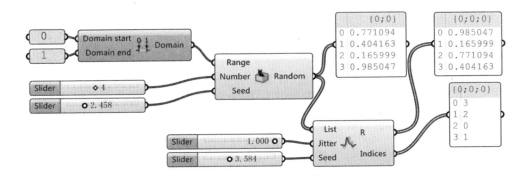

Random:

R: 设置区间范围。

N: 获得随机项值的数量。

S: 随机种子。

I: 是否强制生成整数，True 为是，False 为否。

Jitter：

L: 输入列表。

J: 振荡强度，0 为无，1 为最大振幅（列表长度）。

S: 随机种子。

振荡是将列表中的数据随机变化位置，获得新的数据顺序，项值不变。

3 Tree: 树型数据

List 列表主要是对线性数据进行数据处理，Tree 树型数据是包含多个线性数据的数据类型，即含有多个路径分支，Tree 中的组件则是对树型数据路径的各种操作。树型数据较为复杂，在数据处理过程中应该经常使用 Param Viewer 数据路径观察面板和 Panel 面板组件查看数据分支结构，根据设计目的来控制路径及数据结构的变化。

I	A Clean Tree 数据清理	B Flatten Tree 展平路径	
	C Graft Tree 移植项值	D Prune Tree 按长度提取路径	
	E Simplify Tree 简化路径	F Tree Statistics 路径统计	
	G Trim Tree 修剪路径	H Unflatten Tree 展平复原	
II	I Entwine 展平组合	J Explode Tree 路径炸开	
	K Flip Matrix 翻转矩阵	L Merge 合并数据	
III	M Match Tree 路径匹配	N Path Mapper 路径编辑	
	O Shift Paths 移位路径	P Split Tree 掩码提取	
IV	Q Stream Filter 流入控制	R Stream Gate 流出控制	
V	S Relative Item 相对项值	T Relative Items 相对项值(M)	
	U Tree Branch 获取分支	V Tree Item 获取项值	
VI	W Construct Path 建立路径	X Deconstruct Path 路径分解	
	Y Path Compare 路径判断	Z Replace Paths 替换路径	

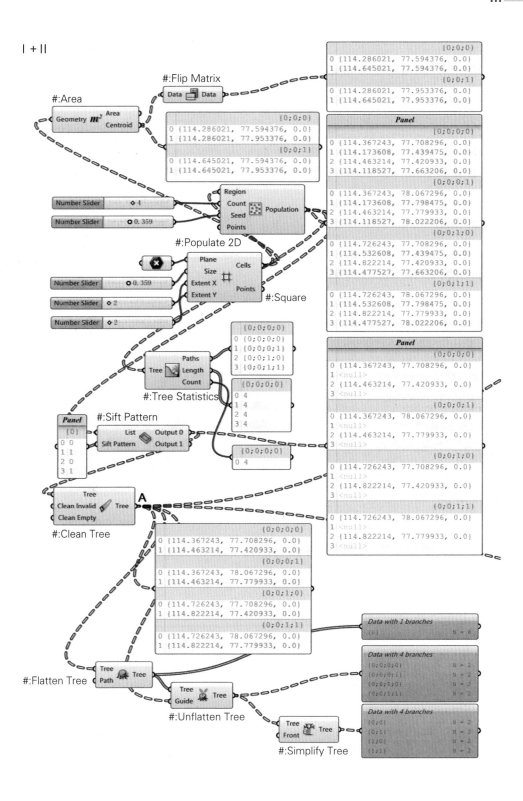

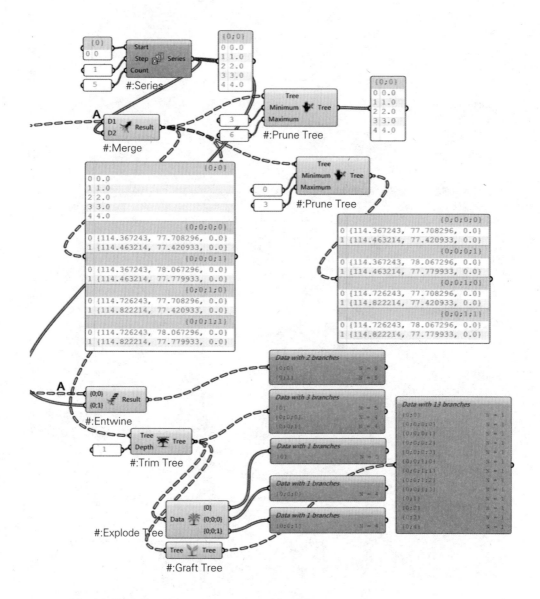

A.Clean Tree 数据清理：

　　选择性移除数据中的空值和无效值。

B.Flatten Tree 展平路径：

　　将所有路径下的项值放置于单独的一个路径之下。

C.Graft Tree 移植项值：

　　将所有路径下的项值分别放置于各自的路径之下。

D.Prune Tree 按长度提取路径:

　　根据输入端 Minimum 和 Maximum 确定的列表长度,提取符合要求的路径及其所有项值。

E.Simplify Tree 简化路径:

　　保持路径数量、索引值和项值不变的前提下,简化路径名。

F.Tree Statistics 路径统计:

　　统计数据的路径名及其路径长度和列表长度。

G.Trim Tree 修剪路径:

　　根据输入端 Depth 数值从后往前移除路径名项。

H.Unflatten Tree 展平复原:

　　将输入的数据按照指定的数据路径结构复原路径分支结构。

I.Entwine 展平组合:

　　将输入的所有数据先分别展平,再分别顺序放置于各自的路径分支之下。

J.Explode Tree 路径炸开:

　　将所有路径炸开为单独的线性数据列表输出。

K.Flip Matrix 翻转矩阵:

　　将所有路径下索引值相同的项值放置于同一个路径之下。

L.Merge 合并数据:

　　保持所有输入端的数据路径名不变的条件下进行合并,只有路径名相同的才会合并到一个路径名之下。

折线形

几何构建逻辑（折线形）

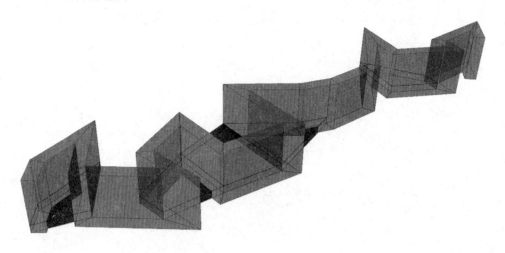

● 试图由一根控制曲线建立折线形的空间形态。程序编写的关键点在于如何组织点的数据，使得在两个放样曲面中获取的随机点能够两两一组连续排序，这里首先将两组数据使用组件 Explode Tree 炸开，再使用 Weave 组件组织数据获得一个线性列表后连为折线。另外一个关键点是如何建立底面，提取用于连为折线点的索引值，并将索引值组织为最终点数据排序的数据结构提取点，然后使用 Construct Mesh 组件分别建立 Mesh 格网。

通过程序完成折形构筑，由于控制曲线的变化、曲线偏移距离、随机点数量和随机种子的变化获取多样的形式结果。程序中指定参数条件的设置前提是，能够更加符合设计本身的控制方式，并与场地很好地结合。

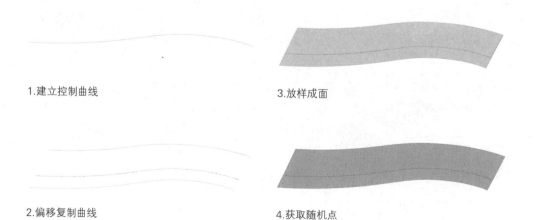

1.建立控制曲线

3.放样成面

2.偏移复制曲线

4.获取随机点

5.组织点连为折线

6.建立放样截面

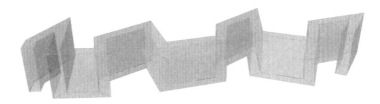

7.放样曲面

8.建立底面

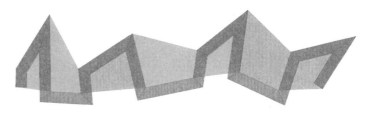

9.根据面积选择曲面

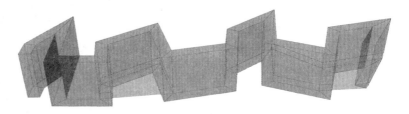

10.建立底面厚度

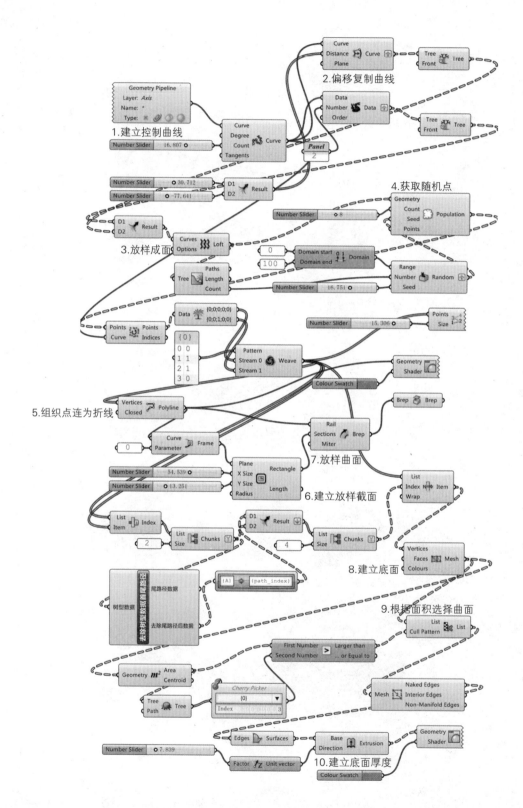

Curve
Distance ⟶ Curve
Plane

2.偏移复制曲线

Tree
Front ⟶ Tree

Geometry Pipeline
Layer: *Axis*
Name: *
Type: ✹ ◐ ●

Data
Number ⟶ Data
Order

Tree
Front ⟶ Tree

1.建立控制曲线

Curve
Degree
Count ⟶ Curve
Tangents

Panel
2

Number Slider   16, 807

4.获取随机点

Geometry
Count
Number Slider   ◇8   Seed ⟶ Population
Points

Number Slider   ◯ 30. 712   D1
Number Slider   -77. 641   D2 ⟶ Result

D1
D2 ⟶ Result

3.放样成面

Curves
Options ⟶ Loft

Domain start
0   Domain end ⟶ Domain
100

Range
Number ⟶ Random
Number Slider   16. 751   Seed

Paths
Tree   Length
Count

Data   {0;0;0;0;0}
{0;0;1;0;0}

Points
Size

Number Slider   15. 306

Points   Points
Curve ⟶ Indices

{0}
0 0
1 1
2 1
3 0

Pattern
Stream 0 ⟶ Weave
Stream 1

Geometry ⟶ Shader

Colour Swatch

5.组织点连为折线

Vertices
Closed ⟶ Polyline

Brep ⟶ Brep

Rail
Sections ⟶ Brep
Miter

7.放样曲面

Curve
0   Parameter ⟶ Frame

Plane
Number Slider   54. 539   X Size   Rectangle
Number Slider   ◯ 13. 251   Y Size
Radius   Length

List
Index ⟶ Item
Wrap

6.建立放样截面

List
Item ⟶ Index

List
2   Size ⟶ Chunks

D1
D2 ⟶ Result

List
4   Size ⟶ Chunks

Vertices
Faces ⟶ Mesh
Colours

8.建立底面

去除树型数据首尾路径   尾路径数据
树型数据
去除尾路径后数据

(A) {path_index}

9.根据面积选择曲面

List
Cull Pattern ⟶ List

First Number   Larger than
Second Number ⟶ ... or Equal to

Geometry   Area
Centroid

Cherry Picker
{0}
Index   3

Mesh   Naked Edges
Interior Edges
Non-Manifold Edges

Tree
Path ⟶ Tree

Edges ⟶ Surfaces

Base
Direction ⟶ Extrusion

Geometry ⟶ Shader

Number Slider   ◯ 7. 839

Factor   Unit vector

10.建立底面厚度

Colour Swatch

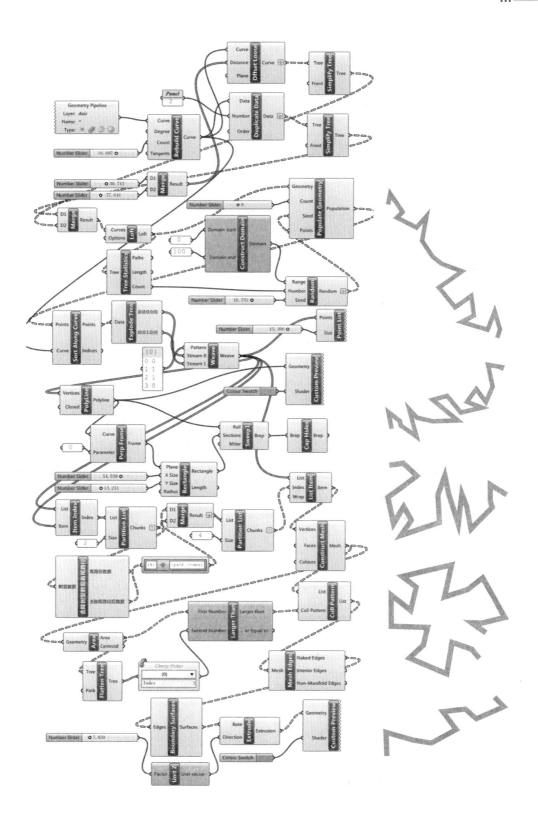

III+IV

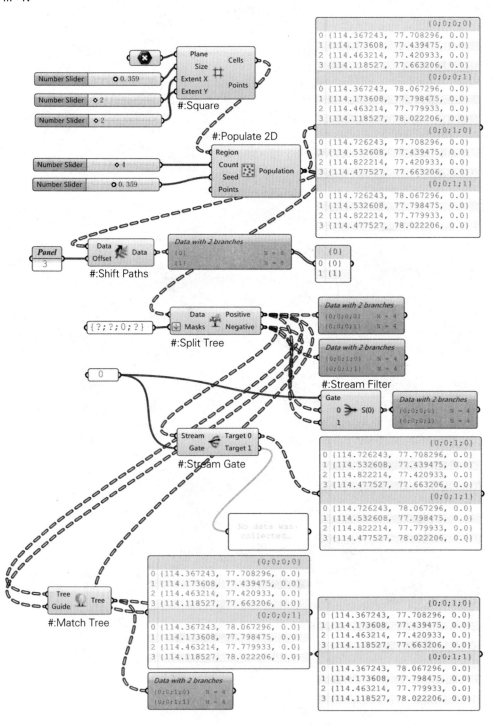

{0;0;0;0}
0 {114.367243, 77.708296, 0.0}
1 {114.173608, 77.439475, 0.0}
2 {114.463214, 77.420933, 0.0}
3 {114.118527, 77.663206, 0.0}

{0;0;0;1}
0 {114.367243, 78.067296, 0.0}
1 {114.173608, 77.798475, 0.0}
2 {114.463214, 77.779933, 0.0}
3 {114.118527, 78.022206, 0.0}

{0;0;1;0}
0 {114.726243, 77.708296, 0.0}
1 {114.532608, 77.439475, 0.0}
2 {114.822214, 77.420933, 0.0}
3 {114.477527, 77.663206, 0.0}

{0;0;1;1}
0 {114.726243, 78.067296, 0.0}
1 {114.532608, 77.798475, 0.0}
2 {114.822214, 77.779933, 0.0}
3 {114.477527, 78.022206, 0.0}

Number Slider ◇ 0.359
Number Slider ◇ 2
Number Slider ◇ 2

Plane
Size   Cells
Extent X
Extent Y   Points

#:Square

Number Slider ◇ 1
Number Slider ◇ 0.359

Region
Count   Population
Seed
Points

#:Populate 2D

Panel
3

Data   Data
Offset

#:Shift Paths

Data with 2 branches
{0}   N = 8
{1}   N = 8

{0}
0 {0}
1 {1}

{?;?;0;?}

Data   Positive
Masks   Negative

#:Split Tree

Data with 2 branches
{0;0;0;0}   N = 4
{0;0;0;1}   N = 4

Data with 2 branches
{0;0;1;0}   N = 4
{0;0;1;1}   N = 4

#:Stream Filter

0

Gate
0 ⋟ S(0)
1

Data with 2 branches
{0;0;0;0}   N = 4
{0;0;0;1}   N = 4

Stream   Target 0
Gate   Target 1

#:Stream Gate

{0;0;1;0}
0 {114.726243, 77.708296, 0.0}
1 {114.532608, 77.439475, 0.0}
2 {114.822214, 77.420933, 0.0}
3 {114.477527, 77.663206, 0.0}

{0;0;1;1}
0 {114.726243, 78.067296, 0.0}
1 {114.532608, 77.798475, 0.0}
2 {114.822214, 77.779933, 0.0}
3 {114.477527, 78.022206, 0.0}

No data was
collected.

Tree
Guide   Tree

#:Match Tree

{0;0;0;0}
0 {114.367243, 77.708296, 0.0}
1 {114.173608, 77.439475, 0.0}
2 {114.463214, 77.420933, 0.0}
3 {114.118527, 77.663206, 0.0}

{0;0;0;1}
0 {114.367243, 78.067296, 0.0}
1 {114.173608, 77.798475, 0.0}
2 {114.463214, 77.779933, 0.0}
3 {114.118527, 78.022206, 0.0}

{0;0;1;0}
0 {114.367243, 77.708296, 0.0}
1 {114.173608, 77.439475, 0.0}
2 {114.463214, 77.420933, 0.0}
3 {114.118527, 77.663206, 0.0}

{0;0;1;1}
0 {114.367243, 78.067296, 0.0}
1 {114.173608, 77.798475, 0.0}
2 {114.463214, 77.779933, 0.0}
3 {114.118527, 78.022206, 0.0}

Data with 2 branches
{0;0;1;0}   N = 4
{0;0;1;1}   N = 4

M.Match Tree 路径匹配：

　　Tree 输入端数据路径将被匹配为 Guide 端输入的数据路径结构，项值保持不变。

N.Path Mapper 路径编辑：

　　根据提供的语法编写路径结构，达到路径结构调整的目的。

O.Shift Paths 移位路径：

　　根据输入端 Offset 数值从前往后移除路径名项。

P.Split Tree 掩码提取：

　　根据 Mask 输入端提供的掩码路径提取数据，路径掩码位置项可以使用？或者 * 通配符替代。

Q.Stream Filter 流入控制：

　　由 Gate 输入端指定的输入序号输出数据。

R.Stream Gate 流出控制：

　　由 Stream 输入端指定的输出序号输出数据。

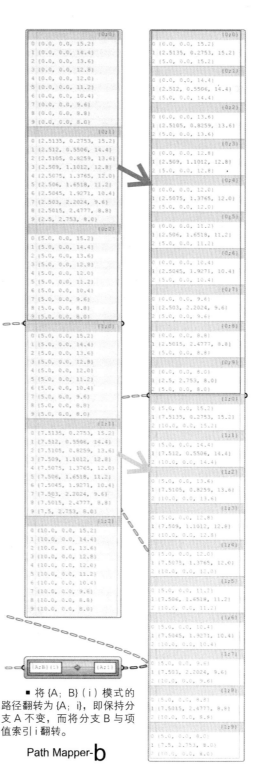

■ 将 {A；B}（i）模式的路径翻转为 {A；i}，即保持分支 A 不变，而将分支 B 与项值索引 i 翻转。

Path Mapper-b

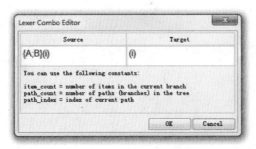

Path Mapper

- Tree 组中 Path Mapper 组件在调整路径结构上较之其他组件具有更多的灵活性，通过编写路径可以重新组织数据分支结构，并可以替代某些其他组件使用。双击组件即可进入到路径编辑界面，{A; B} 为路径分支，（i）为项值索引。

Path Mapper-a

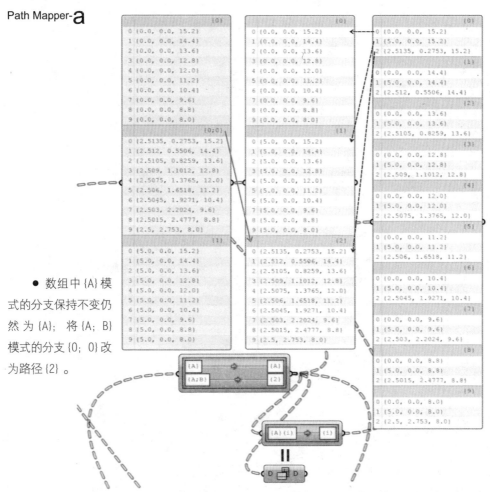

- 数组中 {A} 模式的分支保持不变仍然为 {A}；将 {A；B} 模式的分支 {0；0} 改为路径 {2}。

- {A；B}（i）模式与 Flip Matrix 组件功用相同，即翻转行列矩阵。

Reverse反转列表, Flatten展平数据, Graft数据分支, Simplify简化数据分支

● 在组件的输入输出端, 整合了 Reverse、Flatten、Graft、Simplify 常用的四个组织数据的组件, 使操作更加方便、快捷, 并可以组合使用, 其对应的单独组件如图所示:

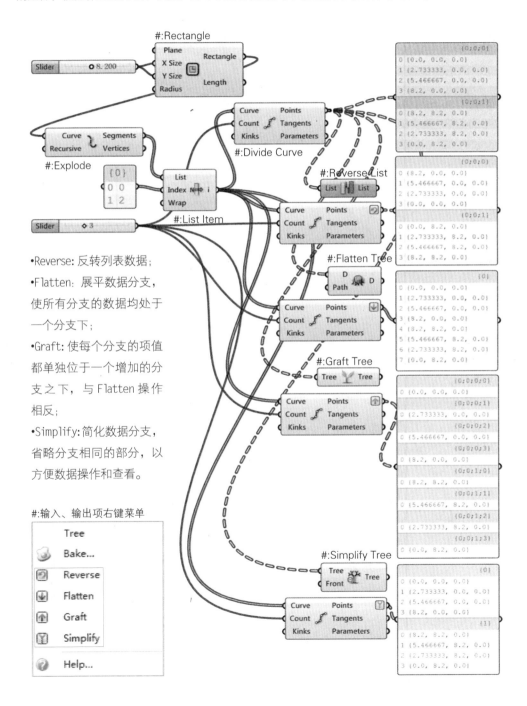

•Reverse: 反转列表数据;

•Flatten: 展平数据分支, 使所有分支的数据均处于一个分支下;

•Graft: 使每个分支的项值都单独位于一个增加的分支之下, 与 Flatten 操作相反;

•Simplify:简化数据分支, 省略分支相同的部分, 以方便数据操作和查看。

Path Mapper-C

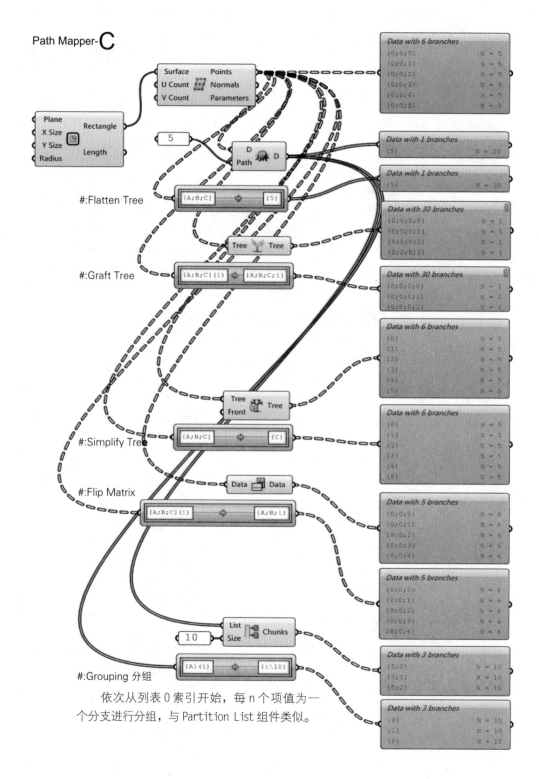

#:Flatten Tree

#:Graft Tree

#:Simplify Tree

#:Flip Matrix

#:Grouping 分组

　　依次从列表 0 索引开始，每 n 个项值为一个分支进行分组，与 Partition List 组件类似。

Path Mapper-D

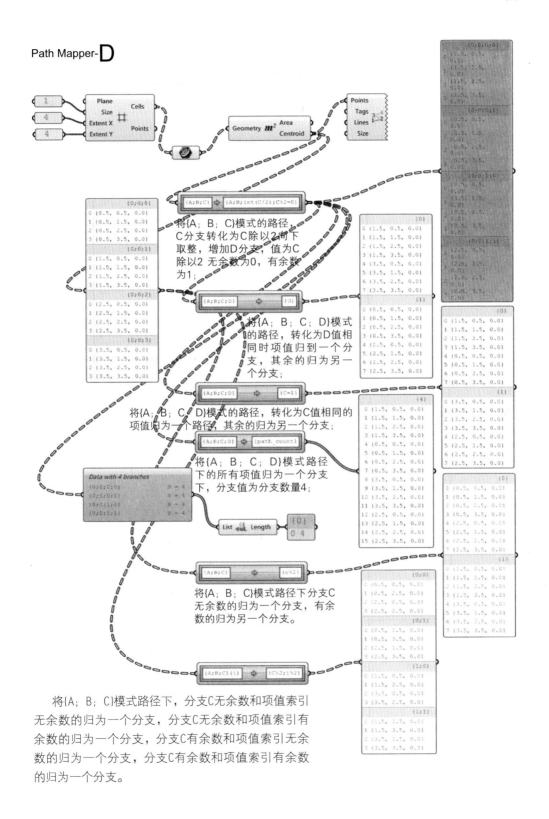

将{A；B；C}模式的路径，C分支转化为C除以2向下取整，增加D分支，值为C除以2无余数为0，有余数为1；

将{A；B；C；D}模式的路径，转化为D值相同时项值归到一个分支，其余的归为另一个分支；

将{A；B；C；D}模式的路径，转化为C值相同的项值归为一个路径，其余的归为另一个分支；

将{A；B；C；D}模式路径下的所有项值归为一个分支下，分支值为分支数量4；

将{A；B；C}模式路径下分支C无余数的归为一个分支，有余数的归为另一个分支。

将{A；B；C}模式路径下，分支C无余数和项值索引无余数的归为一个分支，分支C无余数和项值索引有余数的归为一个分支，分支C有余数和项值索引无余数的归为一个分支，分支C有余数和项值索引有余数的归为一个分支。

特征分组

  Path Mapper 组件大幅度提升了数据结构组织的灵活性，可以根据路径 {A；B；C；D；...} 各项不同的运算方法，灵活组织数据结构。例如，+、−、×、÷、%（余数）等运算，获取不同特征数据的组织提取。

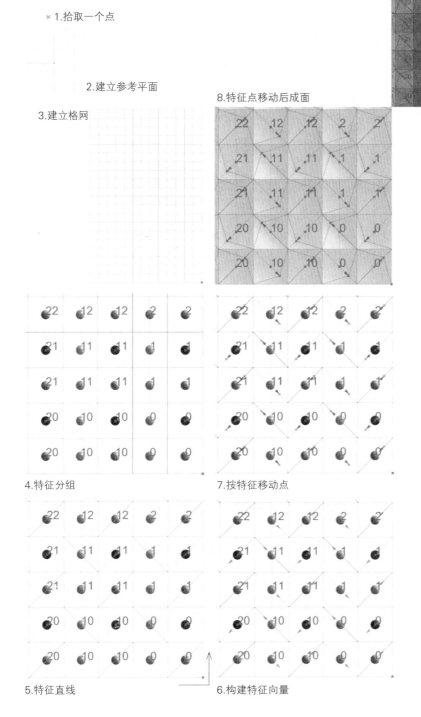

× 1.拾取一个点

2.建立参考平面

3.建立格网

8.特征点移动后成面

9.赋予颜色参数

4.特征分组

7.按特征移动点

5.特征直线

6.构建特征向量

几何构建逻辑（特征分组）

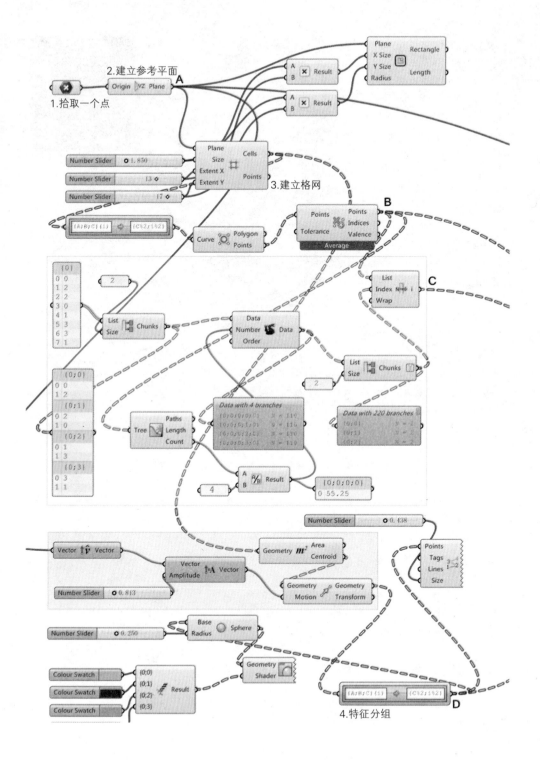

2.建立参考平面

A

1.拾取一个点

3.建立格网

B

C

Data with 4 branches

Data with 220 branches

4.特征分组

D

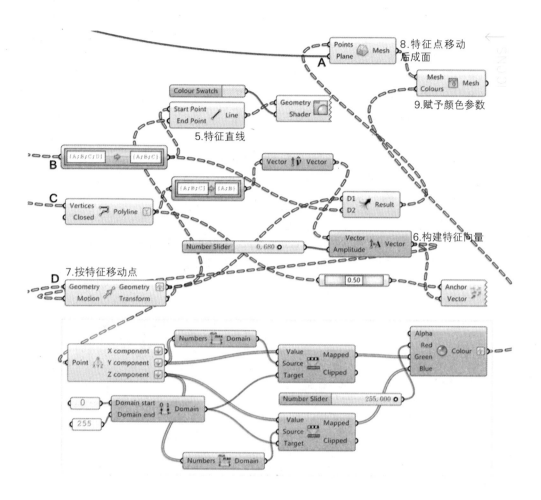

8.特征点移动后成面

9.赋予颜色参数

5.特征直线

6.构建特征向量

7.按特征移动点

　　本案例更多地使用 Path Mapper 组件来组织数据结构，其基本的逻辑构建过程是在 Rhinoceros 空间中拾取一个点，建立格网，由 Path Mapper 对路径的项和索引值求余数，建立基本的 4 个特征分组。根据特征分组构建的规律，构建特征向量，按照特征向量移动格网每一单元几何中心点的位置，并连同每一格网单元的四边点使用组件 Delaunay Mesh 建立 Mesh 格网，最后将每一单元格网几何中心点的 X、Y、Z 坐标的数值作为颜色赋予的参数，获取变化的格网颜色。

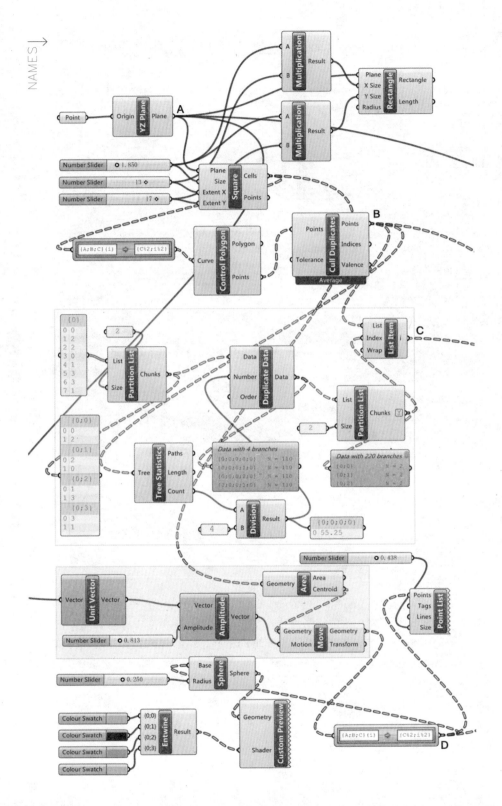

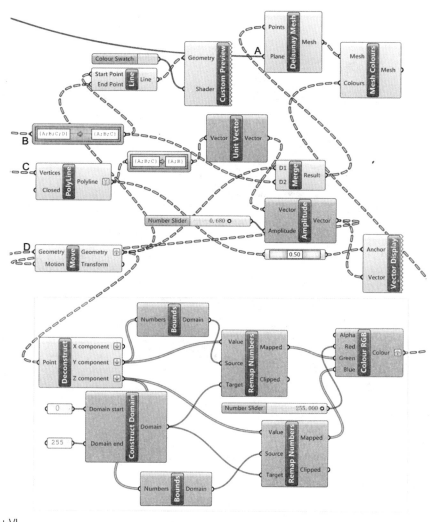

V + VI

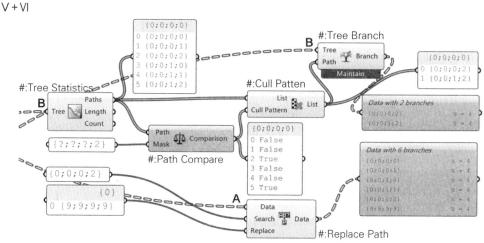

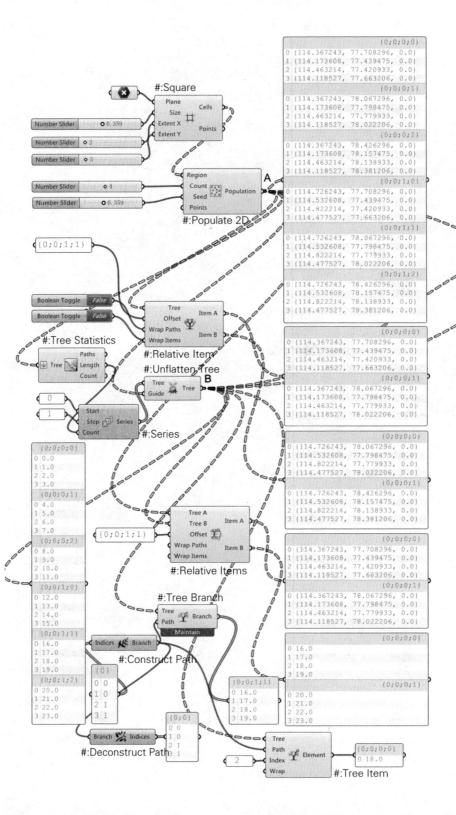

S.Relative Item 相对项值：

根据输入端 Offset 提供的路径名，提取该路径及其向下的路径，同时返回从路径索引值开始的位置向下与之相同数量的路径。

T.Relative Items 相对项值（M）：

与 Relative Item 功能一样，但是返回的是输入端另一个数据所对应的路径。

U.Tree Branch 获取分支：

根据输入的路径名提取数据所对应的路径及其项值。

V.Tree Item 获取项值：

根据输入的路径名和项值索引值提取数据所对应路径下的项值。

W.Construct Path 建立路径：

将列表转化为路径名。

X.Deconstruct Path 路径分解：

将路径分解为列表数据。

Y.Path Compare 路径判断：

与输入端 Mask 提供的掩码路径比较，判断路径是否与之对应，如果一致则输出 True，否则为 False。

Z.Replace Paths 替换路径：

将输入端 Search 提供的路径替换为输入端 Replace 提供的路径，项值保持不变。

4 Text：字符串（文本）

● 在 Grasshopper 中给出了一些字符串处理的方法，但是相对于 Python 程序语言对字符串处理的手段则显得很少，如果遇到复杂的字符串处理，可以使用 Python 组件协同处理。

A.Characters 字符列表：将字符串转换为列表。

B.Concatenate 连接字符串：连接多个输入的字符串。

C.Text Join 字符串嵌入：使用分隔符连接字符串列表。

D.Text Length：计算字符串长度。

E.Text Split 切分字符串：按分隔符切分字符串。

F.Format 字符串格式化：使用输入端标注有序号的字符串替换 Format 输入端字符串对应序号位置。

G.Text Case 统一大小写：将输入字符串转换为全部大写和全部小写。

H.Text Fragment 提取字符串：根据输入的字符串起始位置和提取长度提取字符串。

I.Text Trim 移除空白字符：去除两侧（不包括内部）空白的字符串。

J.Match Text 匹配字符串：判断字符串是否符合 Pattern 扩展通配符或者 RegEx 正则表达式。

K.Replace Text 替换字符串：使用输入端 Replace 的字符串替换输入端 Find 字符串。

L.Sort Text 字符串排序：按照字母顺序排序字符串。

M.Text Distance 字符串距离：输入端 Text A 字符串去除输入端 Text B 字符串后的长度。

I

A Characters
字符列表

B Concatenate
连接字符串

C Text Join
字符串嵌入

D Text Length
字符串长度

E Text Split
切分字符串

II

F Format
字符串格式化

G Text Case
统一大小写

H Text Fragment
提取字符串

I Text Trim
移除空白字符

III

J Match Text
匹配字符串

K Replace Text
替换字符串

L Sort Text
字符串排序

M Text Distance
字符串距离

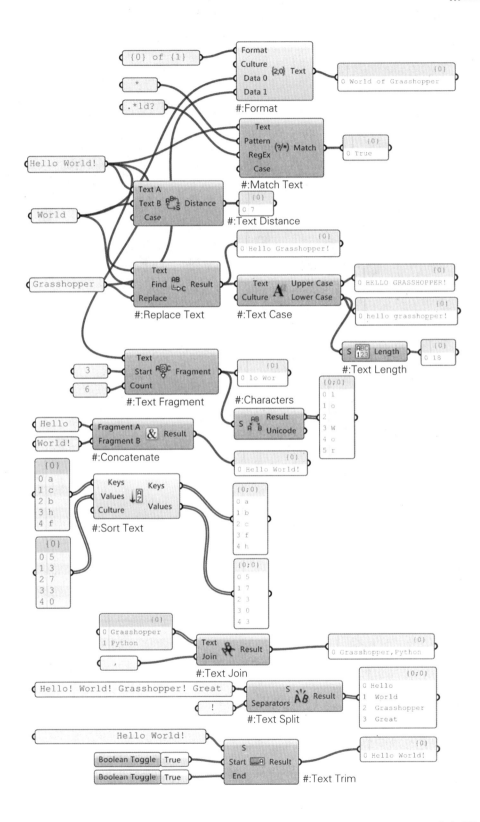

定时器

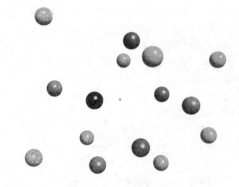

Iteration 01

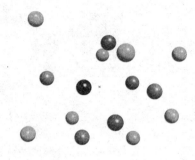

Iteration 02

Iteration 03

Iteration 04

Iteration 05

Iteration 06

Iteration 07

Iteration 08

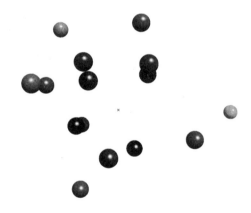

Iteration 09

Iteration 10

```
import time # 调入时间模块
def GetTime(): # 定义时间函数
    db_time=time.time() # 时间实数
    db_asctime=time.asctime() # 时间字符串
    return(db_time,db_asctime) # 返回值
Time,asctime=GetTime() # 执行定义的时间函数并赋
值给变量
```

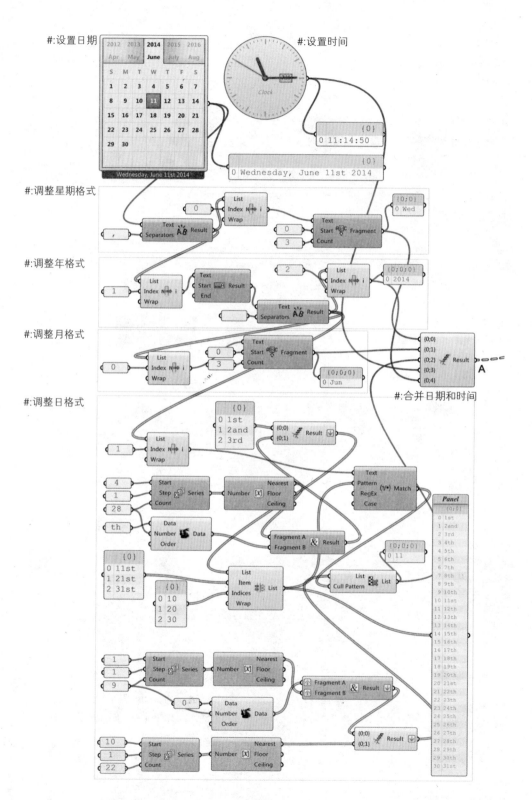

#:设置日期

#:设置时间

#:调整星期格式

#:调整年格式

#:调整月格式

#:合并日期和时间

#:调整日格式

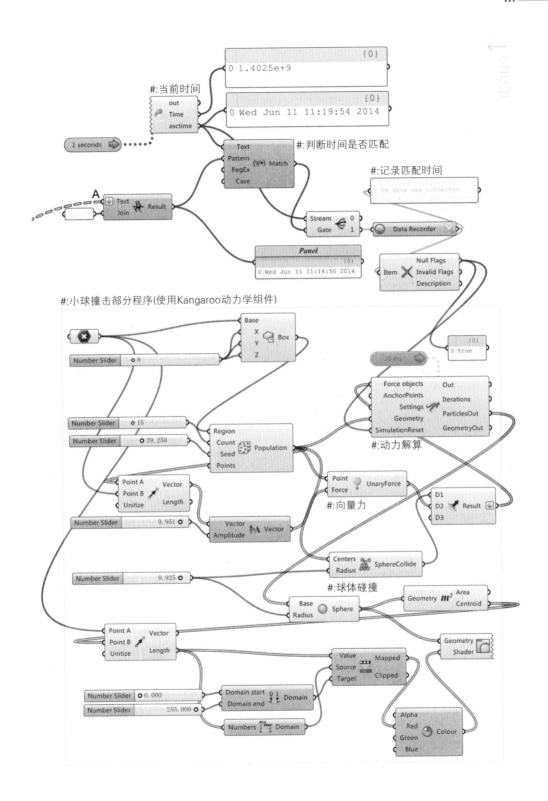

{0}
0 1.4025e+9

{0}
0 Wed Jun 11 11:19:54 2014

#:当前时间
out
Time
asctime

1 seconds

Text
Pattern (?/*) Match
RegEx
Case

#:判断时间是否匹配

#:记录匹配时间

No data was collected...

A
Text
Join   Result

Stream 0
Gate   1

Data Recorder

Null Flags
Item Invalid Flags
Description

Panel
{0}
0 Wed Jun 11 11:14:50 2014

#:小球撞击部分程序(使用Kangaroo动力学组件)

Base
X
Y   Box
Z

Number Slider ◇8

{0}
0 True

20 ms

Number Slider ◇15

Number Slider ◇29.250

Region
Count
Seed   Population
Points

Force objects   Out
AnchorPoints   Iterations
Settings   ParticlesOut
Geometry
SimulationReset GeometryOut

#:动力解算

Point A   Vector
Point B
Unitize   Length

Point   UnaryForce
Force

#:向量力

D1
D2   Result
D3

Number Slider 0.951

Vector
Amplitude A Vector

Centers   SphereCollide
Radius

Number Slider 0.925

#:球体碰撞

Geometry m² Area
Centroid

Base   Sphere
Radius

Point A   Vector
Point B
Unitize   Length

Geometry Shader

Value   Mapped
Source
Target   Clipped

Number Slider 0.000

Number Slider 255.000

Domain start
Domain end   Domain

Numbers Domain

Alpha
Red   Colour
Green
Blue

NAMES →

● 使用Calendar组件建立
日期，日期格式与使用Python
扩展调入的time模块asctime
函数所显示的时间格式不一
致，需要将两者的格式调整一
致后，再进行时间是否相同的
判断。

使用Text Split切分日期
字符串并分别对年、月、日的
格式进行调整，年份格式保
持不变，月份提取前三个字
符，日期因为1—31日后缀名
不同，需要建立带后缀的日列
表，使用组件Match Text判断
是否一致后，提取以纯粹数字
代表的日，最后合并年、月、
日与时间到一个列表，并使用
组件Text Join合并为一个字符
串，与当前asctime格式的时
间比较，如果相同则输出当前
时间，使用组件Data Recorder
记录，并使用组件Null Item
判断是否为空，获取布尔值
作为Kangaroo解算器输入端
SimulationReset值，启动解算
开始迭代，小球开始沿指定方
向运动、碰撞并分离。

因为Grasshopper自带的
字符串处理组件有限，使得程
序冗余，一般使用Python程序
语言结合time和datetime模块
处理时间和时间字符串，使得
程序更加精简。

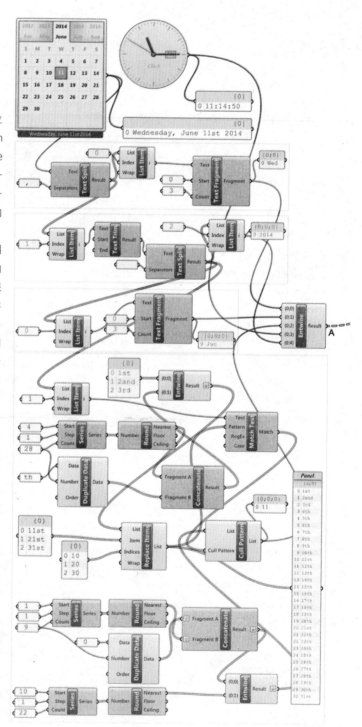

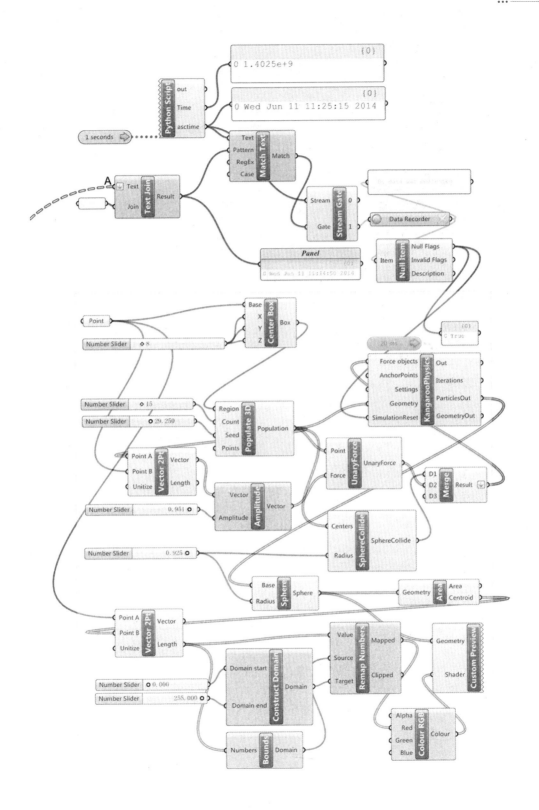

5 Sets: 数据集

Sets 数据集，第一部分类似于布尔运算，一般可以帮助处理两组数据的比较情况；第二部分可以看作是多 List 列表组件的补充；Delete Consecutive 组件能够在数据处理过程中剔除相同冗余的数据。

I	A Create Set	数据集	建立有效数据集，移除空值和无效值；
	B Set Difference	不包含B	拾取 A 列表项值，但是移除 B 列表与 A 列表相同的项值；
	C Set Difference (S)	均不包含	拾取 A、B 列表项值，但是移除 A、B 列表共同项值；
	D Set Intersection	交集	拾取 A、B 列表共同项值；
	E Set Majority	拾取多数	拾取 3 个列表出现次数最多的项值；
	F Set Union	并集	合并 A、B 列表项值，重复的值简化；
II	G Carthesian Product	交互项值	合并 A、B 列表相同索引项值在一个数据分支下；
	H Disjoint	不相交	判断 A、B 列表项值是否不相交；
	I Member Index	搜寻项值	搜寻项值，返回索引和数量；
	J Replace Members	替换项值	指定项值替换；
	K SubSet	包含	判断是否包含；
III	L Delete Consecutive	移除连续项	移除连续相同项值；
	M Find similar member	寻找相似项	在一个列表中寻找与另一个列表项值最接近的值；
	N Key/Value Search	键值搜寻	在输入列表中寻找输入端 Keys 的数据，并使用 Search 输入端进行数据替换。

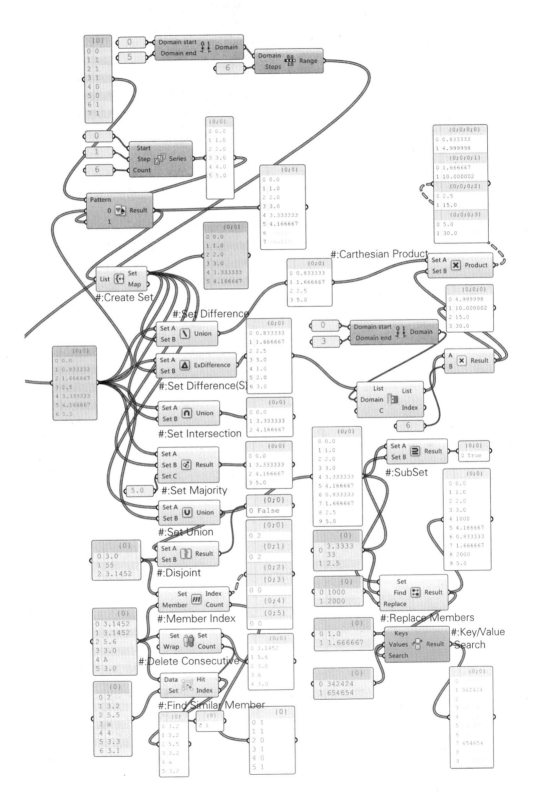

群落集聚

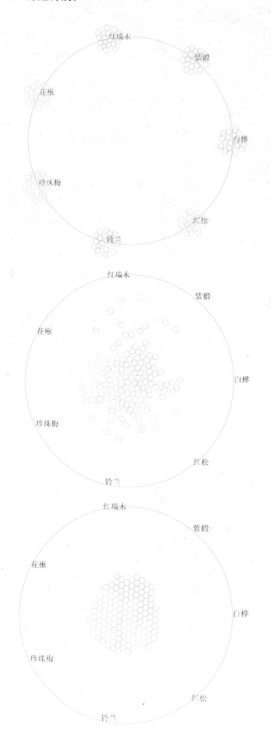

群落（Biocoenosis）或者称之为"生物群落"，为生存在一起并与一定的生存条件相适应的动植物总体，群落生境是群落生物生活的空间。植物群落则是指生活在一定区域内所有植物的集合，每个植物通过互惠、竞争等相互作用而形成的一个巧妙组合，是适应其共同生存环境的结果。在植物种植规划过程中，尽可能地符合植物群落物种的搭配。例如，在北京地区典型的植物群落：1.红松＋白桦＋山杨－矮紫杉＋偃松＋欧丁香＋东北连翘－燕子花＋铃兰；2.糠椴＋紫椴＋黄檗－矮紫杉＋天目琼花＋红瑞木－白三叶等等。

假设存在一些植物物种，颜色相同的表示属于同一个植物群落，它们之间有较强的吸引力，在使用 Kangaroo 动力学组件尝试性模拟中，将同一植物群落的物种施加力 PowerLaw，其间能够互相吸引。同时对于所有物种之间施加弹力 SpringsFromLine 控制物种点之间的距离，即通过输入参数 Rest Length 和 UpperCutoff 控制。与此同时，假设物种向圆心运动，施加力 UnaryForce，在运动过程中相互之间也会产生碰撞。通过调整力 PowerLaw 和 UnaryForce 的参数，可以获得很多物种位置结果。在整个过程中观察每类群落凸包，即用组件 Convex Hull 获取每类群落的外接曲线并计算面积求和，通过 Quick Graph 组件观察面积变化，物种逐渐聚集并相互贴合，面积最终趋近平衡并达到最小。

使用 Kangaroo 动力学组件模拟群落集聚的过程，只是一种尝试性探索，植物群落的多样性和复杂性远远不是几个条件参数所能够控制的，仅以此作为一种探索性尝试，抛砖引玉以拓展一些应用的领域。

群落凸包面积变化曲线

#:物种选择

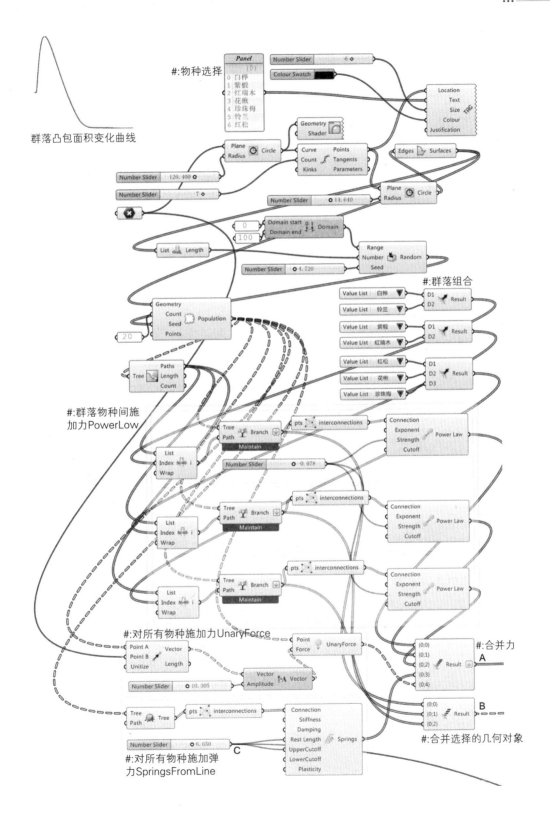

#:群落组合

#:群落物种间施
加力PowerLow

#:对所有物种施加力UnaryForce

#:合并力

#:对所有物种施加弹
力SpringsFromLine

#:合并选择的几何对象

ICONS ↑

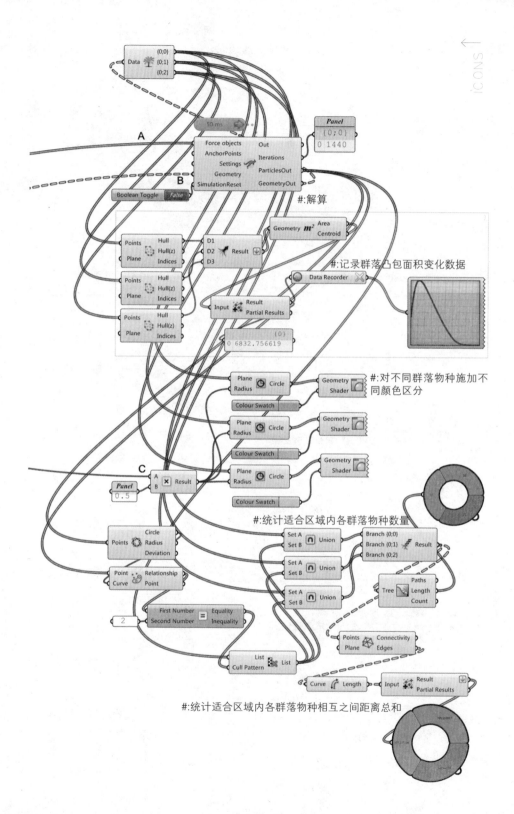

Data 🌴 {0;0}
{0;1}
{0;2}

A

50 ms

Force objects   Out
AnchorPoints   Iterations
Settings   ParticlesOut
B   Geometry   GeometryOut
SimulationReset

Boolean Toggle   False

Panel
{0;0}
0 1440

#:解算

Points   Hull
Plane   Hull(z)
Indices

D1
D2   Result
D3

Geometry m^2 Area
Centroid

Points   Hull
Plane   Hull(z)
Indices

Data Recorder

Points   Hull
Plane   Hull(z)
Indices

Input   Result
Partial Results

{0}
0 6832.756619

#:记录群落凸包面积变化数据

Plane   Circle
Radius

Geometry
Shader

#:对不同群落物种施加不
同颜色区分

Colour Swatch

Plane   Circle
Radius

Geometry
Shader

Colour Swatch

C   A   × Result
B

Plane   Circle
Radius

Geometry
Shader

Panel
0.5

Colour Swatch

#:统计适合区域内各群落物种数量

Points   Circle
Radius
Deviation

Set A   Union
Set B

Branch {0;0}
Branch {0;1}   Result
Branch {0;2}

Point   Relationship
Curve   Point

Set A   Union
Set B

Set A   Union
Set B

Tree   Paths
Length
Count

First Number   Equality
Second Number   Inequality

2

Points   Connectivity
Plane   Edges

List   List
Cull Pattern

Curve   Length

Input   Result
Partial Results

#:统计适合区域内各群落物种相互之间距离总和

NAMES ↓

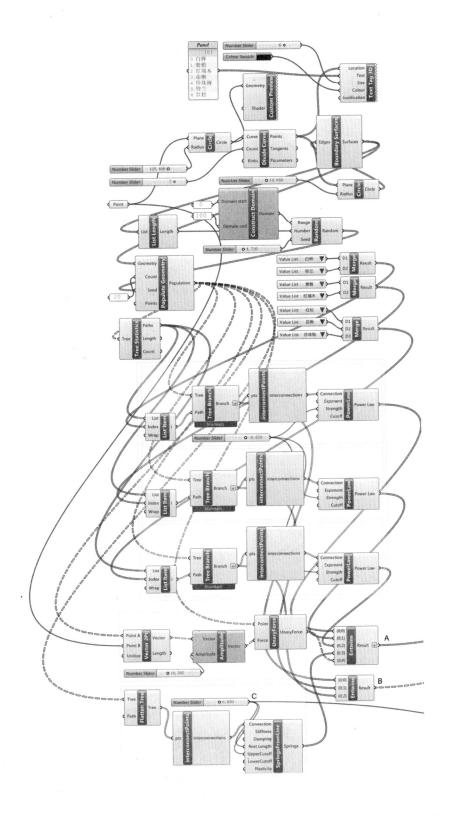

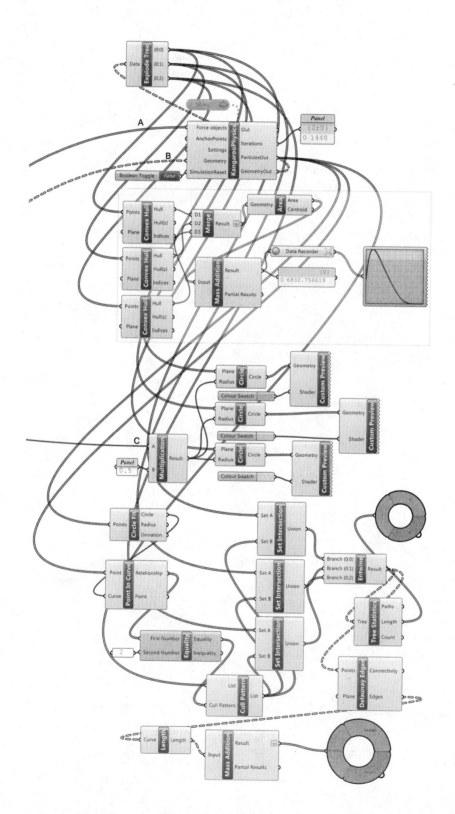

5

Vector
向量

几何体由面组成，面由线建立，线则由点构成，在 Vector 部分可以获得建立点和处理点的方法，而参考平面与向量在编程设计过程中对几何对象的空间处理具有重要作用，二者均具有定位与方向性，能够协助处理各类几何体正确的空间位置。例如，移动、旋转、镜像、缩放的方向，以及几何体对象放置位置的朝向等；格网 Grids 部分提供了几种格网形式建立的方法，其中有限形体内随机点的建立能够处理更多随机的变化；磁力场则提供了点、线、蜗旋和向量磁场。

1 Point: 点

I	A Construct Point 建立点	B Deconstruct 解构点	
	C Numbers to Points 列表成点	D Points to Numbers 点转列表	
II	E Barycentric 重心点	F Distance 距离	
	G Point Cylindrical 圆柱点	H Point Oriented UVW点	
	I Point Polar 极坐标点	J To Polar 点转极值	
III	K Closest Point 最近点	L Closest Points 最近多点	
	M Cull Duplicates 剔除重复点	N Point Groups 分组点	
	O Project Point 点投影	P Pull Point 最近几何点	
	Q Sort Along Curve 沿曲线排序点	R Sort Points 沿X轴排序点	

A.Construct Point 建立点：输入 X、Y、Z 坐标值建立点。

B.Deconstruct 解构点：将点坐标分解为 X、Y、Z 坐标值。

C.Numbers to Points 数列成点：输入包含 X、Y、Z 坐标值的列表，或包含多个列表的树型数据建立点。

D.Points to Numbers 点转列表：将点转化为包含一个或多个 X、Y、Z 坐标值的列表。

E.Barycentric 重心点：由 U、V、W 重心坐标值和三个点建立一个点。

F.Distance 距离：计算两点之间的距离。

G.Point Cylindrical 圆柱点：输入旋转角度、半径和高度建立点。

H.Point Oriented UWW 点：输入参考平面和 U、V、W 坐标建立点；

I.Point Polar 极坐标点：输入平面角、垂直角和偏移距离建立点；

J.To Polar 点转极值：将点转化为平面角、垂直角和偏移距离。

I + II

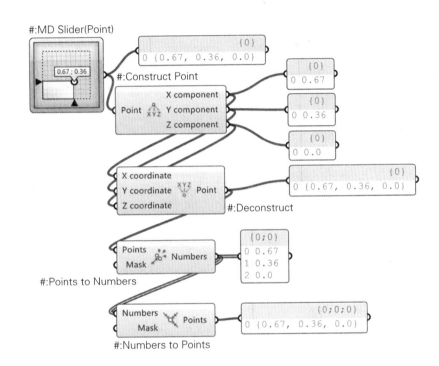

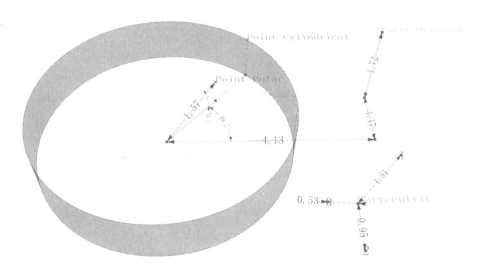

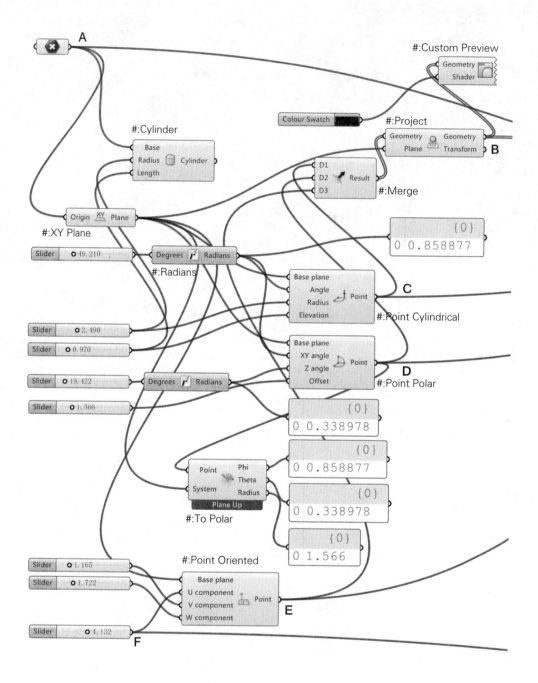

A

#:Custom Preview

Geometry
Shader

Colour Swatch

#:Cylinder

Base
Radius Cylinder
Length

#:Project

Geometry Geometry
Plane Transform

B

D1
D2 Result
D3

#:Merge

{0}
0 0.858877

Origin XY Plane

#:XY Plane

Slider 49.210

Degrees Radians

#:Radians

Base plane
Angle Point
Radius
Elevation

C

#:Point Cylindrical

Slider 2.490

Slider 0.970

Base plane
XY angle Point
Z angle
Offset

D

#:Point Polar

Slider 19.422

Degrees Radians

Slider 1.566

{0}
0 0.338978

{0}
0 0.858877

Point Phi
Theta
System Radius

Plane Up

#:To Polar

{0}
0 0.338978

{0}
0 1.566

Slider 1.165

Slider 1.722

#:Point Oriented

Base plane
U component Point
V component
W component

E

Slider 4.132

F

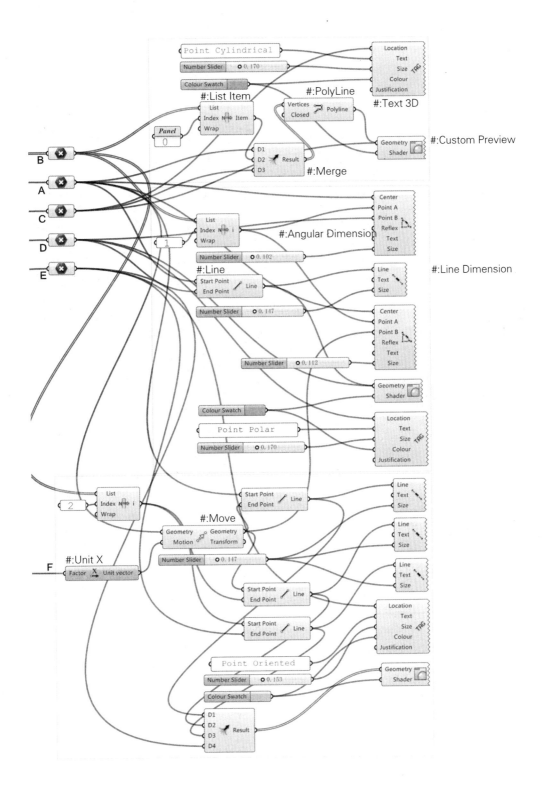

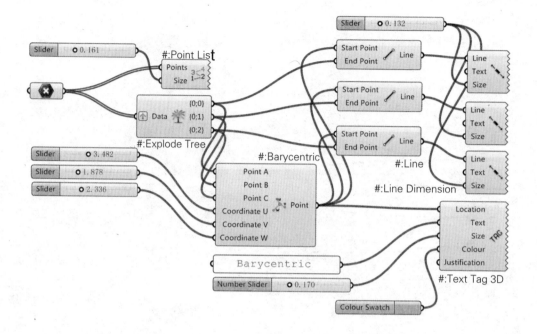

相对坐标转换（高程）

　　获得 XYZ 格式或者相关格式的高程数据，坐标值一般为真实（绝对）坐标值，例如从 GIS 地理信息系统中导出的高程数据可能高程点为 {601201.421,4.0094e+6,306.743}，其坐标值 X、Y 数据为实际大地坐标的长度值，数值往往较大。AutoCAD 和 Rhinoceros 是笛卡尔坐标系即直角坐标系，模型一般位于原点附近，模型如果远离原点，往往会出现错误，因此需要把绝对坐标值转换为相对坐标值，在转化过程中，X、Y 值代表平面位置坐标，Z 值可以是高程，也可以是坡度值、坡向值等任何相关数据。

　　输入对象为绝对坐标点和列表形式的定位点，其中存在 Z 值，如果 Z 代表坡度值，坡度值应保持不变，因此在输出项中除了提供相对高程点，还需提供绝对高程值、相对高程值和高程值差值，其中没有数值变化的绝对高程值保持 Z 值不变，Z 值也可以代表坡度值等数据信息。

　　在使用 Grasshopper 平台处理类似地理信息系统中地理信息数据时，相对坐标转化经常被使用，因此将其封装在一个组件中方便调用。

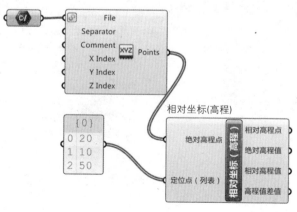

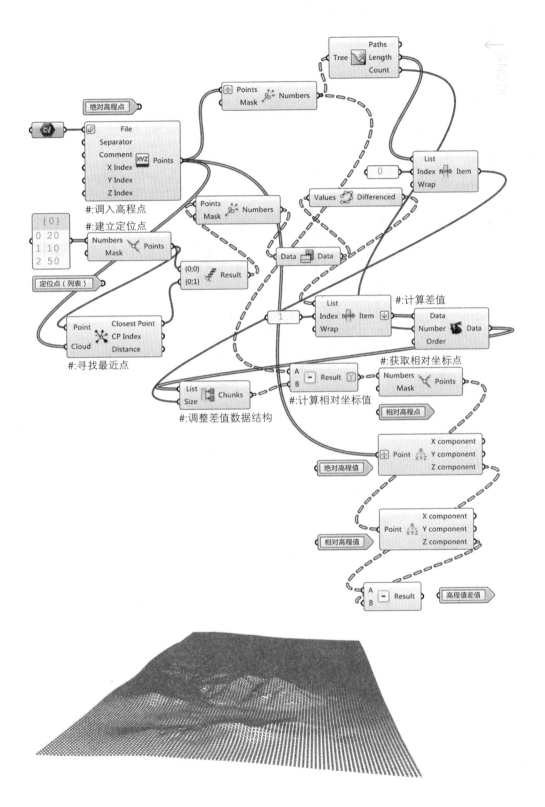

绝对高程点

File
Separator
Comment
X Index
Y Index
Z Index
Points

#:调入高程点

Points
Mask
Numbers

Paths
Length
Count
Tree

List
Index
Item
Wrap

0

Values
Differenced

Points
Mask
Numbers

{0}
0 20
1 10
2 50

#:建立定位点

Numbers
Mask
Points

{0;0}
{0;1}
Result

定位点（列表）

Data
Data

1

List
Index
Item
Wrap

#:计算差值

Data
Number
Order
Data

Point
Cloud
Closest Point
CP Index
Distance

#:寻找最近点

#:获取相对坐标点

A
B
Result

Numbers
Mask
Points

List
Size
Chunks

#:计算相对坐标值

相对高程点

#:调整差值数据结构

Point
X component
Y component
Z component

绝对高程值

Point
X component
Y component
Z component

相对高程值

A
B
Result

高程值差值

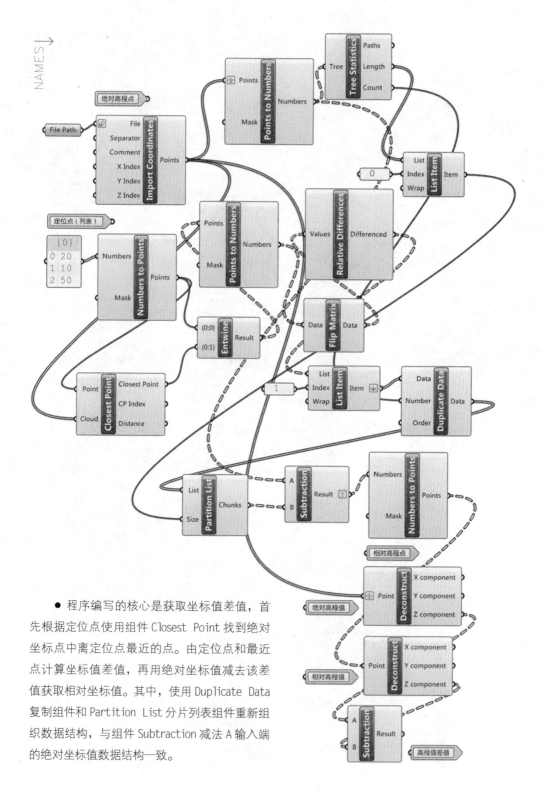

● 程序编写的核心是获取坐标值差值，首先根据定位点使用组件 Closest Point 找到绝对坐标点中离定位点最近的点。由定位点和最近点计算坐标值差值，再用绝对坐标值减去该差值获取相对坐标值。其中，使用 Duplicate Data 复制组件和 Partition List 分片列表组件重新组织数据结构，与组件 Subtraction 减法 A 输入端的绝对坐标值数据结构一致。

III

适宜路径与最适点位

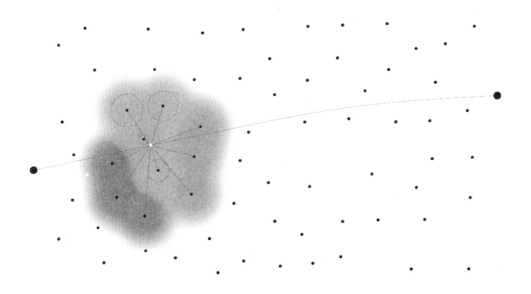

　　假设一个城市地块中存在很多位置点，代表学校、超市、小区等，希望能够在两点之间拟合一条路径，使得该路径能够适宜两侧一定距离的位置点，根据指定距离提取点，并将提取的点连为折线，平滑折线直至适宜。获取适宜路径之后，希望能够找到在该路径上的一个点，该点能够满足与之最近 n 个点的距离总和为最小，可以借助 Galapagos 组件解算该点即为最适点。获取该点并提取与之最近的 n 个点，通过组件 Point Groups 给定距离，将相近的点分为一组，提取位置点最多的组团，在各自位置上建立区域圆，使用组件 Pull Point 找到最适点到多个区域圆的最近点。

　　在城市规划和风景园林规划中会遇到各种需要解决的问题，每类问题都会在规划设计过程中根据不同的条件被提出，解决的方法是希望能够通过 Grasshopper 编程设计的过程找到答案，为规划设计提供相关的依据和适宜合理的推进。

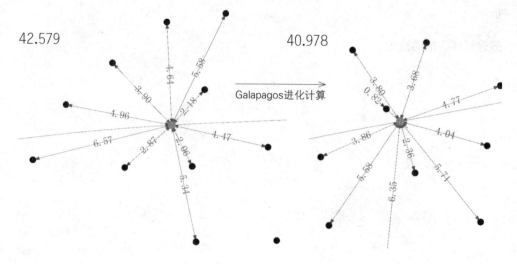

42.579　　　　Galapagos进化计算　　　40.978

解算路径上距离之和为最小的位置点

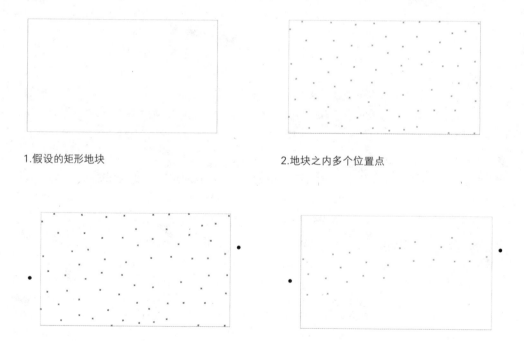

1.假设的矩形地块　　　　　　　　2.地块之内多个位置点

3.路径的开始和结束点　　　　　　4.提取指定距离的点

5.连为折线

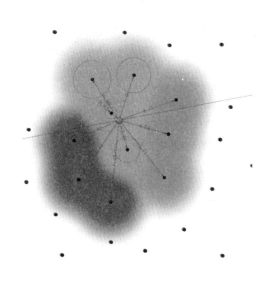

11.找到最适点到区域圆的最近点

6.优化折线并建立曲线

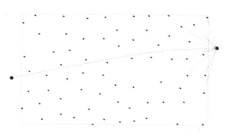

7.计算与最近n个点的距离和

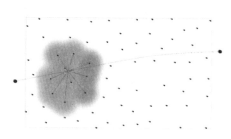

10.在最多位置点分组建立区域圆

8.使用Galapagos解算最适点

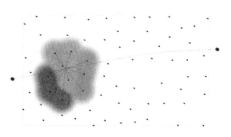

9.分组位置点

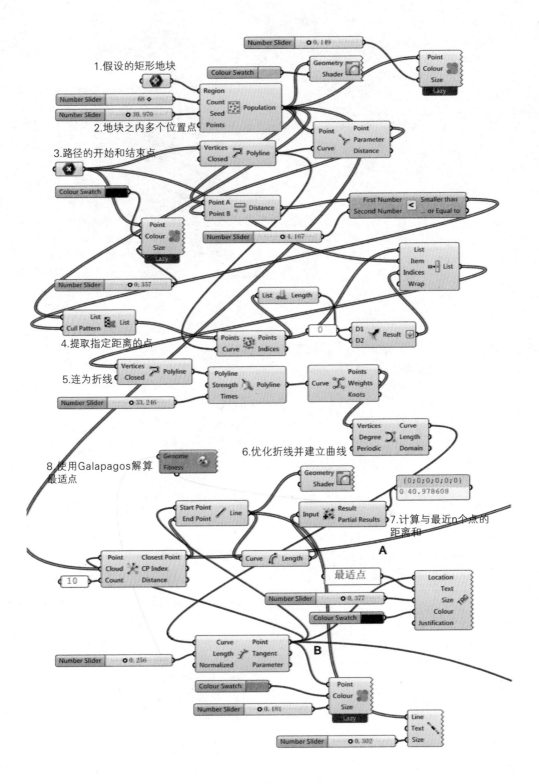

1.假设的矩形地块

Number Slider ◇ 0.149

Colour Swatch

Region
Count
Seed   Population
Points

Geometry
Shader

Point
Colour
Size
Lazy

Number Slider 68 ◇

Number Slider ◇ 30.970

2.地块之内多个位置点

Point
Curve   Point
         Parameter
         Distance

3.路径的开始和结束点

Vertices
Closed   Polyline

Colour Swatch

Point A
Point B   Distance

First Number   Smaller than
Second Number < ... or Equal to

Point
Colour
Size
Lazy

Number Slider ◇ 4.167

List
Item
Indices   List
Wrap

Number Slider ◇ 0.357

List   Length

List
Cull Pattern   List

4.提取指定距离的点

Points   Points
Curve   Indices

0

D1   Result
D2

5.连为折线

Vertices
Closed   Polyline

Polyline
Strength   Polyline
Times

Curve   Points
         Weights
         Knots

Number Slider ◇ 33.246

Vertices   Curve
Degree   Length
Periodic   Domain

6.优化折线并建立曲线

8.使用Galapagos解算
最适点

Genome
Fitness

Geometry
Shader

{0;0;0;0;0;0}
0 40.978608

Start Point
End Point   Line

Input   Result
         Partial Results

7.计算与最近n个点的
距离和

A

Point   Closest Point
Cloud   CP Index
Count   Distance

Curve   Length

最适点

Location
Text
Size   TAG
Colour
Justification

10

Number Slider ◇ 0.377

Colour Swatch

Number Slider ◇ 0.256

Curve   Point
Length   Tangent
Normalized Parameter

B

Colour Swatch

Point
Colour
Size
Lazy

Number Slider ◇ 0.181

Line
Text
Size

Number Slider ◇ 0.302

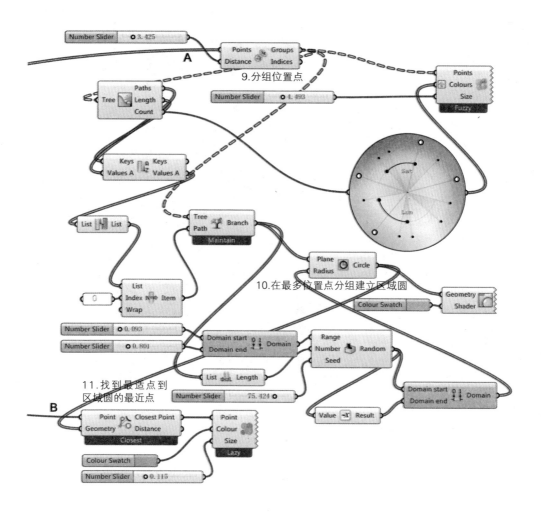

9.分组位置点

10.在最多位置点分组建立区域圆

11.找到最近点到
区域圆的最近点

K.Closest Point 最近点：提取 Cloud 输入端点群到 Point 输入端点最近的一个点。

L.Closest Points 最近多点：由输入端 Count 指定数量 n，提取输入端 Cloud 点群到输入端 Point 点最近 n 个点。

M.Cull Duplicates 剔除重复点：根据指定的 Tolerance 容差值，剔除重复的点。

N.Point Groups 分组点：根据输入端 Distance 指定的距离，将点群中的点分组。

O.Project Point 点投影：根据输入的方向将点投影到输入的几何对象上。

P.Pull Point 最近几何点：获取点到多个几何对象上最近投影点。

Q.Sort Along Curve 沿曲线排序点：根据指定的曲线，延曲线的方向排序点的顺序。

R.Sort Points 沿 X 轴排序点：将输入的点列表沿 X 轴方向排序。

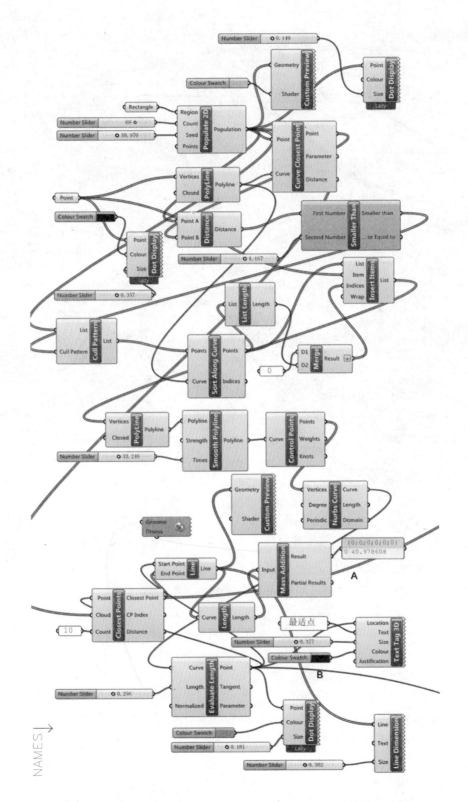

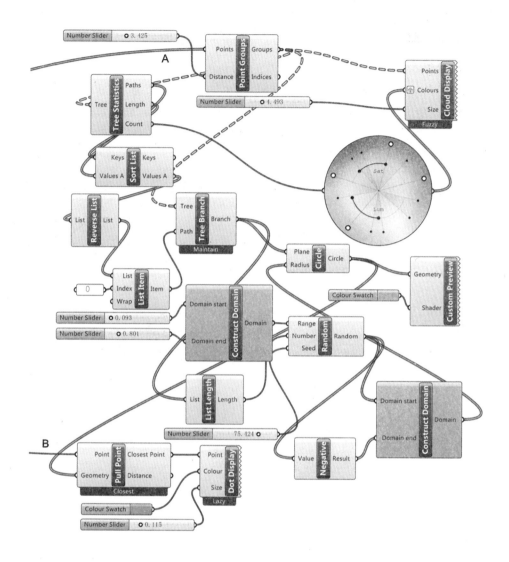

● 首先建立路径开始和结束位置的直线，将所有位置点垂直投影到该直线上，计算所有位置点到投影点之间的距离，指定一定距离，使用组件 Smaller Than 判断与该距离的大小关系，剔除大于指定距离的位置点，满足要求的位置点被连为折线，进而优化为路径曲线。

进化计算的方法是求取最适最大值或者最小值，遇到任何最大和最小的问题都可以考虑使用 Galapagos 组件解算。首先使用组件 Evaluate Length 提取路径上的任意点，设置区间为 0~1，输入端 Length 值即数值滑块的最小和最大值分别设置为 0 和 1，在解算过程中该数值滑块将作为 Genome 输入端参数，Fitness 输入端参数是计算最近几个点到提取点距离之和，和越小，从提取点到最近 n 个位置点平均距离越小。为了方便显示点组的关系，可以使用组件 Cloud Display，获取点融合的效果，并使用组件 Colour Wheel 一次指定多个颜色，分别赋予点组。

2 Vector: 向量

向量（Vector）是数学、物理学和工程科学等多个自然科学中的基本概念，指一个同时具有大小和方向的几何对象，因常常以箭头符号标示以区别于其他量而得名。直观上，向量通常被标示为一条带箭头的线段。线段的长度可以表示向量的大小，而向量的方向也就是箭头所指的方向。与矢量概念相对的是只有大小而没有方向的标量。

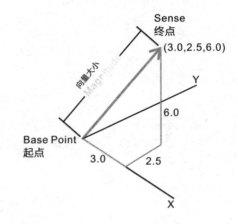

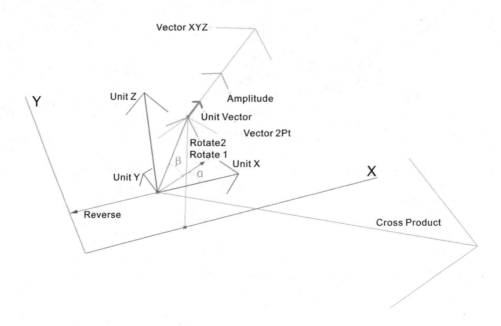

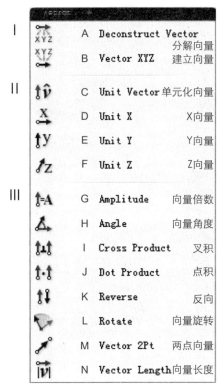

I		A	Deconstruct Vector	分解向量	由 X、Y、Z 三个方向的数值建立向量;
		B	Vector XYZ	建立向量	将向量分解为 X、Y、Z 三个方向的数值;
II		C	Unit Vector	单元化向量	将向量单元化,长度归为 1;
		D	Unit X	X向量	与 X 轴平行的向量;
		E	Unit Y	Y向量	与 Y 轴平行的向量;
		F	Unit Z	Z向量	与 Z 轴平行的向量;
III		G	Amplitude	向量倍数	以乘积方式设置向量大小;
		H	Angle	向量角度	计算两个向量间的夹角;
		I	Cross Product	叉积	建立与两个输入向量均垂直的向量;
		J	Dot Product	点积	两个向量所构成平行四边形的面积,为一数值;
		K	Reverse	反向	反转向量方向;
		L	Rotate	向量旋转	依据旋转轴,输入旋转角度旋转输入向量;
		M	Vector 2Pt	两点向量	由输入的两个点建立向量;
		N	Vector Length	向量长度	计算输入向量的长度;

● Vector 向量部分提供了多种建立和变化向量的方法,但是对于几何对象的调整一般不是直接建立向量用于进一步的几何变化,而是从几何对象直接提取向量属性,如果该向量并不是用于进一步调整所需向量,则可以使用 Vector 组件调整该向量。

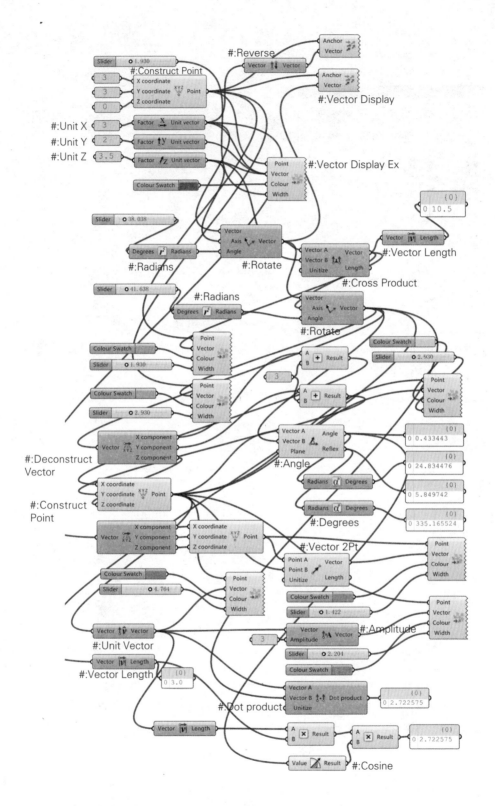

弧形桥_概念

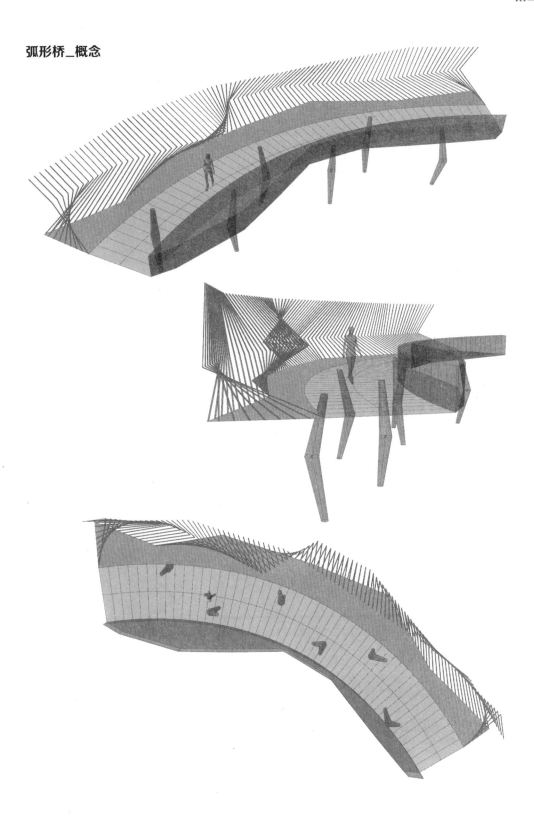

几何构建逻辑（弧形桥_概念）

1.定位点

2.中心轴线(悬链线)

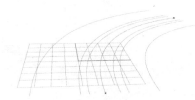

3.主要控制线(偏移复制)

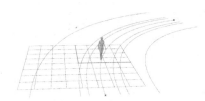

4.调入人模型，尺度参考

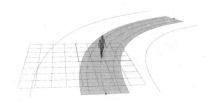

5.中心桥面

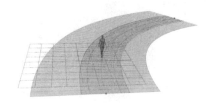

6.两侧控制面

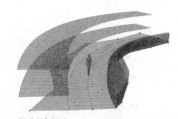

12.控制随机点

11.控制曲面

10.一侧抬升护栏

9.建立两侧桥面

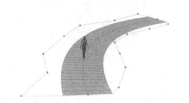

8.控制折线

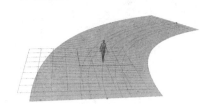

7.两侧控制点（随机点）

13.护栏控制折线

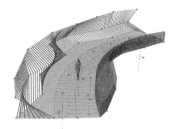

22.放样圆截面

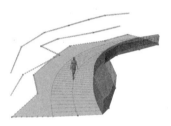

14.等分折线

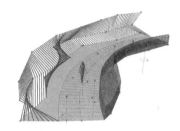

21.偏离控制点

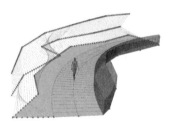

15.建立竖向折线

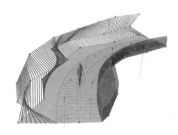

20.偏离控制圆

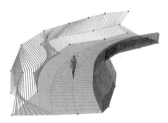

16.放样成体，栏杆构件

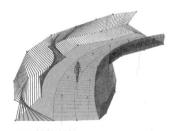

19.支柱控制轴

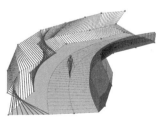

17:提取桥面点

18.支柱控制点

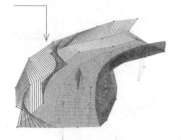

23.支柱折线

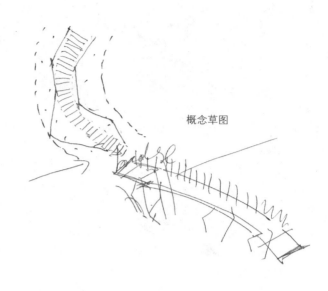

概念草图

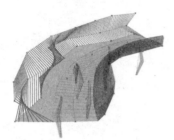

24.支柱体

　　编程设计与传统设计一样，需要先迸发出最初的设计概念或者确定分析研究的目的，本例中基本的概念是先确定几根与桥面轴线平行的控制线，中间的步道宽度一致，两侧可以自由获取形式，由控制面生成随机点并连为折线控制。支柱的形式也同样采用折线形，但是弯折的角度方向随机。

　　构思基本的设计概念之后，即可在 Grasshopper 空间中编写设计，将设计构思的逻辑与编程设计的几何构建逻辑进行整合，并时刻调整和完善设计。这个设计演进的过程本质上与传统设计的方法相同，但是在此基础上增加了编程设计的逻辑性思维，不仅强调设计的逻辑性，同时蕴含更多创造性的形式和更多的设计"意外"，甚至将设计的创造性引领到设计者思维未触及的领域。增加设计的创造性和强化设计的逻辑构建思维，以及快速的设计推敲和模型构建，细化设计的延续，编程设计在不断制造创造性的设计过程，同时也为设计者带来编写设计的乐趣。

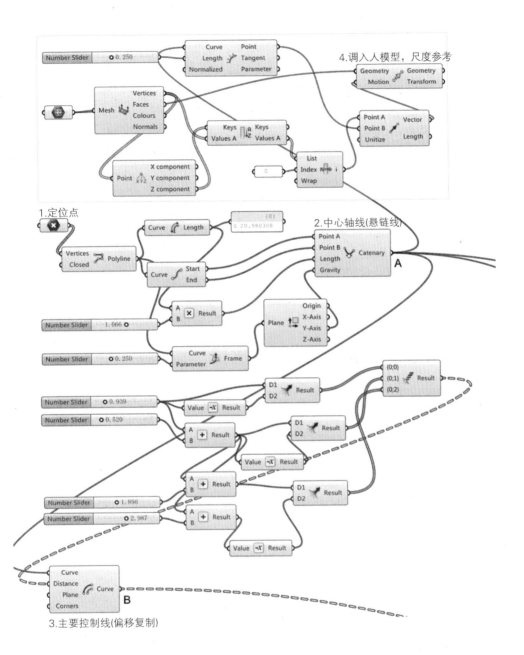

4.调入人模型，尺度参考

1.定位点

2.中心轴线(悬链线)

3.主要控制线(偏移复制)

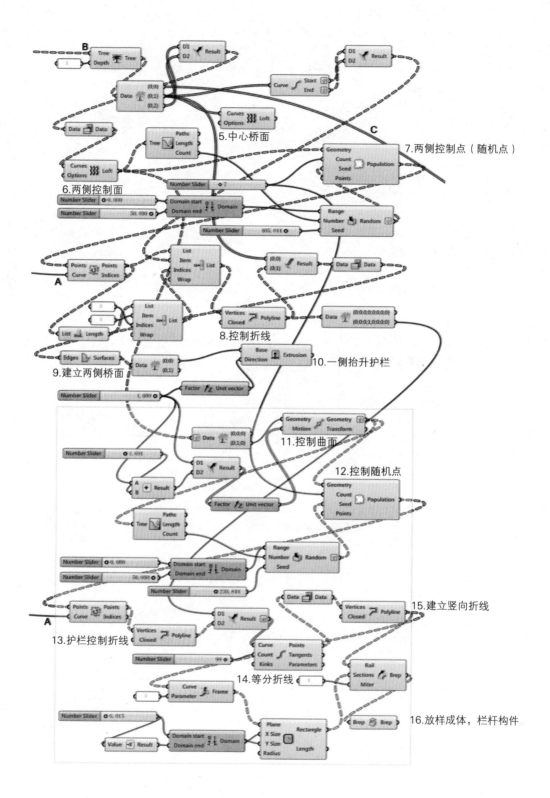

5.中心桥面

6.两侧控制面

7.两侧控制点（随机点）

8.控制折线

9.建立两侧桥面

10.一侧抬升护栏

11.控制曲面

12.控制随机点

13.护栏控制折线

14.等分折线

15.建立竖向折线

16.放样成体，栏杆构件

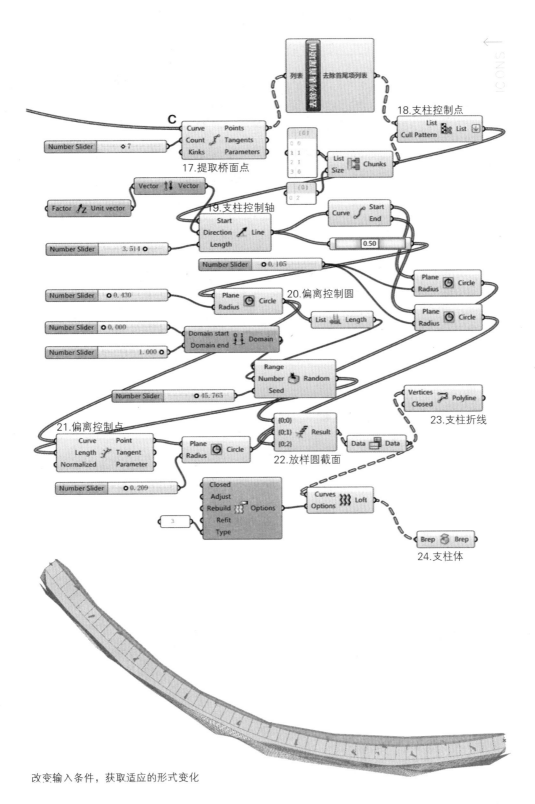

C

列表　去除首尾项列表

Number Slider ◇ 7

Curve　　Points
Count　　Tangents
Kinks　　Parameters

17.提取桥面点

{(0)}
0 0
1 1
2 1
3 6

List
Size　Chunks

{(0)}
0 2

18.支柱控制点

List
Cull Pattern　List

Vector　Vector

Factor　Unit vector

19.支柱控制轴

Start
Direction　Line
Length

Curve　Start
End

0.50

Number Slider 3.514 ○

Number Slider ○ 0.105

Number Slider ○ 0.430

Plane
Radius　Circle

20.偏离控制圆

Plane
Radius　Circle

Plane
Radius　Circle

Number Slider ○ 0.000

Domain start
Domain end　Domain

List　Length

Plane
Radius　Circle

Number Slider 1.000 ○

Number Slider ○ 45.765

Range
Number　Random
Seed

Vertices
Closed　Polyline

23.支柱折线

21.偏离控制点

Curve　Point
Length　Tangent
Normalized　Parameter

Plane
Radius　Circle

{0;0}
{0;1}　Result
{0;2}

22.放样圆截面

Data　Data

Number Slider ○ 0.209

Closed
Adjust
Rebuild　Options
Refit
Type

3

Curves
Options　Loft

Brep　Brep

24.支柱体

改变输入条件，获取适应的形式变化

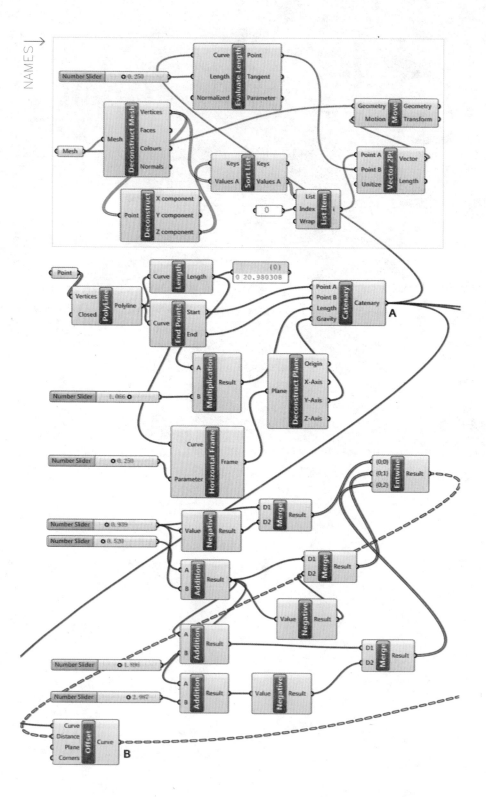

● 编写设计的几个基本原则：

A. 合理确定需要控制的基本输入条件。例如，使用两个控制点控制桥体的跨度。

B. 参数变化之间需要控制合理的逻辑关系，例如，建立平行于桥面轴线的几个控制曲线，外圈的曲线应该在内圈曲线参数变化时也随之变化，因此外圈曲线偏移距离是在内圈曲线偏移距离参数基础上加上一个数值，从而构建前后的联系。

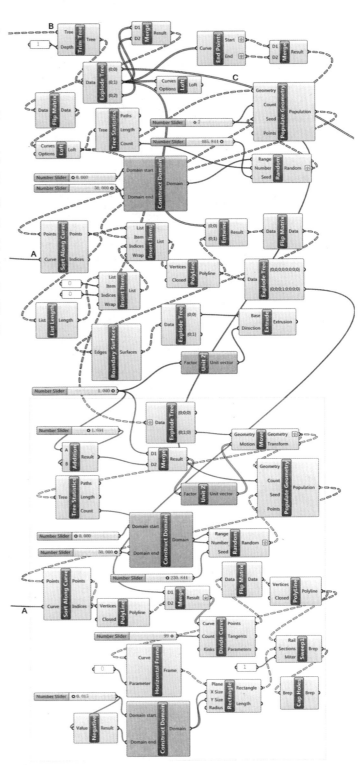

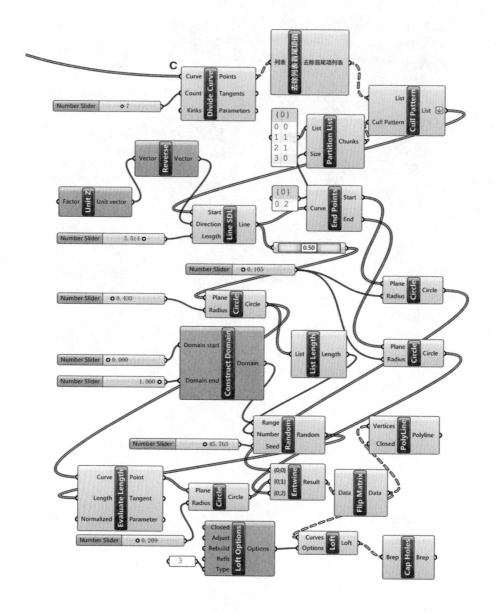

　　C.尽可能通过数据结构组织达到形式设计的目的，减少使用过多的单个组件。例如，平行于桥面轴线的几个控制曲线不是单独地分别建立，而是将数据组合在一起，对中心轴线进行偏移复制，从而不断简化因为单独构建而不断形成的冗余数据，这也对编写设计的设计者提出了较高的要求，只有对数据结构的组织有深刻理解并灵活应用，才能够较好地优化程序。

　　D.程序编写具有整体性和有机性，设计本身即为一个逻辑体，编程设计进一步强化了这个逻辑过程，并体现在整个程序前后的参数关系中。例如，输入条件中两个点位置的变化会影响整个形体的适应的变化，并可以对关键参数作出修正。

3 Plane: 参考平面

I	A	Deconstruct Plane 分解参考平面		B	XY Plane XY平面
	C	XZ Plane XZ平面		D	YZ Plane YZ平面
II	E	Construct Plane 构建参考平面		F	Line + Line 双线平面
	G	Line + Pt 点线平面		H	Plane 3Pt 三点平面
	I	Plane Fit 拟合平面		J	Plane Normal 垂直平面
	K	Plane Offset 偏移平面		L	Plane Origin 原点平面
III	M	Adjust Plane 调整垂直		N	Align Plane 平行对齐
	O	Align Planes 旋转对齐		P	Plane Closest Point 平面最近点
	Q	Plane Coordinates 平面坐标系		R	Rotate Plane 旋转平面

A.Deconstruct Plane 分解参考平面：将平面分解为 X、Y、Z 三个轴向的向量和原始点；

B.XY Plane XY 平面：平行 XY 轴向的参考平面；

C.XZ Plane XZ 平面：平行 XZ 轴向的参考平面；

D.YZ Plane YZ 平面：平行 YZ 轴向的参考平面；

E.Construct Plane 构建参考平面：由指定原点和 X、Y 轴确定一个参考平面；

F.Line+lIne 双线平面：由输入的两条直线确定一个参考平面，穿过一条并作为 X 轴向，平行另一直线；

G.Line+Pt 点线平面：穿过直线并作为 X 轴向，同时穿过指定点；

H.Plane 3Pt 三点平面：三点确定一个平面，并以第一个输入点作为原点；

I.Plane FIt 你拟合面：由输入的点群拟合一个参考平面；

J.Plane Normal 垂直平面：指定原点，并与一条直线垂直；

K.Plane Offset 偏移平面：偏移复制平面；

L.Plane Origin 原点平面：将输入的参考平面移到指定的原点位置；

M.Adjust Plane 调整垂直：保持原点不变，调整位置使参考平面垂直于输入的新向量；

N.Align Plane 平行对齐：保持原点不变，旋转该平面使之 X 轴向与输入向量在该平面的投影平行；

O.Align Planes 旋转对齐：旋转输入的多个参考平面沿一个轴向对齐输入端 Master 提供的参考平面；

P.Plane Closest Point 平面最近点：找到指定点到输入参考平面上的最近投影点；

Q.Plane Coordinates 平面坐标系：按照指定的参考平面输出点坐标值；

R.Rotate Plane 旋转平面：以垂直于参考平面原点的向量为轴，旋转该参考平面。

截面的方向

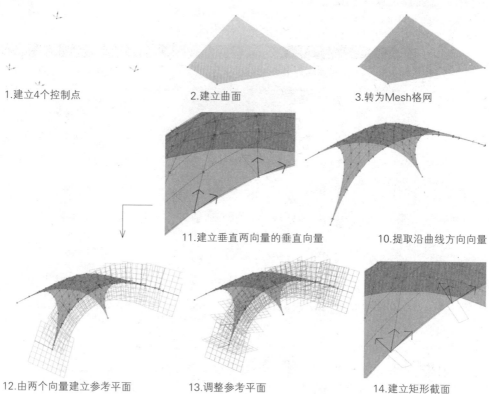

1.建立4个控制点

2.建立曲面

3.转为Mesh格网

11.建立垂直两向量的垂直向量

10.提取沿曲线方向向量

12.由两个向量建立参考平面

13.调整参考平面

14.建立矩形截面

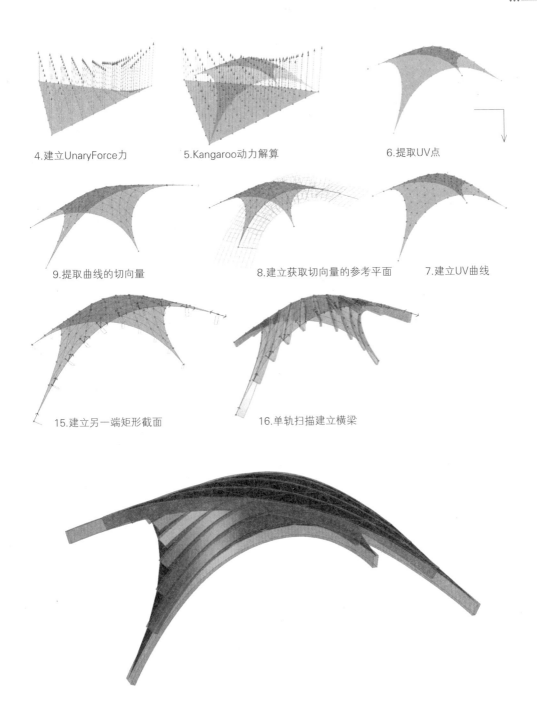

4.建立UnaryForce力　　　5.Kangaroo动力解算　　　6.提取UV点

9.提取曲线的切向量　　　8.建立获取切向量的参考平面　　7.建立UV曲线

15.建立另一端矩形截面　　　16.单轨扫描建立横梁

　　在细节设计上往往更加精准。例如，横木上表皮更加契合依附于其上的覆盖物，一种方法是使用组件 Offset On Srf 在表皮上偏移 UV 曲线，但是因为表皮是三维方向的弧度，因此变化比较丰富；另一种方法是找到适合单轨扫描的截面参考平面，按照截面和轨道建立梁木，虽然不能够完全吻合，但是几何体属性较之前者有所简化。

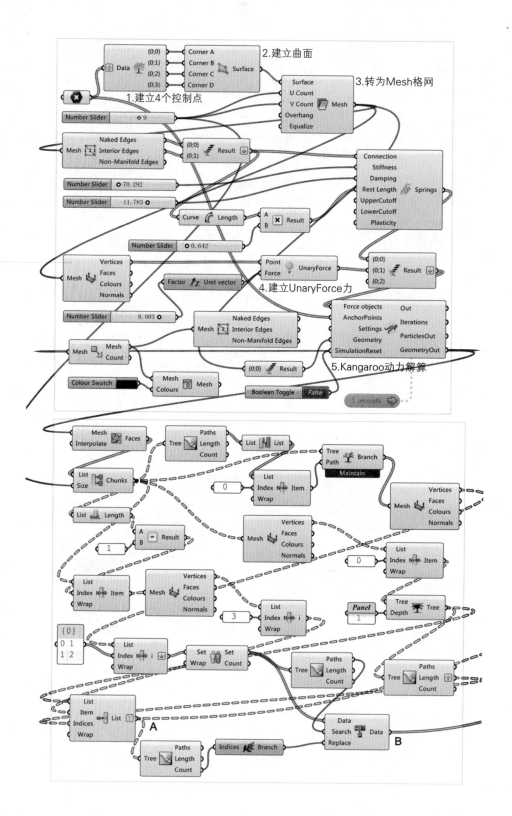

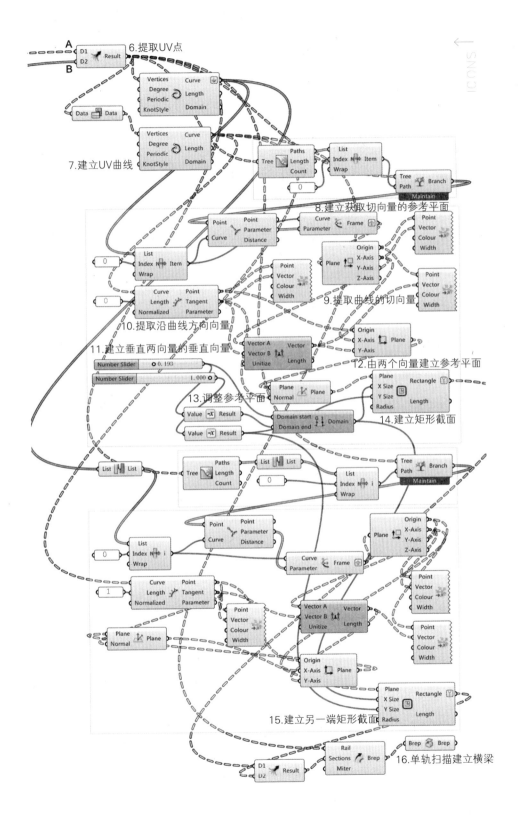

6.提取UV点

7.建立UV曲线

8.建立获取切向量的参考平面

9.提取曲线的切向量

10.提取沿曲线方向向量

11.建立垂直两向量的垂直向量

12.由两个向量建立参考平面

13.调整参考平面

14.建立矩形截面

15.建立另一端矩形截面

16.单轨扫描建立横梁

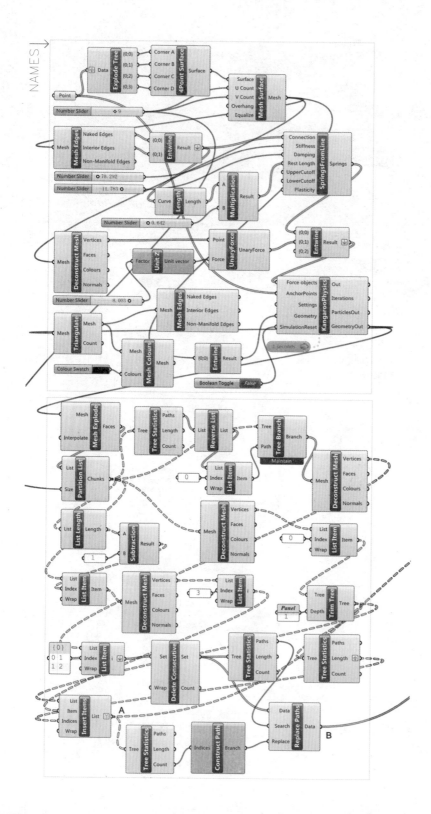

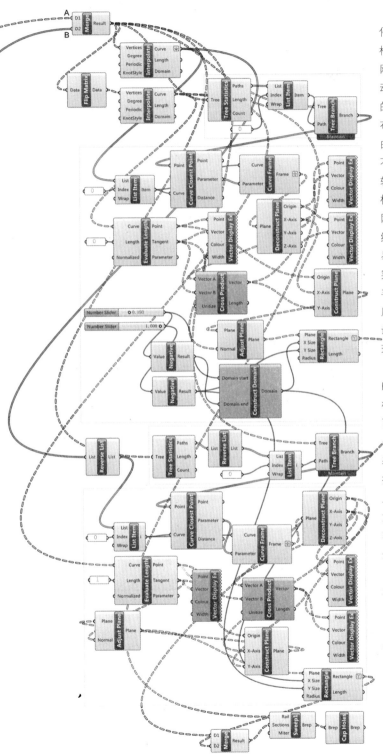

● 先建立曲面再使用组件Mesh Surface转化为Mesh格网，没有直接建立Mesh格网的原因是，使用Kangaroo动力学解算几何体之后获取的Mesh格网单元能够规律排布，从而易于提取UV点建立曲线；另外Kangaroo动力解算不支持曲面计算，因此需要转化为Mesh格网。在大部分模型建构中，实际上Mesh格网因为是由四边面和三边面组成，一般单元都是平面，易于加工安装，具有更强的实践性；曲面因为空间变化丰富，对于目前施工技术难度较大的土木工程，也往往最后转化为Mesh单元平面处理。

本案例希望能够借助于Kangaroo动力解算的方法，模拟实际受力获取空间曲面，使得几何形式结果趋于自然形态的变化。在获取基本空间Mesh格网之后，再提取UV控制点建立曲线。因此，程序编写过程分为动力解算部分、提取UV点部分、获取截面建立梁木体积部分。其中获取截面是本程序阐述的重点，进一步解释参考平面在Grasshopper程序中的应用。一般参考平面和向量不是直接建立，而是从几何体对象属性中提取，而再通过各种属性关系和参考平面变化方法获取目标参考平面，建立几何对象。

4 Grid: 格栅

I	A	Hexagonal 六边形格栅	输入单元六边形半径尺寸及 X、Y 轴向数量建立六边形格栅;
	B	Radial 放射状格栅	输入放射方向单元尺寸及该方向和径向的数量,建立放射状格栅;
	C	Rectangular 矩形格栅	输入 X、Y 方向单元尺寸及数量建立矩形格栅;
	D	Square 方形格栅	输入单元尺寸及 X、Y 方向单元数量建立方形格栅;
	E	Triangular 三角格栅	输入单元尺寸及 X、Y 方向单元数量建立三角形格栅;
II	F	Populate 2D 2D随机点	在输入的矩形内获得二维一定数量的随机点;
	G	Populate 3D 3D随机点	在输入的立方体内获得三维一定数量的随机点;
	H	Populate Geometry 几何表面随机点	获得任意几何体表面点分布。

#:Hexagonal

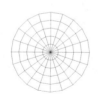

#:Radial

#:Rectangular

#:Square

#:Triangular

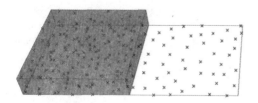

#:Populate 3D　　#:Populate 2D

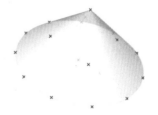

#:Populate Geometry

5 Field: 磁场

磁场具有向量属性，场中的每一个位置都具有一定大小的方向即向量。Grasshopper 中提供了四种磁场，线、点、蜗旋和向量。基于基本的磁场可以通过组件 Merge Field 融合出多样的磁场环境。磁场本身是非几何体，是通过颜色和向量显示，可以借助组件 Direction Display 和 Tensor Display 观察。磁场的方向和大小由于受到磁源的影响，磁力大小逐渐减弱，利用这一特征可以影响几何体的变化，这个变化过程即具有了磁场的属性。

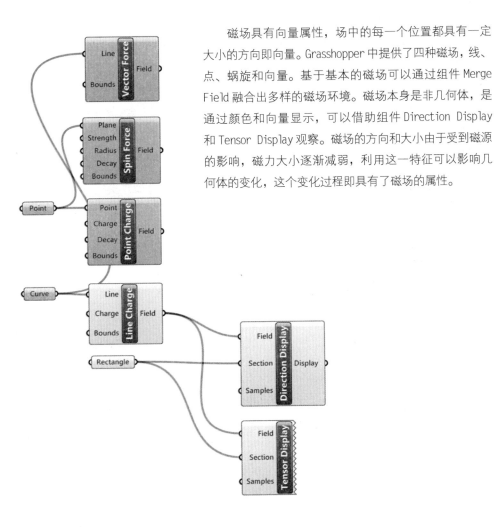

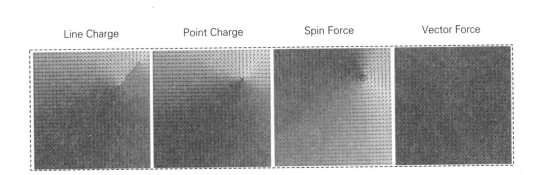

Line Charge　　Point Charge　　Spin Force　　Vector Force

I   A Line Charge   线磁场   输入一条直线建立磁场；

B Point Charge   点磁场   输入一个点建立磁场；

C Spin Force   蜗旋场   输入参考平面、强度、半径、衰减参数建立磁场；

D Vector Force   向量场   根据向量建立磁场；

II   E Break Field   分解场   分解合并的磁场为各个单独的磁场；

F Merge Fields   合并场   合并各个单独的磁场为一个磁场；

III   G Evaluate Field   场属性   在指定点位置获取该点磁场的属性、场张量和强度；

H Field Line   场线段   在指定点位置提取该点磁场的直线；

IV   I Direction Display   场力向   显示场磁力方向；

J Perpendicular Display   场垂直域   显示垂直域正负力向；

K Scalar Display   场标量   显示场标量；

L Tensor Display   场张量   显示场张量。

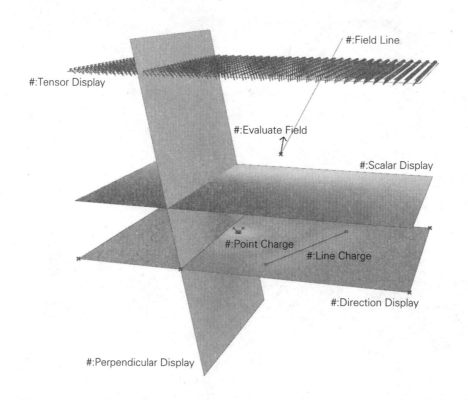

#:Field Line

#:Tensor Display

#:Evaluate Field

#:Scalar Display

#:Point Charge

#:Line Charge

#:Direction Display

#:Perpendicular Display

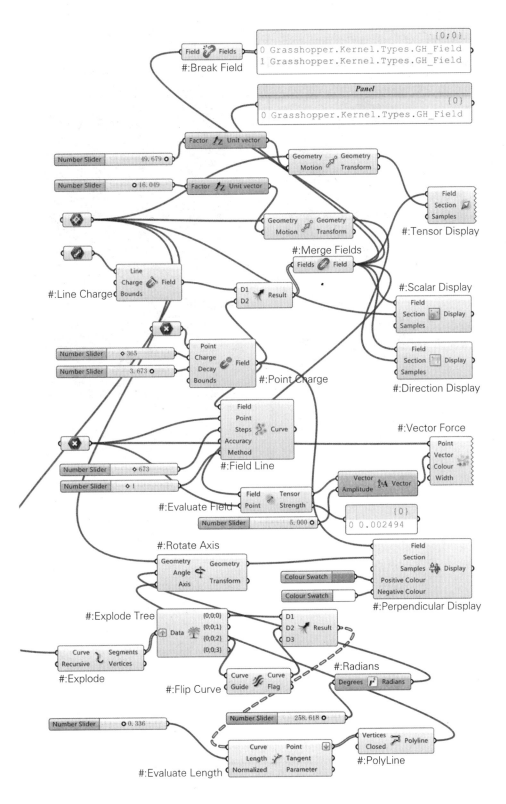

Field 👣 Fields
#:Break Field

{0;0}
0 Grasshopper.Kernel.Types.GH_Field
1 Grasshopper.Kernel.Types.GH_Field

Panel
{0}
0 Grasshopper.Kernel.Types.GH_Field

Factor ⚡z Unit vector

Number Slider   49.679 ◇

Number Slider   ◇ 16.049

Factor ⚡z Unit vector

Geometry   Geometry
Motion   Transform

Geometry   Geometry
Motion   Transform

Field
Section
Samples
#:Tensor Display

#:Merge Fields
Fields ⭕ Field

Line
Charge 🧲 Field
Bounds
#:Line Charge

D1
D2   Result

#:Scalar Display
Field
Section   Display
Samples

Number Slider ◇ 365

Number Slider   3.673 ◇

Point
Charge
Decay 🧲 Field
Bounds
#:Point Charge

Field
Section   Display
Samples
#:Direction Display

Field
Point
Steps 🧲 Curve
Accuracy
Method
#:Field Line

#:Vector Force
Point
Vector
Colour
Width

Number Slider   ◇ 673

Number Slider   ◇ 1

Field   Tensor
Point   Strength
#:Evaluate Field

Vector
Amplitude 🧲 Vector

{0}
0 0.002494

Number Slider   5.000 ◇

#:Rotate Axis
Geometry   Geometry
Angle   Transform
Axis

Colour Swatch

Colour Swatch

Field
Section
Samples 🧲 Display
Positive Colour
Negative Colour
#:Perpendicular Display

#:Explode Tree
📤 Data 🌴
(0;0;0)
(0;0;1)
(0;0;2)
(0;0;3)

D1
D2 🐟 Result
D3

#:Radians

Curve   Segments
Recursive   Vertices
#:Explode

Curve   Curve
Guide   Flag
#:Flip Curve

Degrees 📐 Radians

Number Slider   258.618 ◇

Number Slider   ◇ 0.336

Vertices 🗲 Polyline
Closed
#:PolyLine

Curve   Point
Length   Tangent
Normalized Parameter
#:Evaluate Length

磁场地形

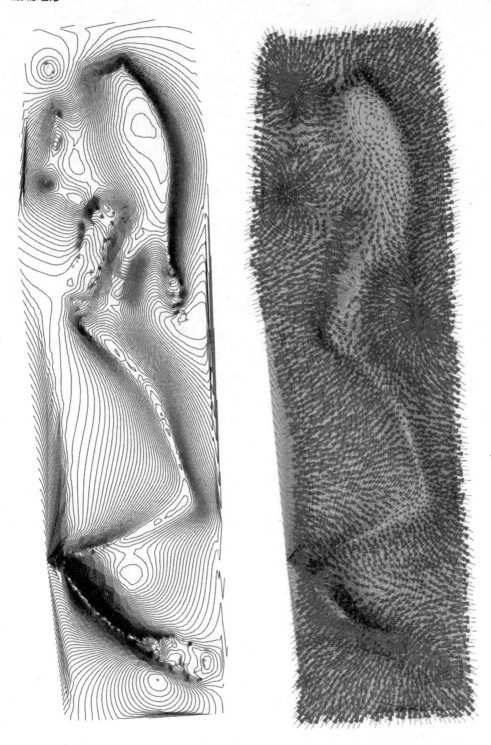

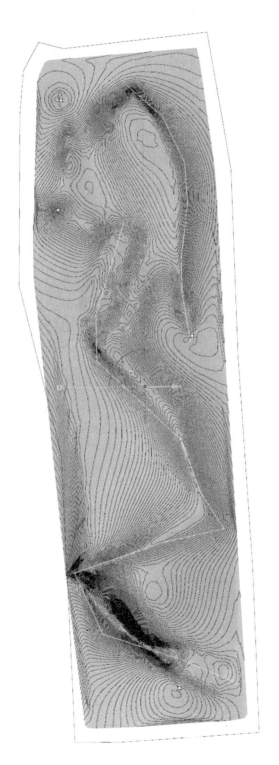

地形设计一直以来是景观规划中重要的内容，传统处理地形设计的一般流程是构思主要的地形围合空间并确定主要山峰和山谷，再勾勒主要的平面等高线，进而使用 AutoCAD 细化。实际上地形设计关键点在于地形空间围合的处理，但是上述流程大部分时间会被花费在等高线绘制上，这对于时间宝贵的设计师来说并不可取。如何通过比较简单易控的方式完成地形设计，将主要精力用于地形本身空间的设计而不是等高线绘制，并能够创造性地获取细节上的设计和意想不到的形式结果？

地形处理基本是基于 Mesh 格网，而 Mesh 格网是基于点，因此对于高程点的调整是地形处理的核心，等高线则是在获取地形表面之后的产物，这本身也更加符合地形设计的逻辑过程。如何控制高程点的变化与地形设计相关，控制地形空间一般可以控制山脊线，山脊线的组合关系一般能够衍化出地形变化的关系。因此 对控制山脊线赋予磁场，使磁场影响区域内高程点的变化。在 Rhinoceros5 中，界面操作增加了控制轴，有利于实时调整控制脊线达到调整地形的目的。

地形+磁场+控制山脊线和控制点

为了能够获得地形细节上的变化，增加点磁场控制，可以通过调整点位置和磁场强度影响高程点的变化。程序本身是将设计师的手工控制和地形自动衍化相结合，在大幅度减少手工绘制等高线繁琐工作的同时，地形衍化本身的细节是不可预测的，也因此能够获取很多意想不到的形式结果，这些结果往往有利于设计师的创作性活动。

　　编程设计的方法可以解决设计研究分析的问题，可以解决复杂形式构建和建造的问题，可以创造性地改变设计过程本身的设计方法问题，也可以简化传统制图的模式，编程设计本身的创作性思维，给设计带来很多有价值的事物。地形设计的方法可以改变，一种介于设计者本身的观照和程序自动衍化之间的博弈使得设计的过程更富于创造性，也能够让设计师将更多的精力集中在关键问题的处理上。地形设计程序本身的编写即为设计的过程，不同的设计者会根据自身的设计方法编写程序或者增减参数调整程序，设计朝着更加智能化的方向发展。

几何构建逻辑（磁场地形）

1.控制区域

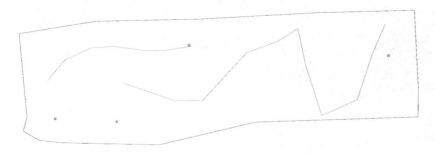

2.控制脊线与控制点

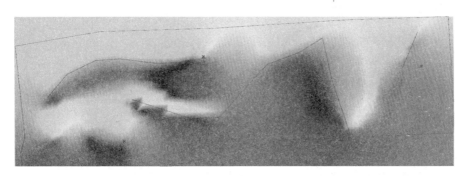

3.建立磁场

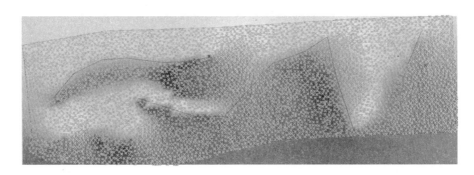

4.高程点（初始高程值为X）

5.根据磁场移动高程点

6.建立地形表面和等高线

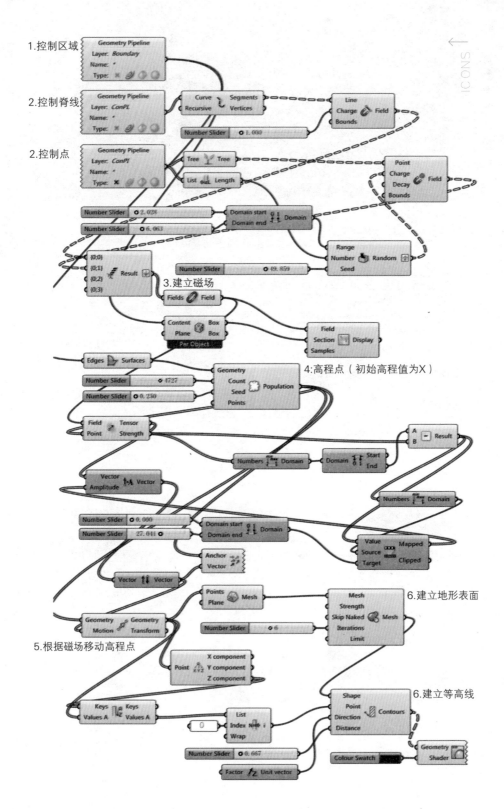

1.控制区域

2.控制脊线

2.控制点

3.建立磁场

4:高程点（初始高程值为X）

5.根据磁场移动高程点

6.建立地形表面

6.建立等高线

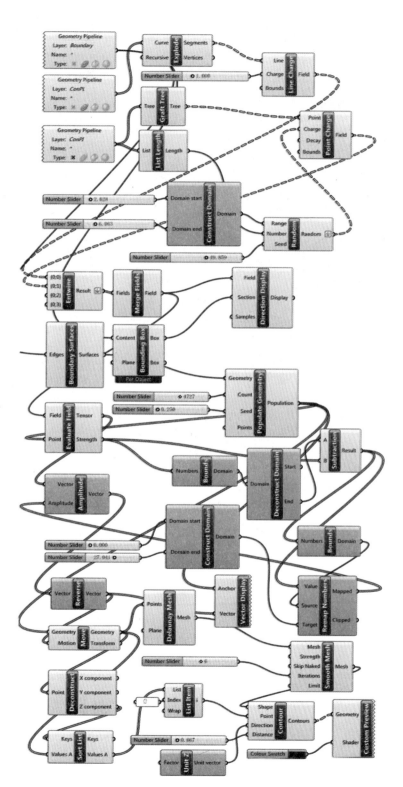

● 程序编写的目的是解决设计过程中的各类设计问题，同时希望程序在参数调整过程中更加灵活和自由。控制区域、控制脊线和控制点在 Rhinoceros 空间中调整起来更方便，因此将其分别放置于不同的层，使用组件 Geometry Pipeline 调入到 Grasshopper 空间，如果希望减少手工控制的程度，可以进一步编写程序参数控制脊线和控制点。

在建立线和点的复合磁场过程中，为了减少磁场控制的参数，设置区间获取随机点作为磁场输入端 Charge 电荷的参数；线磁场电荷强度只给一个参数，通过在 Rhinoceros 空间中调整控制脊线的高度变化来影响磁场的大小和方向。使用磁场影响高程点获得的地形表面结果可能并不顺滑，可使用组件 Smooth Mesh 优化，优化的程度深浅会影响地形高程变化，因此视需要适当调整。

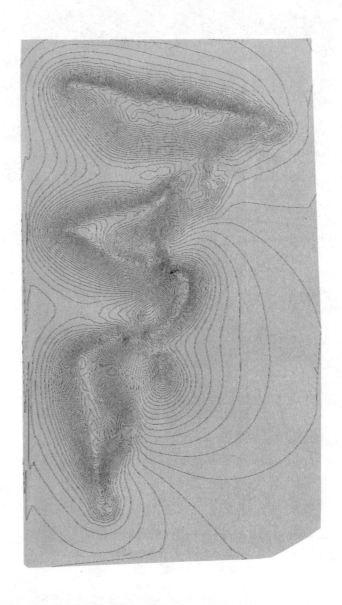

Curve
曲线

6

Curve 组件提供了各种建立曲线的方法、获取曲线属性以及基本的曲线操作，曲线是成面的基础，实际上几何形式的大部分操作也是对曲线的操作。

1 Spline：曲线

Spline：曲线建立的方法

Interpolate 内插曲线、Nurbs Curve 曲线以及 PolyLine 折线是建立曲线最为常用的三个组件。

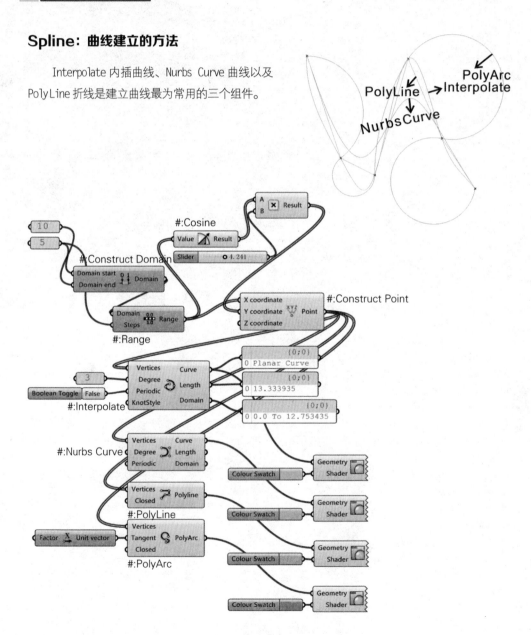

A.Bezier Span 贝塞尔曲线跨：建立一个跨度的贝塞尔曲线，控制开始点和结束点切线方向。

B.Interpolate 内插曲线：通过一组控制点的曲线。

C.Interpolate(t) 内插曲线 (t)：通过一组控制点的曲线，可以控制开始与结束点的切线方向。

D.Kinky Curve Kinky 曲线：通过一系列带有扭折角度区间点的内插曲线。

E.Nurbs Curve Nurbs 曲线：通过一组点建立非均匀有理样条曲线。

F.PolyArc 弧线段：通过一系列点的弧线段。

G.PolyLine 折线：通过一系列点的折线。

H.Tangent Curve 切向曲线：指定各点切线方向并通过各点的内插曲线。

I.Curve On Surface 曲面曲线：通过一组点建立曲面内插曲线。

J.Geodesic 测地线：获得曲面两点间最短距离线。

K.Iso Curve 曲面 UV 线：通过曲面 UV 坐标 (点) 建立曲面 UV 曲线。

L.Sub Curve 子曲线：给定区间提取输入曲线的一部分。

M.Tween Curve 拟合曲线：拟合输入两条曲线之间的一条曲线。

N.Knot Vector 节点向量：建立 Nurbs 的节点向量。

O.NurbsCurve Nurbs 曲线 (W)：用一个带比重控制点和曲线次序以及一个节点向量的集合定义非均匀有理样条曲线。

P.Blend Curve 融合曲线 (Bulge)：指定两个连接点的凸起因子连接两条曲线。

Q.Blend Curve Pt 融合曲线 (Pt)：给定一个点，穿过该点连接两条曲线。

R.Catenary 悬链线：根据输入长度、两个端点和方向建立悬链线。

S.Connect Curves 连接曲线：连接输入的多段曲线。

Nurbs曲线

目前 Nurbs 曲线是工业设计领域模型描述的标准，CATIA、UG、Pro-E、Alias 都支持 Nurbs 模型。对于 Nurbs 曲线的理解有助于模型的构建，Nurbs 曲线全称为 Non uniform rational B-spline，非均匀有理曲线。一般定义 Nurbs 曲线需要四个基本元素：阶 Degree、控制点 Control Points，节点 Knots 和评定规则 Evaluatie Rule。

•阶Degree

在计算机图形领域通常使用 Gn 连续来衡量曲面间的连续方式和平滑程度。Gn 连续可以分为 G0 连续（位置连续）、G1 连续（切线连续）、G2 连续（曲率连续）、G3 连续（曲率变化连续）、G4 连续（曲率变化率连续）或者更高。一般汽车制造领域模型质量上需要达到 G2 或 G3 连续；需要更高精度的航天工业则需要达到 G3 或 G4 甚至更高，对于建筑、景观、规划领域在模型构建时一般按其默认阶数 G3 即可，或者 G2。观察和评价曲线连续性可以使用 Curvature Graph 组件。

•控制点Control Points(CV)

对控制点的调整可以通过控制点的权重 Weight 来调整控制点对曲线牵引力的影响，默认情况下各点权重值均为 1。

•节点向量Knot Vector

节点向量不是真的向量，而是一系列数值，在 Rhinoceros 中有一套代码规则将这一系列数值映射到坐标轴上的点，节点向量的值是后一数值大于或等于前者，而节点值的重复数目必须小于或等于阶数，总共的节点向量数值个数为：阶数 + 控制点数 -1；

•评定规则Evaluate Rule

评定规则是 Rhinoceros 使用的一套通过采集用户输入行为得到一个 Nurbs 对象的计算机代码集合，这个规则集合包含了"阶"、"控制点"、"节点"、"B- 样条曲线公式"、"坐标映射"等各种因素。

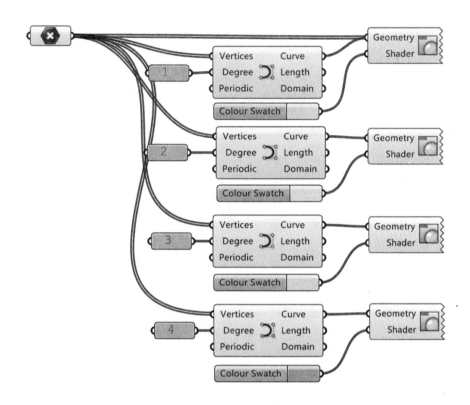

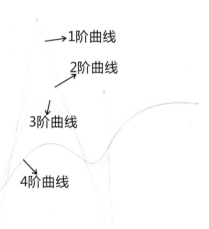

→1阶曲线

2阶曲线

3阶曲线

4阶曲线

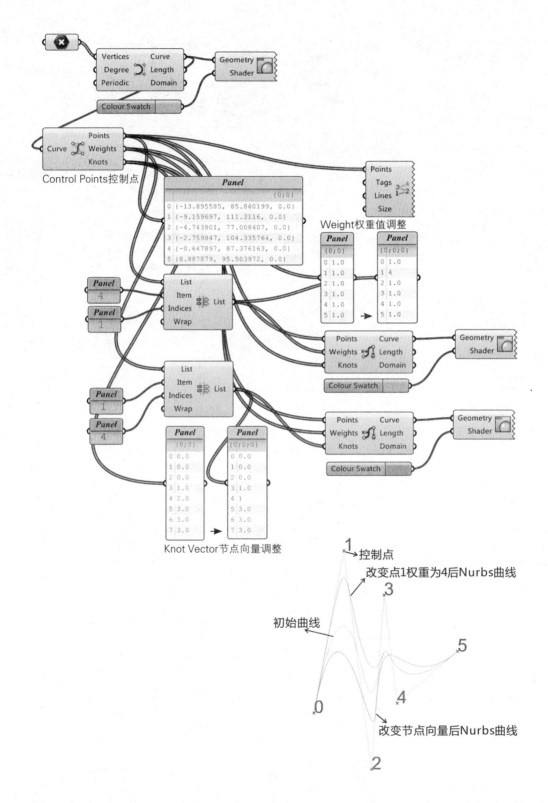

Control Points控制点

Weight权重值调整

Knot Vector节点向量调整

1 →控制点

改变点1权重为4后Nurbs曲线

3

初始曲线

5

4

改变节点向量后Nurbs曲线

0

2

鱼帆

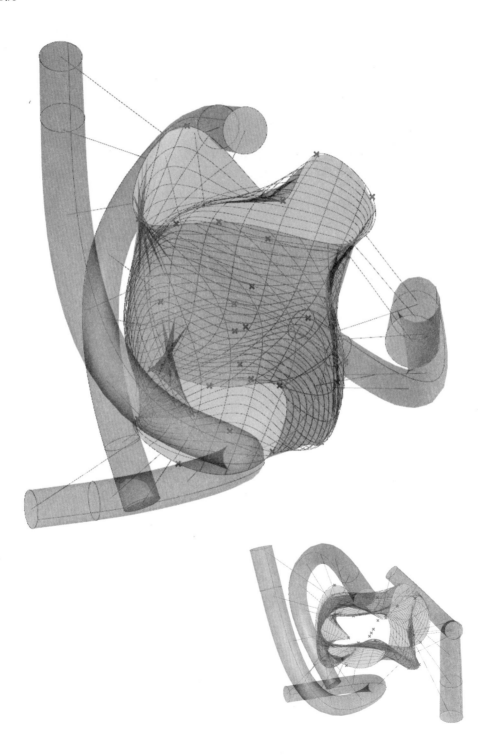

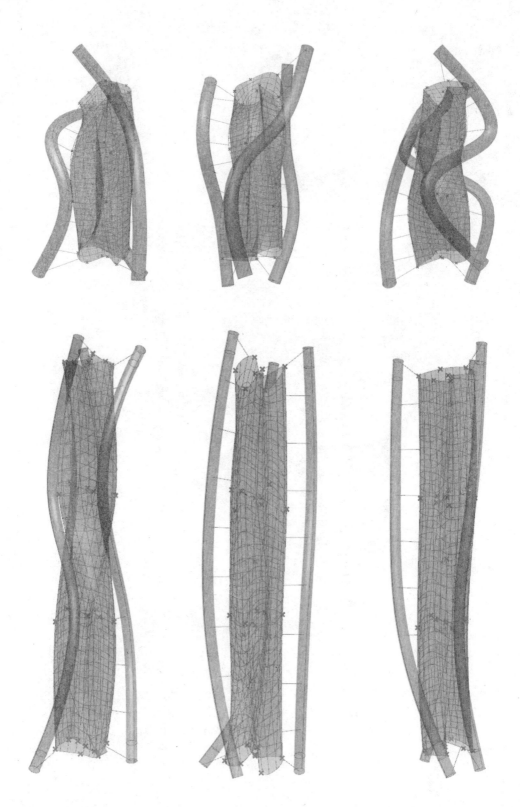

几何构建逻辑（鱼帆）

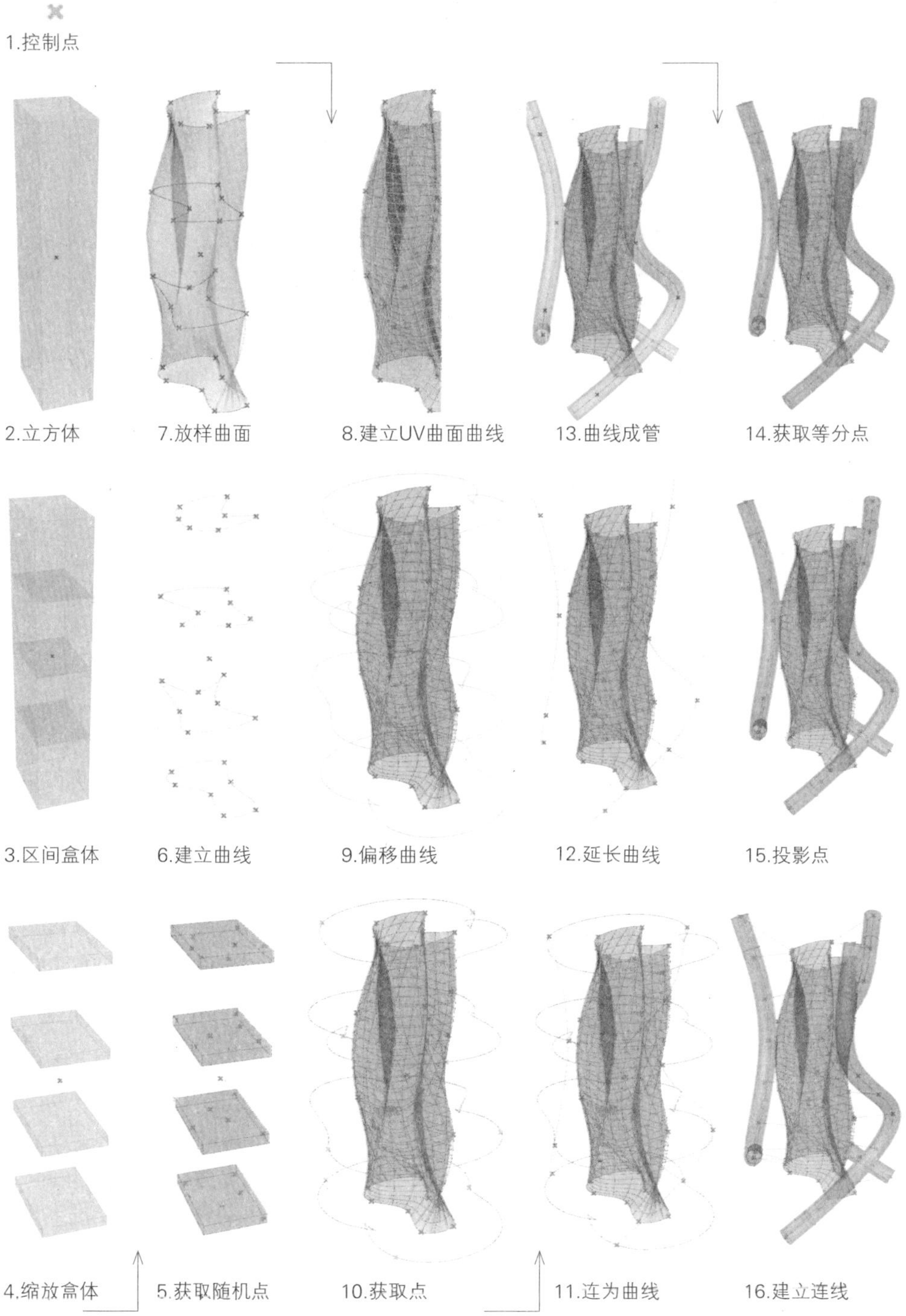

1.控制点

2.立方体　　　7.放样曲面　　　8.建立UV曲面曲线　　　13.曲线成管　　　14.获取等分点

3.区间盒体　　　6.建立曲线　　　9.偏移曲线　　　12.延长曲线　　　15.投影点

4.缩放盒体　　　5.获取随机点　　　10.获取点　　　11.连为曲线　　　16.建立连线

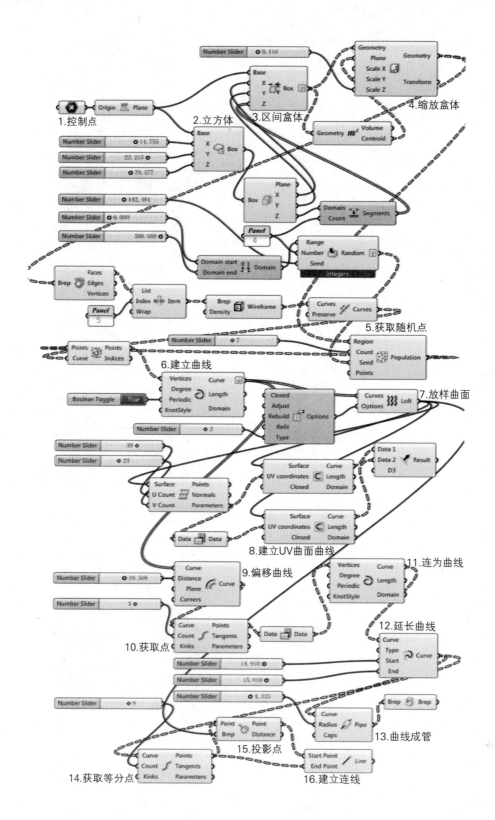

1.控制点
2.立方体
3.区间盒体
4.缩放盒体
5.获取随机点
6.建立曲线
7.放样曲面
8.建立UV曲面曲线
9.偏移曲线
10.获取点
11.连为曲线
12.延长曲线
13.曲线成管
14.获取等分点
15.投影点
16.建立连线

● 在Grasshopper空间中建立曲线的方法与在Rhinoceros空间平台下基本类似，但是Grasshopper是基于程序编写的数据处理，不能够直接建立曲线，需要先获取点数据，实际上Rhinoceros空间曲线的建立也是通过手工拾取点的位置获取，二者之间并没有本质上的区别。

　　实际的设计项目因为需要考虑较多的影响因素并不能将设计的整个过程全部由程序写完，必要的条件仍然需要手工操作完成。本例中因为只是一个单体构筑，受外界条件影响几乎为零，因此仅由一个点作为输入条件，通过建立多个盒体并使用组件Populate 3D获取点，每组点将被置于各自的盒体空间，互不干扰，排序建立曲线放样成曲面。在提取曲面UV曲线时，使用了组件Divide Surface和Curve On Surface。组件Iso Curve同样可以获取曲面的UV曲线，但是可能出现冗余数据，即重复的UV曲线，因此两次使用Curve On Surface组件分别提取U和V方向的曲面曲线。Interpolate内插曲线因为直接穿过所有的控制点，所以可以预测到最后的曲线形式，而Nurbs Curve曲线控制点并不位于曲线上，对于使用哪种曲线需要根据具体的设计形式确定。

NAMES

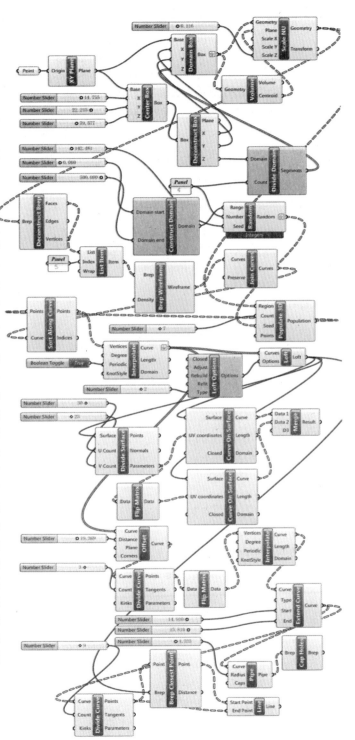

2 Primitive: 基本曲线

I		A	Fit Line	拟合直线		E	Line	两点直线
		B	Line 2Plane	平面线段		F	Line 4Pt	四点直线
		C	Line SDL	向量直线		G	Tangent Lines	圆切线段
		D	Tangent Lines (Ex) 外切直线			H	Tangent Lines (In) 内切直线	
II		A	Circle	平面圆		F	Circle 3Pt	三点圆
		B	Circle CNR	向量圆		G	Circle Fit	拟合圆
		C	Circle TanTan 相切圆（两点）			H	Circle TanTanTan	相切圆（三点）
		D	Ellipse	平面椭圆		I	InCircle	内接圆
		E	InEllipse	内接椭圆				
III		A	Arc	平面弧		D	Arc 3Pt	三点弧
		B	Arc SED	向量弧		E	BiArc	切向弧
		C	Modified Arc	相关弧		F	Tangent Arcs	两圆切弧
IV		A	Polygon	多边形		C	Rectangle	矩形
		B	Rectangle 2Pt	两点矩形		D	Rectangle 3Pt	三点矩形

建立直线段的方法：

I

A. Fit Line 拟合直线：通过一系列点拟合一条直线。

B. Line 2Plane 平面线段：由两个平面截取部分直线。

C. Line SDL 向量直线：沿向量方向定义直线。

D. Tangent Lines(Ex) 外切直线：由两个圆定义的外切线段。

E. Line 两点直线：由输入的两个点定义一条线段。

F. Line 4Pt 四点直线：由两点到直线的垂直投影获得部分线段。

G. Tangent Lines 圆切线段：由输入点到圆的切线。

H. Tangent Lines(In) 内切直线：由两个圆定义的内切直线。

建立圆、椭圆的方法：

II   A. Circle 平面圆：由平面和指定半径定义圆。

B. Circle CNR 向量圆：由圆心、向量和指定半径定义圆。

C. Circle TanTan 相切圆（两点）：两条弧线和圆心定义的相切圆。

D. Ellipse 平面椭圆：由平面和指定长短轴半径定义的椭圆。

E. InEllipse 内接椭圆：三点定义三角形的内接椭圆。

F. Circle 3Pt 三点圆：通过三个点定义的圆。

G. Circle Fit 拟合圆：通过一系列点拟合的圆。

H. Circle TanTanTan 相切圆（三点）：与三条曲线相切的圆。

I. InCircle 内接圆：三点定义三角形的内接圆。

建弧的方法：

III   A. Arc 平面弧：由平面、半径和区间定义的弧。

B. Arc SED 向量弧：由起始点、末点和起始点向量定义的弧。

C. Modified Arc 相关弧：基于已有的弧定义新弧。

D. Arc 3Pt 三点弧：通过三个点定义的弧线。

E. BiArc 切向弧：由起点、终点和各自的切线方向以及权重比例定义的弧。

F. Tangent Arcs 两圆切弧：由两个圆和弧半径定义的弧线段。

建矩形、多边形的方法：

IV   A. Polygon 多边形：由平面、半径、边数和倒角定义的多边形。

B. Rectangle 2Pt 两点矩形：由两个点定义的矩形。

C. Rectangle 矩形：基于平面定义的矩形。

D. Rectangle 3Pt 三点矩形：通过三个点定义的矩形。

变化的圆表皮

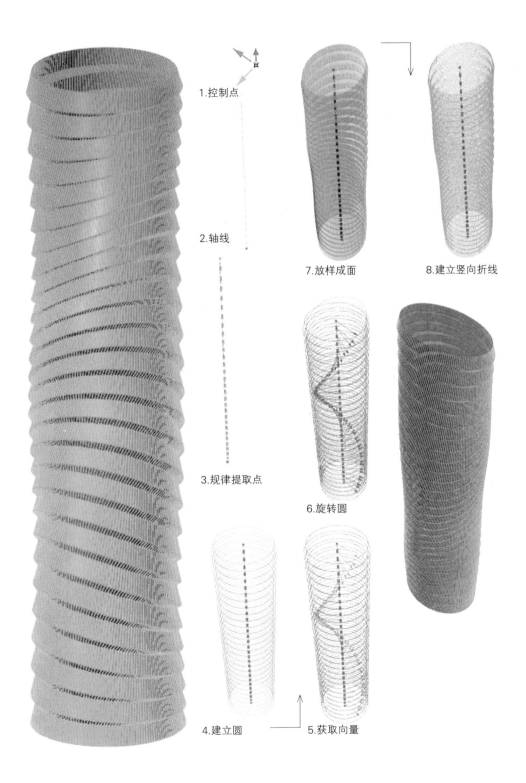

1.控制点

2.轴线

3.规律提取点

4.建立圆

5.获取向量

6.旋转圆

7.放样成面

8.建立竖向折线

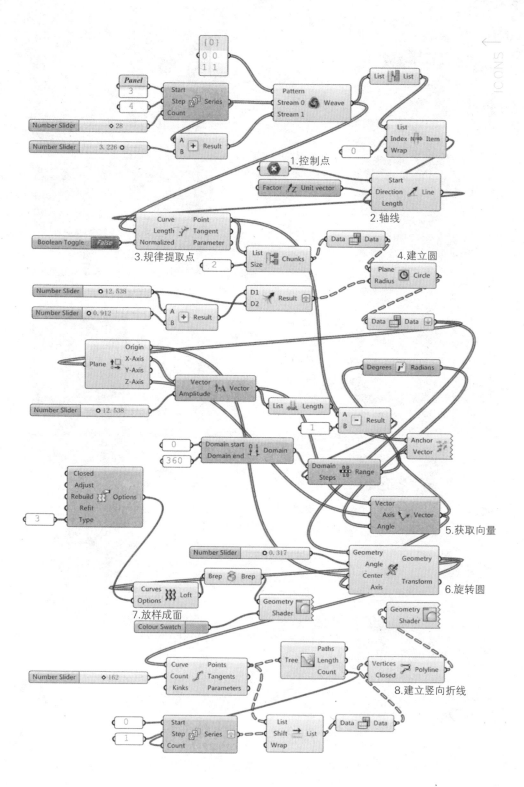

{0}
0 0
1 1

Panel
3
4

Start
Step   Series
Count

Number Slider   ◇ 28

Number Slider   3.226 ○

A
B   Result

Pattern
Stream 0   Weave
Stream 1

List   List

List
Index   Item
Wrap

0

1.控制点

Factor   Unit vector

Start
Direction   Line
Length

2.轴线

Curve   Point
Length   Tangent
Normalized   Parameter

Boolean Toggle   False

3.规律提取点

2

List
Size   Chunks

Data   Data

4.建立圆

Plane
Radius   Circle

Number Slider   ○ 12.538

Number Slider   ○ 0.912

A
B   Result

D1
D2   Result

Data   Data

Plane
Origin
X-Axis
Y-Axis
Z-Axis

Number Slider   ○ 12.538

Vector
Amplitude   Vector

List   Length

Degrees   Radians

A
B   Result

1

Anchor
Vector

0

360

Domain start
Domain end   Domain

Domain
Steps   Range

Vector
Axis   Vector
Angle

5.获取向量

Closed
Adjust
Rebuild   Options
Refit
Type

3

Number Slider   ○ 0.317

Geometry
Angle
Center   Geometry
Axis
Transform

6.旋转圆

Brep   Brep

Curves
Options   Loft

7.放样成面

Colour Swatch

Geometry
Shader

Geometry
Shader

Curve   Points
Count   Tangents
Kinks   Parameters

Paths
Tree   Length
Count

Vertices
Closed   Polyline

8.建立竖向折线

Number Slider   ◇ 162

0

1

Start
Step   Series
Count

List
Shift   List
Wrap

Data   Data

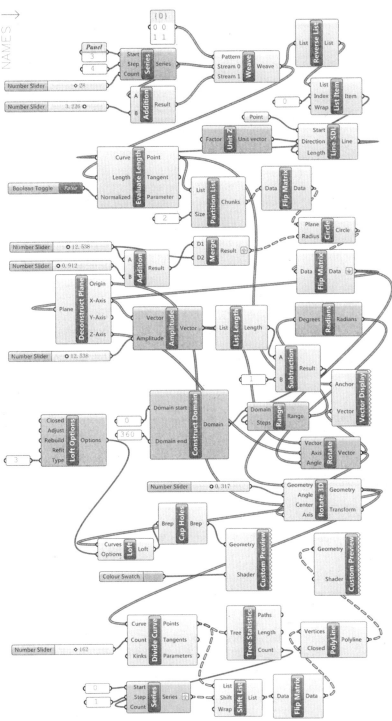

NAMES →

● 有韵律的变化会产生美的感觉，在控制参数条件时，往往调整一个变量而保持其他变量的一致，仍然能够产生丰富的变化。本例中存在两个变化的参数，一个是建立变化的数列，例如3、4、7、8、11、12······的变化规律，以此提取轴线上的点并建立圆；另外一个是建立变化的向量，由平面圆提取各自参考平面X轴向向量，并从0到360度逐渐旋转，以此作为平面圆旋转的轴旋转各个圆。

3 Division: 曲线分段方法

曲线分段可以获得等分点，而该点的向量属性以及所获得的参考平面则是用于几何构建的重要信息。

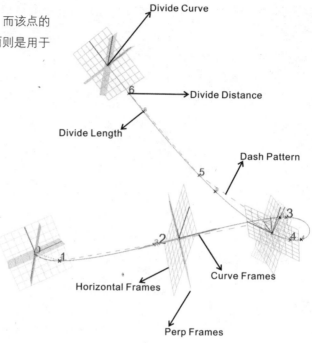

Divide Curve
Divide Distance
Divide Length
Dash Pattern
Curve Frames
Horizontal Frames
Perp Frames

 获得单个 Curve Frame
参考平面 曲线标架
 Horizontal Frame
水平标架
Perp Frame
垂直标架

DIVISION

	A Contour	等值线	由已有曲线，根据向量与距离划分等值线；
	B Contour (ex) 等值线(ex)		由已有曲线，根据参考平面，包括输入端 Offsets 从基本参考平面计算距离和 Distances 计算等值线之间距离两种划分等值线；
	C Dash Pattern	虚线	按输入端 Pattern 长度间隔模式获取曲线片段；
	D Divide Curve	等分曲线	按长度等分曲线，输入等分数量；
	E Divide Distance 距离等分		按距离等分曲线；
	F Divide Length 长度等分		按长度等分曲线，输入等分长度；
	G Shatter	分段曲线	根据输入端 Parameters 参数切分曲线；
	H 获得多个 Curve Frames 曲线标架		按长度等分曲线，获得曲线参考平面；
	I 参考平面 Horizontal Frames 水平标架		按长度等分曲线，获得水平向参考平面；
	J Perp Frames 垂直标架		按长度等分曲线，获得垂直向参考平面；

最短路径

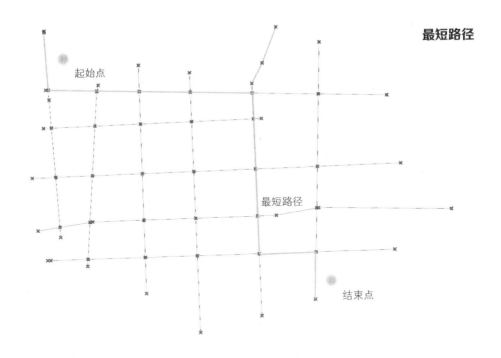

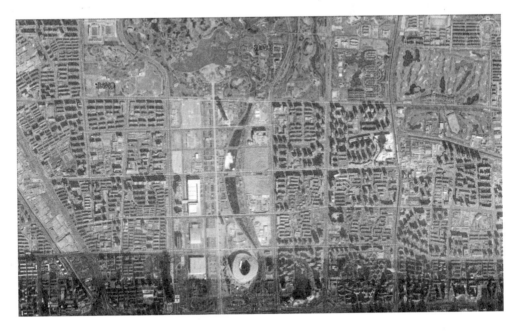

　　在 Google Earth 下使用添加路径工具根据规划设计的目的绘制路径，因为需要绘制多条路径，在绘制路径时建立一个单独的文件夹，将所有的路径放置于该文件夹之下，在其上右键将位置另存为 .kml 格式文件类型。kml 格式文件可以调入到 Grasshopper 中并被读取，因为 kml 是基于 XML 可扩展标记语言，因此需要在 Grasshopper 中使用字符。

使用组件提取点坐标。在将 kml 文件转化为 Grasshopper 点和路径（折线）时，由 Google Earth 存储的路径点坐标为经纬度小数度数，Grasshopper 空间为笛卡尔坐标系统，因此需要将经纬度转化为通用横轴墨卡托投影坐标。

在Google Earth中建立单独的文件夹放置所有的路径

A_ 调入 .kml 格式文件的方法：

```
<?xml version="1.0" encoding="UTF-8"?>
<kml xmlns="http://www.opengis.net/kml/2.2" xmlns:gx="http://www.google.com/kml/ext/2.2"
xmlns:kml="http://www.opengis.net/kml/2.2" xmlns:atom="http://www.w3.org/2005/Atom">
<Document>
        <name>ShortestWalkM.kml</name>
        <StyleMap id="m_ylw-pushpin">
                <Pair>
                        <key>normal</key>
                        <styleUrl>#s_ylw-pushpin</styleUrl>
                </Pair>
                <Pair>
                        <key>highlight</key>
                        <styleUrl>#s_ylw-pushpin_hl</styleUrl>
                </Pair>
        </StyleMap>
        <Style id="s_ylw-pushpin">
                <IconStyle>
                        <scale>1.1</scale>
                        <Icon>
                                <href>http://maps.google.com/mapfiles/kml/pushpin/ylw-
pushpin.png</href>
```

```
                </Icon>
                <hotSpot x="20" y="2" xunits="pixels" yunits="pixels"/>
        </IconStyle>
    </Style>
    <Style id="s_ylw-pushpin_hl">
        <IconStyle>
                <scale>1.3</scale>
                <Icon>
<href>http://maps.google.com/mapfiles/kml/pushpin/ylw-pushpin.png</href>
                </Icon>
                <hotSpot x="20" y="2" xunits="pixels" yunits="pixels"/>
        </IconStyle>
    </Style>
    <Folder>
        <name>ShortestWalk</name>
        <open>1</open>
        <Placemark>
                <name>01</name>
                <styleUrl>#m_ylw-pushpin</styleUrl>
                <LineString>
                        <tessellate>1</tessellate>
                        <coordinates>
                                116.3686995829662,40.00856854867735,0 116.41
02101248963,40.008024165882620
                        </coordinates>
                </LineString>
        </Placemark>
        <Placemark>
                <name>02</name>
                <styleUrl>#m_ylw-pushpin</styleUrl>
                <LineString>
                        <tessellate>1</tessellate>
                        <coordinates>
                                116.368398778464,40.00503297493665,0 116.394
912881 4206,40.00588999057628,0
                        </coordinates>

        ...
```

什么是 KML？

KML 全称：Keyhole Markup Language，是基于 XML(eXtensible Markup Language,可扩展标记语言)语法标准的一种标记语言，采用标记结构，含有嵌套的元素和属性。由 Google(谷歌)旗下的 Keyhole 公司发展并维护，用来表达地理标记。根据 KML 语言编写的文件则为 KML 文件，格式同样采用的 XML 文件格式，应用于 Google 地球相关软件中(Google Earth，Google Map，Google Maps for mobile 等)，用于显示地理数据(包括点、线、面、多边形,多面体以及模型……)。而现在很多 GIS 相关企业也追随 Google 开始采用此种格式进行地理数据的交换。

如果直接单击 .kml 文件会直接打开 Google Earth 显示其位置而无法查看 .kml 文件具体的格式内容，一般可以右键选择打开方式为记事本，即 .txt 文件方式打开。

使用 .txt 文件打开可以看到内部的代码，但是不能很好地显示换行信息，因此可以将其复制于 Word 文档中以便更好地观察。

.kml 文件格式一般由三部分组成：

1. XML header，出现在每一个 .kml 文件的第一行，显示 XML 文件的版本和采取的编码；

2. KML 命名空间，出现在每一个 KML 文件的第二行；

3. 主体对象，位于标志符 <Document> 与 </Document> 之间。在主体对象中记录了关于地标文件的所有信息，位于 之间的名称， 之间的经度， 之间的纬度， 之间的海拔，以及加载到 ArcMap 中需要的基本数据 之间的坐标，该坐标系采用目前国际上统一采用的大地坐标系 WGS1984。

```
                                    Panel
                                                                    (0;0)
0  <?xml version="1.0" encoding="UTF-8"?>
1  <kml xmlns="http://www.opengis.net/kml/2.2" xmlns:gx="http://www.google.com/kml/ext/2.2"
   xmlns:kml="http://www.opengis.net/kml/2.2" xmlns:atom="http://www.w3.org/2005/Atom">
2  <Document>
3  <name>ShortestWalkN.kml</name>
4  <Style id="s_ylw-pushpin_hl">
5  <IconStyle>
6  <scale>1.3</scale>
7  <Icon>
8  <href>http://maps.google.com/mapfiles/kml/pushpin/ylw-pushpin.png</href>
9  </Icon>
10 <hotSpot x="20" y="2" xunits="pixels" yunits="pixels"/>
11 </IconStyle>
12 </Style>
13 <Style id="s_ylw-pushpin">
14 <IconStyle>
15 <scale>1.1</scale>
16 <Icon>
17 <href>http://maps.google.com/mapfiles/kml/pushpin/ylw-pushpin.png</href>
18 </Icon>
19 <hotSpot x="20" y="2" xunits="pixels" yunits="pixels"/>
20 </IconStyle>
21 </Style>
22 <StyleMap id="m_ylw-pushpin">
23 <Pair>
24 <key>normal</key>
25 <styleUrl>#s_ylw-pushpin</styleUrl>
26 </Pair>
27 <Pair>
28 <key>highlight</key>
29 <styleUrl>#s_ylw-pushpin_hl</styleUrl>
30 </Pair>
31 </StyleMap>
32 <Folder>
33 <name>ShortestWalk</name>
34 <open>1</open>
35 <Placemark>
36 <name>01</name>
37 <styleUrl>#m_ylw-pushpin</styleUrl>
38 <LineString>
39 <tessellate>1</tessellate>
40 <coordinates>
41 116.3686995829662,40.00856854867735,0 116.4102101248963,40.00802416588262,0
42 </coordinates>
43 </LineString>
44 </Placemark>
45 <Placemark>
46 <name>02</name>
47 <styleUrl>#m_ylw-pushpin</styleUrl>
48 <LineString>
49 <tessellate>1</tessellate>
50 <coordinates>
51 116.368398778464,40.00503297493665,0 116.3949128814206,40.00588999057628,0
52 </coordinates>
53 </LineString>
54 </Placemark>
```

Grasshopper中读取.kml格式文件

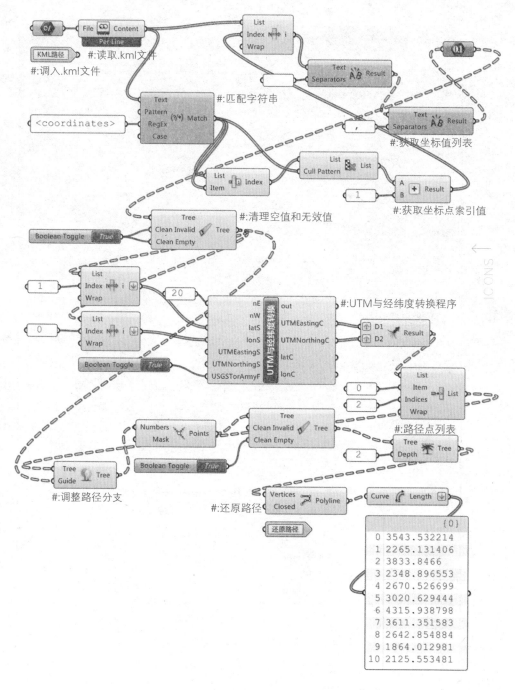

使用 Match Text 组件根据 <coordinates></coordinates> 标志符提取经纬度坐标，使用 Text Split 将经纬度坐标字符串转换为包含坐标列表的树型数据，并通过 Number 组件转化为浮点数，使用 Clean Tree 移除空值和无效值。其中关键是如何将经纬度转换为横轴墨卡托投影坐标系统，使用 Python 语言编写该部分。

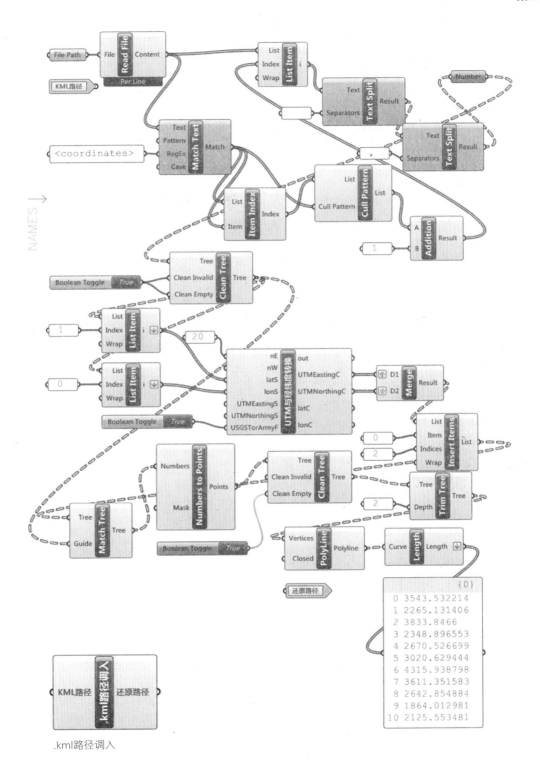

NAMES

File Path

KML路径

<coordinates>

.kml路径调入

{0}
0 3543.532214
1 2265.131406
2 3833.8466
3 2348.896553
4 2670.526699
5 3020.629444
6 4315.938798
7 3611.351583
8 2642.854884
9 1864.012981
10 2125.553481

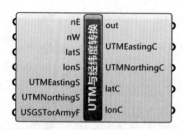

UTM与经纬度转换

UTM与经纬度转换Python程序

转换 UTM 与经纬度坐标的方法使用作者 Ace Strong 编写的基本 Python 程序，修正部分参数满足 Grasshopper 组件下 Python 组件的数据输入与输出，并能够批量处理 UTM 与经纬度转换，对于 Python 编程设计的方法可以参考"面向设计师的编程设计知识系统"中《学习 Python——做个有编程能力的设计师》部分。

```python
#! /usr/bin/env python
#coding=utf-8
import math
import sys
# 常量定义
a_84 = 6378137
b_84 = 6356752.3142451
f_84 = (a_84 - b_84)/a_84
if nE:
    lonOrigin=6*float(nE)-3
if nW:
    lonOrigin=360-(6*float(nE)-3)
# for convenient only
sin = math.sin
cos = math.cos
tan = math.tan
sqrt = math.sqrt
radians = math.radians
degrees = math.degrees
pi = math.pi
def LL2UTM_USGS(a, f, lat, lon, lonOrigin, FN):
    "
    ** Input: (a, f, lat, lon, lonOrigin, FN)
    ** a 椭球体长半轴
    ** f 椭球体扁率 f=(a-b)/a 其中 b 代表椭球体的短半轴
    ** lat 经过 UTM 投影之前的纬度（角度）
```

```
** lon 经过 UTM 投影之前的经度（角度）
** lonOrigin 中央经度线（角度）
** FN 纬度起始点，北半球为 0，南半球为 10000000.0m
------------------------------------------------
** Output:(UTMNorthing, UTMEasting)
** UTMNorthing 经过 UTM 投影后的纬度方向的坐标
** UTMEasting 经过 UTM 投影后的经度方向的坐标
------------------------------------------------
** 功能描述：经纬度坐标投影为 UTM 坐标，采用美国地理测量部 (USGS) 提供的公式
** 本程序实现的公式请参考
** "Coordinate Conversions and Transformations including Formulas" p35.
** & http://www.uwgb.edu/dutchs/UsefulData/UTMFormulas.htm
"
# e 表示 WGS1984 第一偏心率 ,eSquare 表示 e 的平方
eSquare = 2*f − f*f
k0 = 0.9996
# 确保 longtitude 位于 −180.00−−−−179.9 之间
lonTemp = (lon+180)−int((lon+180)/360)*360−180
latRad = radians(lat)
lonRad = radians(lonTemp)
lonOriginRad = radians(lonOrigin)
e2Square = (eSquare)/(1−eSquare)
V = a/sqrt(1−eSquare*sin(latRad)**2)
T = tan(latRad)**2
C = e2Square*cos(latRad)**2
A = cos(latRad)*(lonRad−lonOriginRad)
M = a*((1−eSquare/4−3*eSquare**2/64−5*eSquare**3/256)*latRad
−(3*eSquare/8+3*eSquare**2/32+45*eSquare**3/1024)*sin(2*latRad)
+(15*eSquare**2/256+45*eSquare**3/1024)*sin(4*latRad)
−(35*eSquare**3/3072)*sin(6*latRad))
# x
UTMEasting = k0*V*(A+(1−T+C)*A**3/6
+ (5−18*T+T**2+72*C−58*e2Square)*A**5/120)+ 500000.0
# y
UTMNorthing = k0*(M+V*tan(latRad)*(A**2/2+(5−T+9*C+4*C**2)*A**4/24
+(61−58*T+T**2+600*C−330*e2Square)*A**6/720))
# 南半球纬度起点为 10000000.0m
UTMNorthing += FN
return (UTMEasting, UTMNorthing)
def LL2UTM_Army(a, b, lat_ll, lon_ll, FN):
```

```
"""
** Input：(a, b, lat, lon, FN)
** a 椭球体长半轴
** b 椭球体短半轴
** lat_ll 经过 UTM 投影之前的纬度（角度为单位）
** lon_ll 经过 UTM 投影之前的经度（角度为单位）
** FN 纬度起始点，北半球为 0，南半球为 10000000.0m
-------------------------------------------------
** Output:(UTMEasting, UTMNorthing)
** UTMNorthing 经过 UTM 投影后的纬度方向的坐标
** UTMEasting 经过 UTM 投影后的经度方向的坐标
-------------------------------------------------
** 功能描述：经纬度坐标投影为 UTM 坐标，采用美国军方提供的公式
** 本程序实现的公式请参考
** http://www.uwgb.edu/dutchs/UsefulData/UTMFormulas.htm
"""
lat = radians(lat_ll)
lon = radians(lon_ll)
lon0_ll = 6*(int(lon_ll/6)+31)-183
k0 = 0.9996
e = sqrt(1-b**2/a**2)
e2 = e**2/(1-e**2)
n = (a-b)/(a+b)
rho = a*(1-e**2)/((1-(e*sin(lat))**2)**(3.0/2))
nu = a/((1-(e*sin(lat))**2)**(1.0/2))
p = (lon_ll-lon0_ll)*3600/10000
sin1 = pi/(180*60*60)
A = a*(1 - n + (5.0/4)*(n**2 - n**3) + (81.0/64)*(n**4 - n**5))
B = (3*a*n/2)*(1 - n + (7.0/8)*(n**2 - n**3) + (55.0/64)*(n**4 - n**5))
C = (15*a*n**2/16)*(1 - n + (3.0/4)*(n**2 - n**3))
D = (35*a*n**3/48)*(1 - n + (11.0/16)*(n**2 - n**3))
E = (315*a*n**4/51)*(1 - n)
S = A*lat - B*sin(2*lat) + C*sin(4*lat) - D*sin(6*lat) + E*sin(8*lat)
# y
K1 = S*k0
K2 = nu*sin(lat)*cos(lat)*sin1**2*k0*(100000000)/2
K3 = (sin1**4*nu*sin(lat)*cos(lat)**3/24)*(5 - tan(lat)**2 + 9*e2*cos(lat)**2 + 4*e2**2*
cos(lat)**4)*k0*(10000000000000000)
UTMNorthing = K1 + K2*p**2 + K3*p**4
# 南半球纬度起点为 10000000.0m
```

```
    UTMNorthing += FN
    # x
    K4 = k0*sin1*nu*cos(lat)*10000
    K5 = (sin1*cos(lat))**3*(nu/6)*(1 - tan(lat)**2 + e2*cos(lat)**2)*k0*1000000000000
    UTMEasting = K4*p + K5*p**3 + 500000
    return (UTMEasting, UTMNorthing)


def UTM2LL_USGS(a, b, x, y, lon0):
    '''
    ** Input: (a, b, x, y, lon0)
    ** a 椭球体长半轴
    ** b 椭球体短半轴
    ** x 经过 UTM 投影后的经度方向的坐标，也就是 UTMEasting
    ** y 经过 UTM 投影后的纬度方向的坐标，也就是 UTMNorthing
    ** lon0 中央经度线
    ----------------------------------------------
    ** Output:(lat, lon)
    ** lat 纬度（角度为单位）
    ** lon 经度（角度为单位）
    ----------------------------------------------
    ** 功能描述：UTM 坐标转换为经纬度坐标
    ** 本程序实现的公式请参考
    ** http://www.uwgb.edu/dutchs/UsefulData/UTMFormulas.htm
    '''
    x = 500000 - x
    k0 = 0.9996
    e = sqrt(1-b**2/a**2)
    # calculate the meridional arc
    M = y/k0
    # calculate footprint latitude
    mu = M/(a*(1 - e**2/4 - 3*e**4/64 - 5*e**6/256))
    e1 = (1 - (1 - e**2)**(1.0/2))/(1 + (1 - e**2)**(1.0/2))
    J1 = (3*e1/2 - 27*e1**3/32)
    J2 = (21*e1**2/16 - 55*e1**4/32)
    J3 = (151*e1**3/96)
    J4 = (1097*e1**4/512)
    fp = mu + J1*sin(2*mu) + J2*sin(4*mu) + J3*sin(6*mu) + J4*sin(8*mu)
    # Calculate Latitude and Longitude
    e2 = e**2/(1-e**2)
```

```
        C1 = e2*cos(fp)**2
        T1 = tan(fp)**2
        R1 = a*(1−e**2)/(1−(e*sin(fp))**2)**(3.0/2)  # This is the same as rho in the forward
conversion formulas above, but calculated for fp instead of lat.
        N1 = a/(1−(e*sin(fp))**2)**(1.0/2)    # This is the same as nu in the forward conversion
formulas above, but calculated for fp instead of lat.
        D = x/(N1*k0)

        Q1 = N1*tan(fp)/R1
        Q2 = (D**2/2)
        Q3 = (5 + 3*T1 + 10*C1 − 4*C1**2 −9*e2)*D**4/24
        Q4 = (61 + 90*T1 + 298*C1 +45*T1**2  − 3*C1**2 −252*e2)*D**6/720
        lat = degrees(fp − Q1*(Q2 − Q3 + Q4))
        Q5 = D
        Q6 = (1 + 2*T1 + C1)*D**3/6
        Q7 = (5 − 2*C1 + 28*T1 − 3*C1**2 + 8*e2 + 24*T1**2)*D**5/120
        lon = lon0 − degrees((Q5 − Q6 + Q7)/cos(fp))
        return (lat, lon)
latC=[]
lonC=[]
UTMEastingC=[]
UTMNorthingC=[]
UA=USGSTorArmyF
if __name__ == '__main__':
    if UA==True:
        if latS and lonS:
            for i in range(len(latS)):
                lati=latS[i]
                loni=lonS[i]
                UTMEasting, UTMNorthing=LL2UTM_USGS(a_84, f_84, lati, loni, lonOrigin, 0)
                UTMEastingC.append(UTMEasting)
                UTMNorthingC.append(UTMNorthing)
        if UTMEastingS and UTMNorthingS:
            for i in range(len(UTMEastingS)):
                UTMEastingi=UTMEastingS[i]
                UTMNorthingi=UTMNorthingS[i]
                lat_convert, lon_convert=UTM2LL_USGS(a_84, b_84, UTMEastingi, UTMNorthingi,
lonOrigin)
                latC.append(lat_convert)
                lonC.append(lon_convert)
```

```
else:
    if latS and lonS:
        for i in range(len(latS)):
            lati=latS[i]
            loni=lonS[i]
            print(lati,loni)
            UTMEasting, UTMNorthing=LL2UTM_Army(a_84, b_84, lati, loni, 0)
            print(UTMEasting, UTMNorthing)
            UTMEastingC.append(UTMEasting)
            UTMNorthingC.append(UTMNorthing)
        for i in range(len(UTMEastingS)):
            UTMEastingi=UTMEastingS[i]
            UTMNorthingi=UTMNorthingS[i]
            lat_convert, lon_convert=UTM2LL_USGS(a_84, b_84, UTMEasting, UTMNorthing,
lonOrigin)
            latC.append(lat_convert)
            lonC.append(lon_convert)
```

B_相交直线打断程序与Shortest Walk组件：

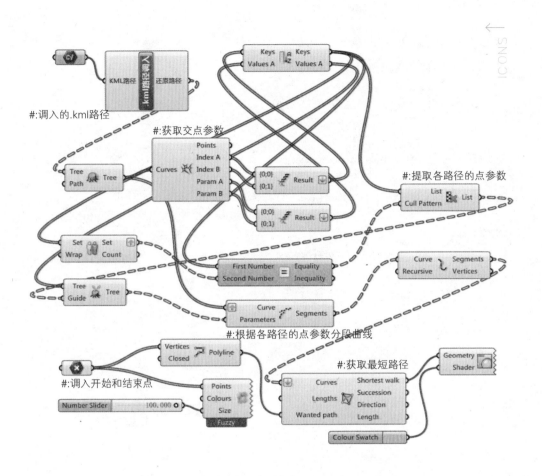

#:调入的.kml路径

#:获取交点参数

#:提取各路径的点参数

#:根据各路径的点参数分段曲线

#:获取最短路径

#:调入开始和结束点

使用封装程序编写整个流程

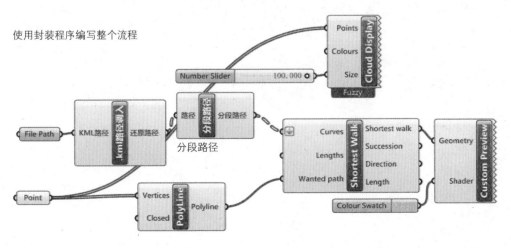

分段路径

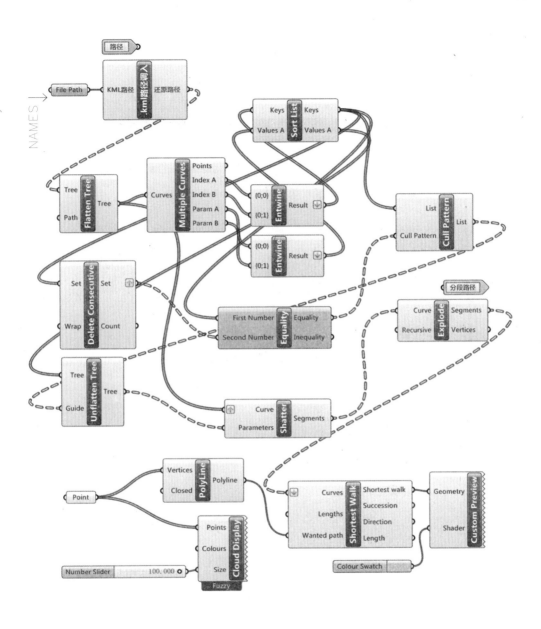

- 分段曲线的关键是找到每条曲线相交点的参数，Multiple Curve 获取相交点的方法同时提供了交点分别在第一条和第二条相交曲线的索引值以及在第一条和第二条根相交曲线的参数值，将索引值和参数值分别进行合并，按照索引值的顺序排序参数值，通过判断索引值提取参数值。Shortest Walk 组件可以在 http://www.food4rhino.com/ 平台 Grasshopper Add-ons 部分获取。

 **Shortest Walk**

官方下载地址：http://www.food4rhino.com/project/shortestwalkgh

4 Analysis: 曲线分析

I							
	A	Control Points	控制点		B	Control Polygon	控制多边形
	C	Deconstruct Arc	分解弧		D	Deconstuct Rectangle	分解矩形
	E	End Points	首尾点		F	Polygon Center	多边形中心

II							
	G	Closed	是否闭合		H	Curvature Graph	曲率图
	I	Curve Closest Point	最近点		J	Curve Nearest Object	最近几何体
	K	Curve Proximity	曲线邻近点		L	Discontinuity	间断点
	M	Extremes	曲线极值点		N	Planar	曲线共面度

III							
	O	Curvature	曲率		P	Curve Frame	曲线标架
	Q	Derivatives	导数		R	Evaluate Curve	曲线点参数
	S	Horizontal Frame	水平标架		T	Perp Frame	垂直标架
	U	Point On Curve	曲线点		V	Torsion	挠率

IV							
	W	Evaluate Length	曲线点参数(L) 曲线区间长度		X	Length	曲线长度
	Y	Length Domain	曲线区段长度		Z	Length Parameter	曲线参数长度
	AA	Segment Lengths					

V						
	AB	点与一个闭合曲线位置关系 Point In Curve		AC	点与多个闭合曲线位置关系 Point in Curves

能够很好地处理曲线几何形式达到设计的目的,需要深入地了解曲线的基本属性,Grasshopper 提供了 30 余个获取曲线属性和相关参数的组件。

A.Control Points 控制点：提取输入曲线的 Nurbs 控制点以及节点向量；

B.Control Polygon 控制多边形：提取输入曲线的 Nurbs 控制多边形和控制点；

C.Deconstruct Arc 分解弧：提取弧的基本参考平面、半径和弧度区间；

D.Deconstruct Rectangle 分解矩形：提取输入矩形的基本参考平面和边的区间值；

E.End Points 首尾点：提取输入曲线的首尾点；

F.Polygon Center 多边形中心：提取输入多边形或折线几何中心点；

G.Closed 是否闭合：判断输入曲线是否闭合或者具有周期性；

H.Curvature Graph 曲率图：绘制输入曲线的曲率图形；

I.Curve Closest Point 最近点：找到输入点到输入曲线上的最近点，并提取该点的参数以及与输入点的距离；

J.Curve Nearest Object 最近几何体：找到输入曲线到多个输入几何对象的最近点和投影点；

K.Curve Proximity 曲线邻近点：找到输入两条曲线之间的最近点并计算距离；

L.Discontinuity 间断点：找到输入曲线的不连续点，即间断点；

M.Extremes 曲线极值点：根据输入参考平面提取输入曲线的最高点和最低点；

N.Planar 曲线共面度：判断输入曲线是否为平面曲线，可获取曲线平面并计算偏差距离；

O.Curvature 曲率：计算输入曲线指定参数位置的曲率；

P.Curve Frame 曲线标架：提取输入曲线指定参数位置的曲率标架；

Q.Derivatives 导数：提取输入曲线指定参数位置的导数（斜率）；

R.Evaluate Curve 曲线点参数：提取输入曲线指定参数位置的点、切向量和角度；

S.Horizontal Frame 水平标架：提取输入曲线指定参考位置水平参考平面，X 轴向与曲线相切；

T.Perp Frame 垂直标架：提取输入曲线指定参考位置垂直向参考平面；

U.Point On Curve 曲线点：滑动 0~1 区间参数数值滑块，提取输入曲线上的一个点；

V.Torsion 挠率：提取输入曲线指定参数位置点和挠率；

W.Evaluate Length 曲线点参数 (L)：提取输入曲线指定参数位置的点、切向量和参数，输入端 Normalized 为 True 时，为 0~1 区间，为 False 时为实际长度区间；

X.Length 曲线长度：计算输入曲线的长度；

Y.Length Domain 曲线区间长度：根据输入的区间计算曲线的长度；

Z.Length Parameter 曲线参数长度：根据指定的参数位置计算参数位置点两侧曲线的长度；

AA.Segment Lengths 曲线区段长度：计算曲线最长和最短区段及其长度，一般适于折线；

AB.Point In Curve 点与一个闭合曲线位置关系：判断输入点是否在闭合曲线之内、之外或之上；

AC.Point in Curves 点与多个闭合曲线位置关系：判断输入点是否在多个闭合曲线之内、之外或之上。

辐射

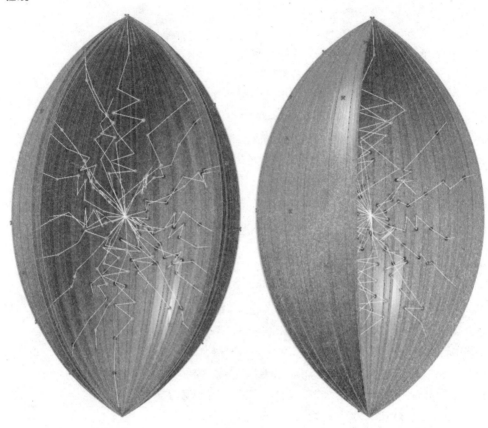

几何构建逻辑（辐射）

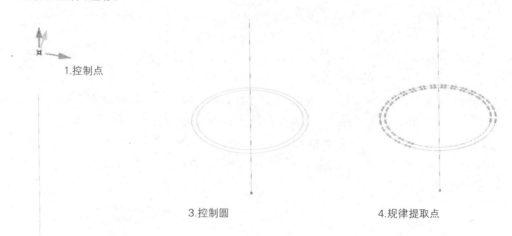

1.控制点

3.控制圆

4.规律提取点

2.控制轴线

5.建立弧线

9.建立直线

10.提取多个点

6.放样成体

8.获取随机点

11.动力学解算(弹簧)

7.放样成面

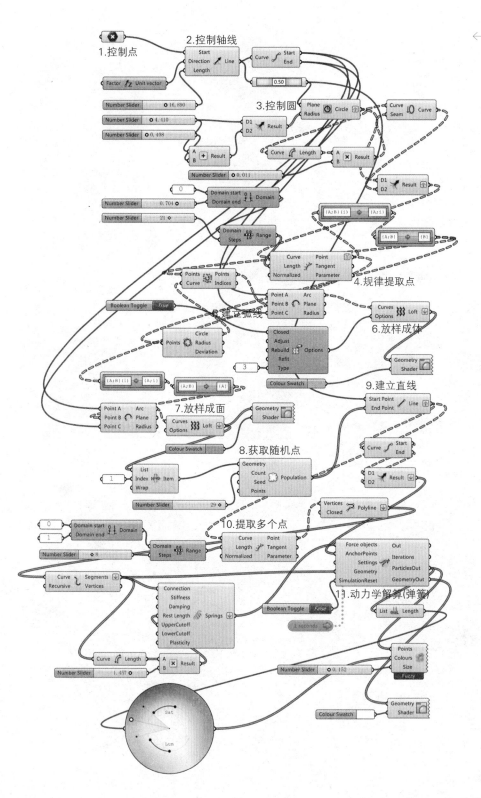

1.控制点

2.控制轴线

3.控制圆

4.规律提取点

5.建立弧线

6.放样成体

7.放样成面

8.获取随机点

9.建立直线

10.提取多个点

11.动力学解算(弹簧)

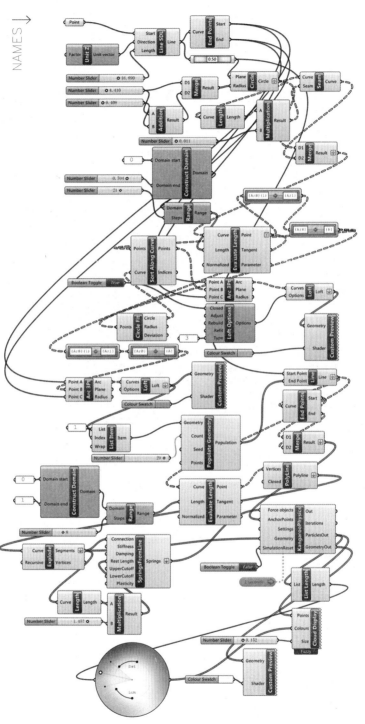

● 大部分对于曲线或者曲面、格网等几何体的操作仍然是以数据处理为核心，曲线本身建立的方法和属性并不复杂，但是一旦涉及数据组织来达到设计几何的目的时，仍然需要深刻理解数据结构的关系。通过Evaluate Length组件提取两组圆实际为4个圆上的点，其中一组圆是使用组件Seam调整了接合点的位置，因此提取的点数据实际上存在4个路径分支，{A；B}路径结构中A和B分别代表接合点位置圆与原始圆和各自属性下等分的点。为了能够使紧邻的4个点放置于一个路径分支之下，使用Path Mapper组织数据结构，首先保持A不变，将各自属性下的数据翻转，然后移除路径B，达到需要数据组织点的目的。

为了能够获取辐射折线多样的变化，使用Kangaroo动力学解算。将直线划分为很多段，施加SpringsFromLine力，设置与调整Rest Length参数，可以获得变化的折线。

5 Util: 曲线工具

I	A Explode 炸开曲线	B Extend Curve 延长曲线
	C Flip Curve 反向曲线	D Join Curves 焊接曲线
	E Shortest Walk 最短路径	
II	F Fillet 位置倒角	G Fillet 倒角
	H Fillet Distance 距离倒角	I Offset 偏移复制
	J Offset Loose 松散偏移	K Offset on Srf 曲面曲线偏移
	L Project 曲线投影	M Pull Curve 投影曲面曲线
	N Seam 接合点	
III	O Curve To Polyline 曲线转折线	P Fit Curve 拟合曲线
	Q Polyline Collapse 折线塌陷	R Rebuild Curve 曲线重建
	S Reduce 折线减点	T Simplify Curve 简化折线
	U Smooth Polyline 平滑折线	

A.Explode 炸开曲线：将输入曲线一般是折线，炸开为各个分段；

B.Extend Curve 延长曲线：在开始和结束端延长曲线，Type 输入端可以选择曲线延长的类型；

C.Flip Curve 反向曲线：默认条件反向曲线的方向，也可以 Guide 输入端提供参考曲线；

D.Join Curves 焊接曲线：将多段曲线连为一条曲线；

E.Shortest Walk：获取最短路径，为 Grasshopper 扩展插件，可自行安装；

F.Fillet 位置倒角：指定折线转角位置索引，根据输入的半径倒角；

G.Fillet 倒角：依据转角处相切圆半径倒角；

H.Fillet Distance 距离倒角：依据到转角的距离倒角；

I.Offset 偏移复制：指定距离偏移复制曲线；

J.Offset Loose 松散偏移：指定距离偏移曲线，宽松型；

K.Offset on Srf 曲面曲线偏移：指定距离，偏移曲面曲线；

L.Project 曲线投影：指定投影方向，将曲线投影到 Brep 对象上；

M.Pull Curve 投影曲面曲线：将曲线投影到曲面上；

N.Seam 接合点：指定输入端 Seam 参数，调整输入曲线的接合点位置；

O.Curve To Polyline 曲线转折线：将曲线根据输入的距离、角度和最大最小边长转化为折线；

P.Fit Curve 拟合曲线：根据容差值拟合曲线；

Q.Polyline Collapse 折线塌陷：指定容差，合并较小区段的折线；

R.Rebuild Curve 曲线重建：指定控制点数量重建曲线；

S.Reduce 折线减点：根据输入的容差值减少折线顶点优化折线；

T.Simplify Curve 简化折线：指定容差值，移除位于同一直线段上的点优化曲线；

U.Smooth Polyline 平滑折线：指定迭代的次数使得折线趋于平滑。

道路建立的方法

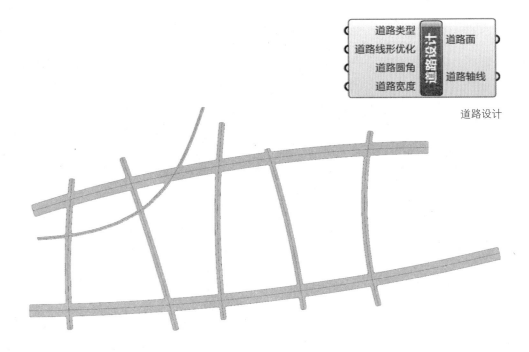

道路设计

　　城市规划、景观规划与设计、建筑设计都会涉及道路的构建，如果按照传统的构建方法逐一绘制，时间会过多消耗在无谓的制图上。将 Grasshopper 作为基本的"二次开发"工具，可以根据设计师设计的意图自由调整道路设计的逻辑构建过程，这个逻辑构建过程也不是唯一的，毕竟设计创造是自由的，不应该局限于已经开发好供设计师使用的程序。设计师应该有能力编写和改变设计过程的方法。

1.按层建立道路轴线并调入Grasshopper空间

6.倒角道路

2.优化道路曲线

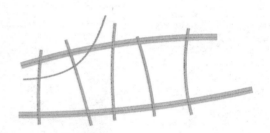

5.建立道路面与融合

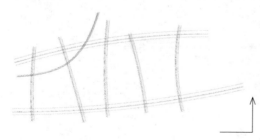

3.构建道路宽度

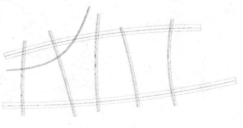

4.封口道路

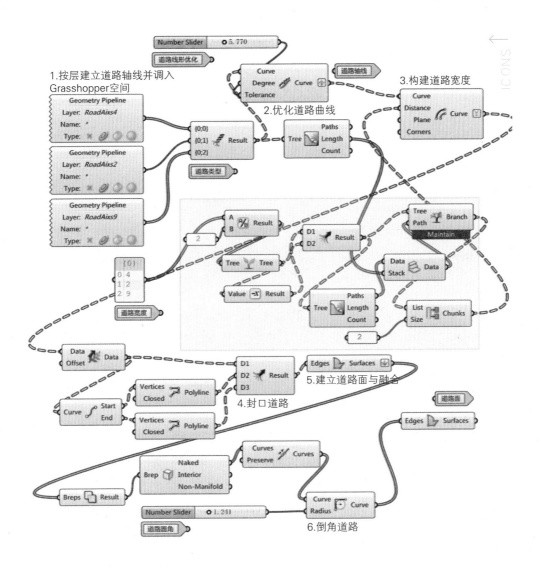

1.按层建立道路轴线并调入
Grasshopper空间

2.优化道路曲线

3.构建道路宽度

4.封口道路

5.建立道路面与融合

6.倒角道路

　　建立不同 Rhinoceros 的层，每一个层存放同一个道路宽度的轴线，组件 Geometry Pipeline 可以按层将轴线调入到 Grasshopper 平台。调入到 Grasshopper 平台的轴线，先进行曲线的优化，优化的程度可以通过数值控制，或者不优化，各层调入的轴线放置于不同的路径分支之下，并偏移复制不同的道路宽度，封住端口成面后，再融合为一个面，提取边线倒圆角再成面。道路中心线是确定道路走向的重要信息，优化后的曲线即道路中心线，可以作为未来封装后的输出项。

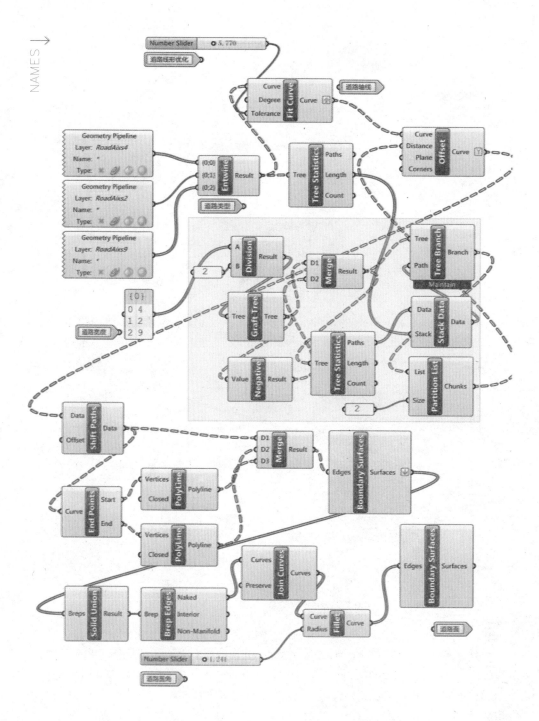

7

Surface
曲面

Surface 组件部分提供了多种曲面建立的方法、属性提取以及基本曲面操作。在 Rhinoceros 中，体的概念不是强调的重点，几何模型构建基本是建立曲面，封闭的曲面自然成为体。基于该种建模思路，需要将重点放在曲面的构建上，将几何实体视为面的组成，面一般是由曲线构建，因此曲面建立的重点仍旧是如何针对曲面所提供的建立方法输入适合的曲线，而在曲面上可以提取点以及线用于相关的几何构建。

1 Freeform: 自由曲面

I	A 4Point Surface 四点曲面		B Surface From Points UV点曲面	
II	C Boundary Surfaces 平面曲面		D Edge Surface 边线曲面	
	E Loft 放样		F Loft Options 放样选项	
	G Network Surface UV曲线曲面		H Ruled Surface 同向双曲线曲面	
	I Sum Surface 异向双曲线曲面			
III	J Extrude 拉伸曲面		K Extrude Along 沿轨道拉伸	
	L Extrude Linear 线性拉伸		M Extrude Point 点拉伸	
IV	N Fragment Patch 折线片面		O Patch 曲线片面	
V	P Pipe 成管		Q Pipe Variable 可变成管	
	R Sweep1 单轨扫描		S Sweep2 双轨扫描	
VI	T Rail Revolution 轨道旋转成面		U Revolution 旋转成面	

A.4Point Surface 四点曲面：由输入的四个点或者三个点确定一个曲面；

B.Surface From Points UV 点曲面：由多个 U、V 方向的点，输入 U 方向的数量确定一个曲面；

C.Boundary Surfaces 平面曲面：由输入的平面闭合折线建立曲面；

D.Edge Surface 边线曲面：由输入的两条、三条或者四条曲线确定一个曲面；

E.Loft 放样：由输入的多条曲线放样为一个曲面，曲线一般需要按顺序排列，同时可以配合使用 Loft Options 放样选项组件；

F.Loft Options 放样选项：配合 Loft 放样组件使用，可以指定是否闭合、调整接合点、重建数、适合容差值和放样类型等参数；

G.Network Surface UV 曲线曲面：由输入的 U 方向和 V 方向的多条曲线确定一个曲面；

H.Ruled Surface 同向双曲线曲面：由输入的两条曲线确定一个曲面，一般两条曲线为同一个方向；

I.Sum Surface 异向双曲线曲面：由输入的两条曲线确定一个曲面，一般两条曲线方向垂直；

J.Extrude 拉伸曲面：沿指定方向拉伸曲线或者曲面建立新曲面；

K.Extrude Along 沿轨道拉伸：将曲线或者曲面以输入的曲线作为轨道拉伸为新曲面；

L.Extrude Linear 线性拉伸：输入曲线或曲面，沿指定直线轴向拉伸为新曲面；

M.Extrude Point 点拉伸：输入曲线或者曲面，向指定的一个点拉伸为新曲面；

N.Fragment Patch 折线片面：根据输入的空间闭合折线建立 Brep 对象；

O.Patch 曲线片面：根据输入的闭合曲线建立曲面，可以指定输入端 Points 控制点、Spans 跨距数、Flexibility 柔性和 Trim 是否裁切等参数影响曲面；

P.Pipe 成管：输入曲线指定半径后成管；

Q.Pipe Variable 可变成管：指定输入曲线多个参数位置的半径曲线成管；

R.Sweep1 单轨扫描：指定一个或者多个曲线截面沿一个指定曲线（轨道）扫描成面；

S.Sweep2 双轨扫描：指定一个或者多个曲线截面沿两个指定曲线（轨道）扫描成面；

T.Rail Revolution 轨道旋转成面：指定旋转轴、轨道曲线和截面曲线，截面沿轨道旋转成面；

U.Revolution 旋转成面：输入截面线按指定轴线旋转成面，可以在输入端 Domain 指定旋转区间。

发芽的树

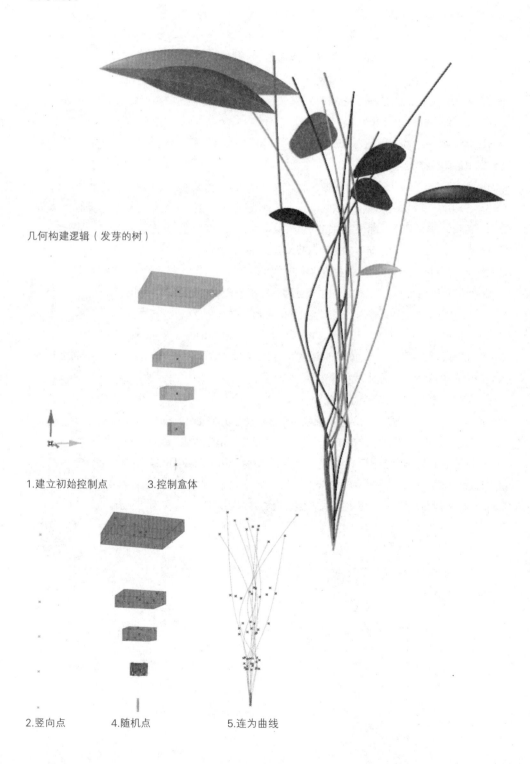

几何构建逻辑（发芽的树）

1.建立初始控制点　　3.控制盒体

2.竖向点　　4.随机点　　5.连为曲线

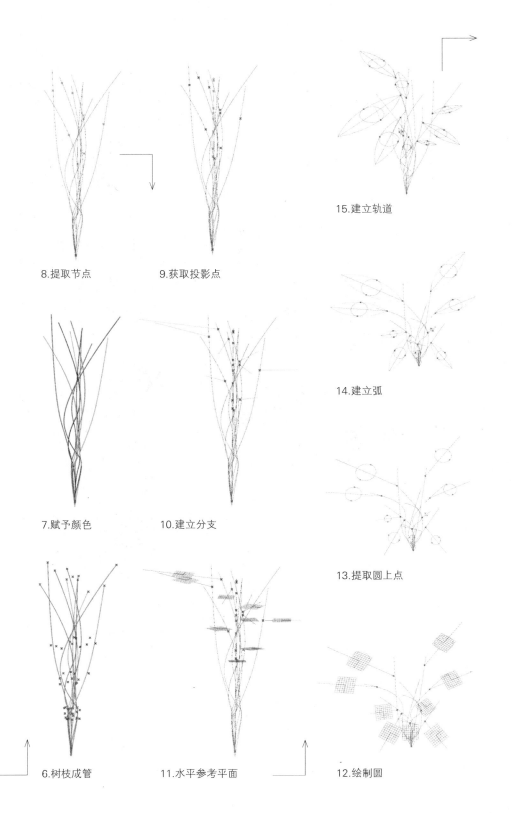

15.建立轨道

8.提取节点　　　　9.获取投影点

14.建立弧

7.赋予颜色　　　　10.建立分支

13.提取圆上点

6.树枝成管　　　11.水平参考平面　　　12.绘制圆

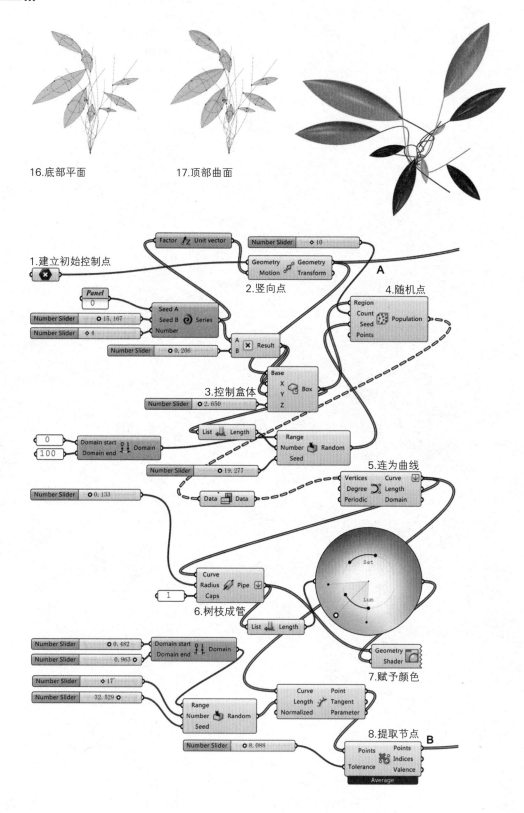

16.底部平面　　　17.顶部曲面

1.建立初始控制点

Factor ⚡Z Unit vector

Number Slider ◇ 10

Geometry　　Geometry
Motion ✏️ Transform

2.竖向点

A

4.随机点

Region
Count
Seed Population
Points

Panel
0

Number Slider ◇ 15. 167

Seed A
Seed B Series
Number

Number Slider ◇ 4

Number Slider ◇ 0. 206

A
B ✖ Result

Base
X
Y 🎲 Box
Z

3.控制盒体

Number Slider ◇ 2. 650

0

Domain start
Domain end Domain

List 📏 Length

Range
Number 🎲 Random
Seed

100

Number Slider ◇ 19. 277

5.连为曲线

Number Slider ◇ 0. 133

Data 📊 Data

Vertices Curve
Degree ⟳ Length
Periodic Domain

Curve
Radius 🖊 Pipe
Caps

1

Sat

Lum

6.树枝成管

List 📏 Length

Geometry
Shader

7.赋予颜色

Number Slider ◇ 0. 482

Domain start
Domain end Domain

Number Slider 0. 963 ◇

Number Slider ◇ 17

Number Slider 32. 529 ◇

Range
Number 🎲 Random
Seed

Curve Point
Length ✏ Tangent
Normalized Parameter

8.提取节点

B

Number Slider ◇ 8. 088

Points Points
🎲 Indices
Tolerance Valence
Average

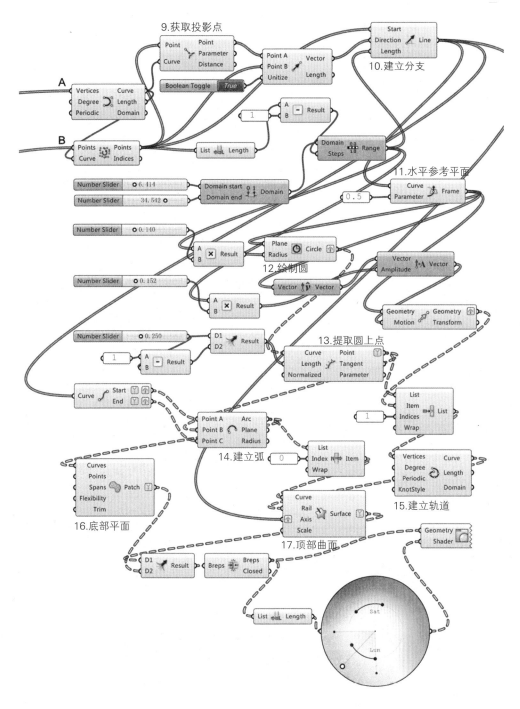

9.获取投影点

10.建立分支

11.水平参考平面

12.绘制圆

13.提取圆上点

14.建立弧

15.建立轨道

16.底部平面

17.顶部曲面

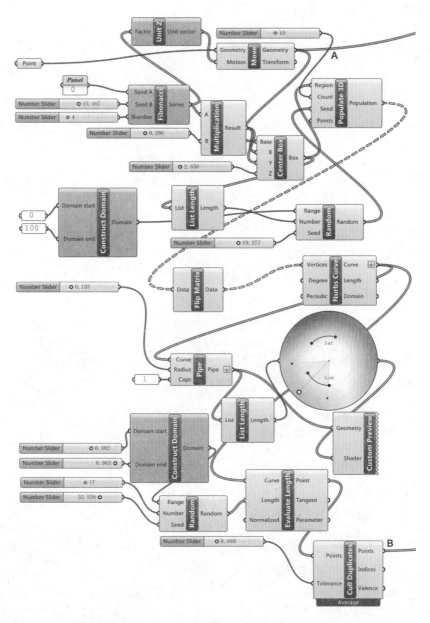

● 每种曲面建立的方法都需要具有指定的输入条件，或为点、或为曲线、或为截面和轨道、或为多个截面等，各种输入条件基本为点和线，在发芽的树案例中，构建树叶的形式时需使用组件 Rail Revolution 轨道旋转成面的旋转轴、轨道曲线和截面曲线。底部平面首先使用 Arc 3Pt 建立两条首尾相连的弧线，再使用 Patch 组件建立平面。整个程序的核心除了建立满足曲面输入条件的参数，主要是建立主根、分支和树叶之间的参数关系，并且满足树枝越高分支越长、树叶体积也越大的条件，其中使用 Fibonacci 建立竖向控制点间距逐渐变大的数据，并使用 Range 建立区间数列，同时将获取的分支点按照竖向排列达到设计参数变化调节的目的。

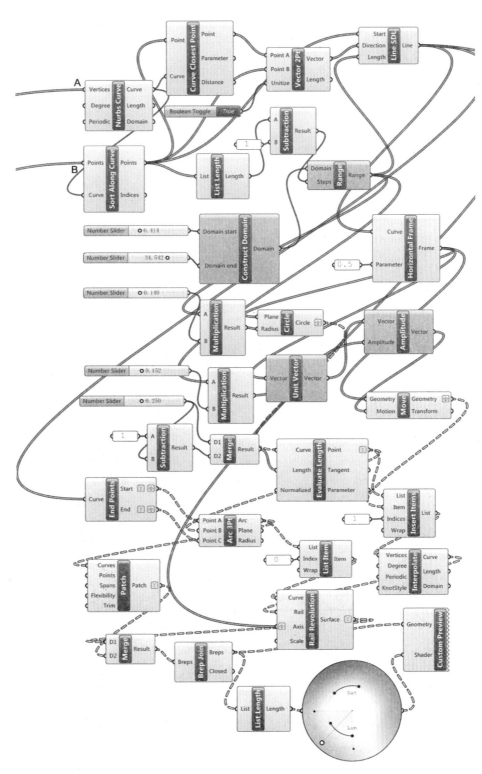

扭转的条带筒

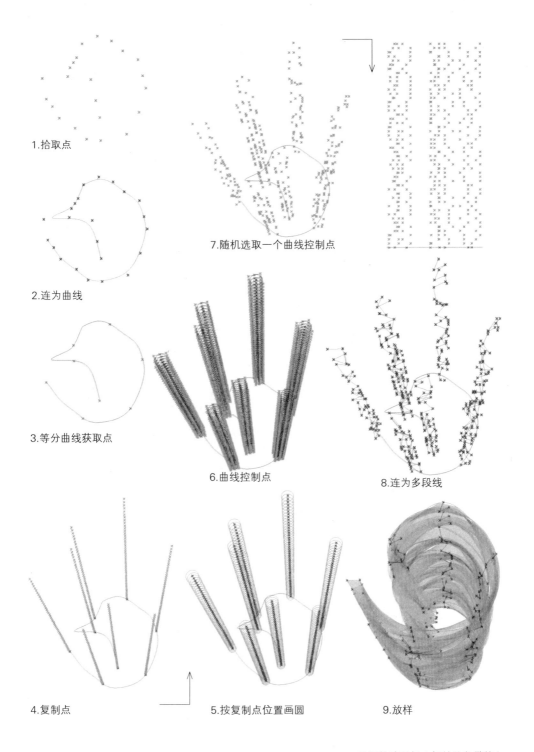

1.拾取点

2.连为曲线

3.等分曲线获取点

4.复制点

7.随机选取一个曲线控制点

6.曲线控制点

5.按复制点位置画圆

8.连为多段线

9.放样

几何构建逻辑（扭转的条带筒）

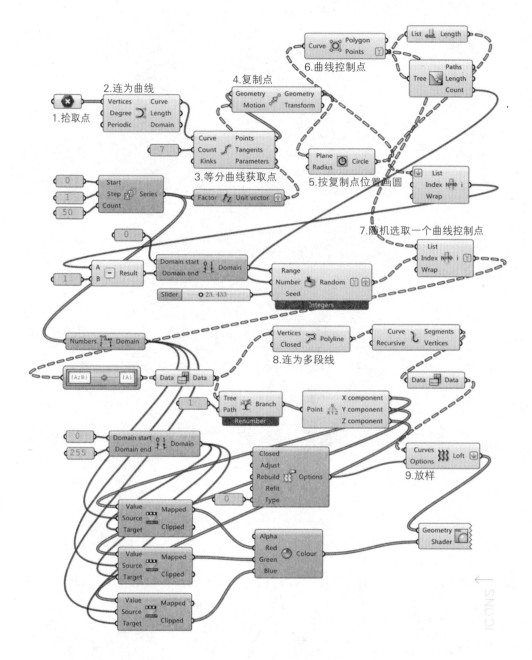

● 基本构思是从每8个控制点中随机提取一个再连线放样。输入条件为手工建立的顺序点，将其连为曲线并等分一定数量，因此手工建立顺序点的目的只是形式的控制。沿垂直方向复制点并建立圆，使用组件 Control Polygon 获取8个控制点，从每8个控制点中随机选取一个，使用 Random 随机组件建立提取的索引值，因为索引值为整数，在组件上右键选择 Integer Numbers 即为随机整数。在放样之前将折线打断，再分别放样，因此具有很多水平向放样的曲面，颜色赋予的参数是 Z 值，随着高度的变化颜色也会跟随变化。

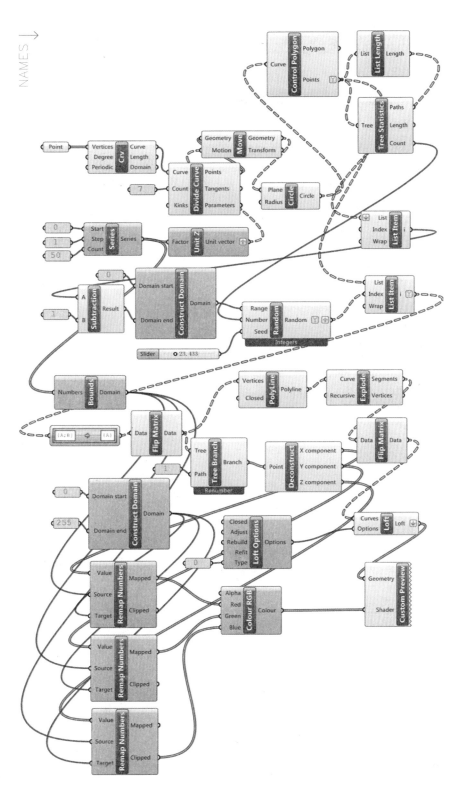

2 Primitive: 基本几何体

I		A Plane Surface	平曲面	输入参考平面和 X、Y 尺寸确定一个平面曲面;
		B Plane Through Shape 过几何体平面	由穿过几何体对象的平面确定一个平面,Inflate 输入端控制平面大小;
II		C Bounding Box	包围盒	建立几何体各自或者统一的包围盒;
		D Box 2Pt	两点盒	通过两个点定义一个立方体;
		E Box Rectangle	矩形盒	由一个矩形和高度定义一个立方体;
		F Center Box	中心点盒	通过平面中心建立盒;
		G Domain Box	区间盒	通过指定 X、Y、Z 区间定义一个立方体;
III		H Cone	圆锥体	通过参考平面、输入半径及高定义圆锥体;
		I Cylinder	圆柱体	通过参考平面、输入半径及高定义圆柱体;
		J Sphere	球体	通过参考平面、输入半径定义球体;
		K Sphere 4Pt	四点球体	通过四个点定义一个球体;
		L Sphere Fit	拟合球体	根据输入的多个点拟合一个球体。

变化的体块

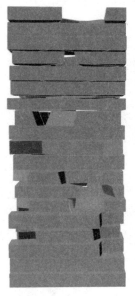
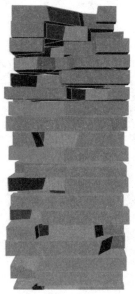
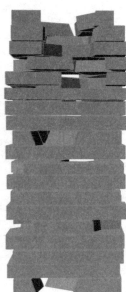

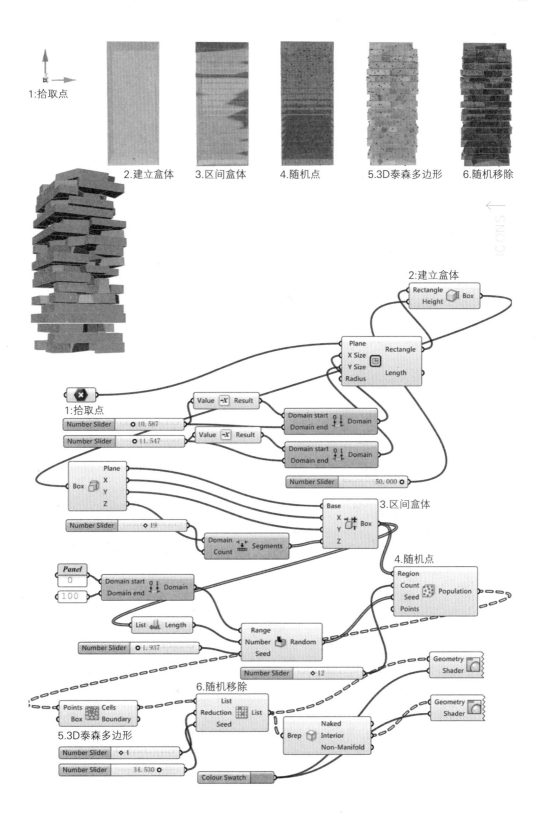

1:拾取点

2.建立盒体　　　3.区间盒体　　　4.随机点　　　5.3D泰森多边形　　　6.随机移除

2:建立盒体

1:拾取点

3.区间盒体

4.随机点

Panel

6.随机移除

5.3D泰森多边形

● 一般编程设计过程中很少直接构建几何体达到设计模型构建的目的，大多数的时候是从点和线开始再建立曲面，由曲面闭合成体。这里借助构建盒体来获得空间随机点，使用组件 Voronoi 3D 建立空间泰森多边形，并随机移除部分达到丰富的空间变化的目的。

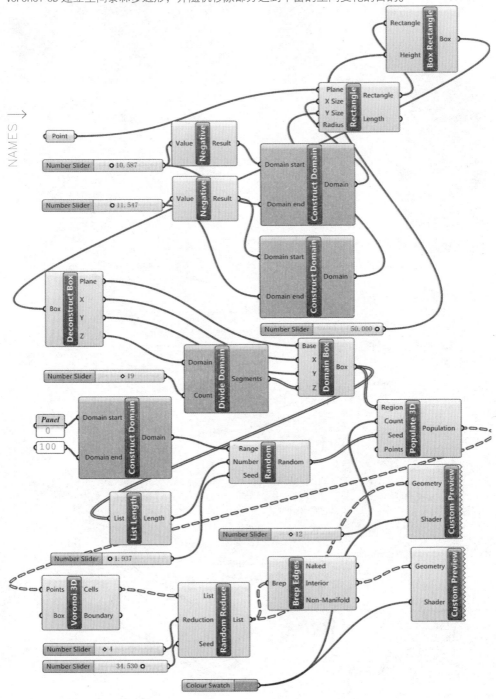

3 Analysis：曲面分析

I	A **Box Corners** 盒体顶点		B **Box Properties** 盒体属性
	C **Deconstruct Box** 盒体解构		D **Evaluate Box** 指定盒体参数属性
II	E **Brep Edges** Brep边线		F **Brep Topology** Brep拓扑
	G **Brep Wireframe** Brep线框		H **Deconstruct Brep** 解构Brep对象
	I **Dimensions** 曲面UV尺寸		J **Is Planar** 是否为平面
	K **Surface Points** 曲面点		
III	L **Area** 面积		M **Area Moments** 面积矩
	N **Volume** 体积		O **Volume Moments** 体积矩
IV	P **Brep Closest Point** Brep最近点		Q **Surface Closest Point** 曲面最近点
V	R **Point In Brep** Brep包含点判断		S **Point In Breps** Brep包含点判断(s)
	T **Point In Trim** 裁切曲面是否包含点		U **Shape In Brep** Brep是否包含图形
VI	V **Evaluate Surface** 指定曲面参数属性		W **Osculating Circles** 密切圆
	X **Principal Curvature** 主要曲率		Y **Surface Curvature** 曲面曲率

A.Box Corners 盒体顶点：提取输入盒体的 8 个顶点；

B.Box Properties 盒体属性：提取盒体的基本属性，包括几何中心点、对角线向量、表面积、体积和简并；

C.Deconstruct Box 盒体解构：将盒体解构为基础参考平面，X、Y、Z 方向的区间；

D.Evaluate Box 指定盒体参数属性：指定提取盒体输入 U、V 和 W 方向参数位置的参考平面、点和点的包含关系；

E.Brep Edges Brep 边线：提取输入 Brep 对象的边线，并细分为 Naked 裸露边线和 Interior 内部边线；

F.Brep Topology Brep 拓扑：计算输入对象各面之间的拓扑关系；

G.Brep Wireframe Brep 线框：提取 Brep 对象线框；

H.Deconstruct Brep 解构 Brep 对象：解构输入的 Brep 对象为面、边和顶点；

I.Dimensions 曲面 UV 尺寸：计算输入曲面 UV 方向的尺寸；

J.Is Planar 是否为平面：判断输入曲面是否为平面；

K.Surface Points 曲面点：提取输入曲面的控制点、权重、Greville 矩阵和 U、V 点数量；

L.Area 面积：计算输入几何对象的面积；

M.Area Moments 面积矩：计算输入几何对象面积矩相关参数；

N.Volume 体积：计算输入几何对象的体积；

O.Volume Moments 体积矩：计算输入几何对象的体积矩相关参数；

P.Brep Closest Point Brep 最近点：求取点到 Brep 对象的最近点；

Q.Surface Closest Point 曲面最近点：求取点到曲面的最近点；

R.Point In Brep Brep 包含点判断：判断点是否被一个 Brep 对象包含；

S.Point In Breps Brep 包含点判断 (s)：判断点是否被多个 Brep 对象包含；

T.Point In Trim 裁切曲面是否包含点：判断输入的 UV 点是否被包含在输入的裁切曲面上；

U.Shape In Brep Brep 是否包含图形：判断输入的 Shape 图形是否被包含在 Brep 对象中；

V.Evaluate Surface 指定曲面参数属性：提取指定曲面点位置的点、垂直向量和标架；

W.Osculating Circles 密切圆：提取指定点位置曲面的密切圆；

X.Principal Curvature 主要曲率：计算指定点位置曲面的最大和最小曲率及方向；

Y.Surface Curvature 曲面曲率：计算指定点位置曲面的高斯曲率和平均曲率。

建筑主体结构的建立流程

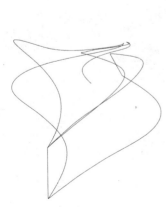

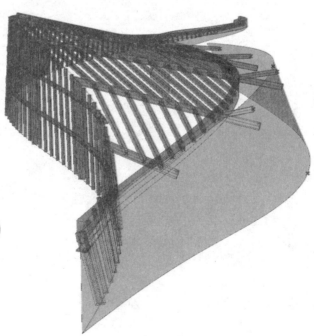

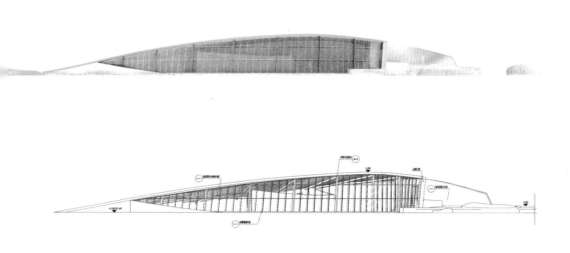

A_绘制基本结构线并调入：

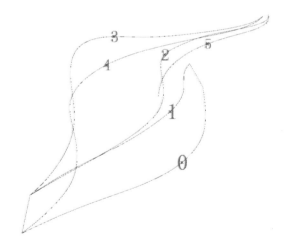

实际设计过程中因为设计条件的复杂性，往往很难将所有设计写为程序，而是在设计过程中不断地渗入编写程序。本例中的建筑需要手工推敲与建立主要的建筑结构线，主要包括 5 条长向的曲线，该曲线形式的确定由设计者手工调整完成。因为需要在此基础上继续建立曲面和柱梁结构，在调入曲线的时候可以单独调入，也可以顺序调入。大部分柱梁体都是先建立截面再指定轨道曲线扫描完成，因此可以封装该组件以备使用。

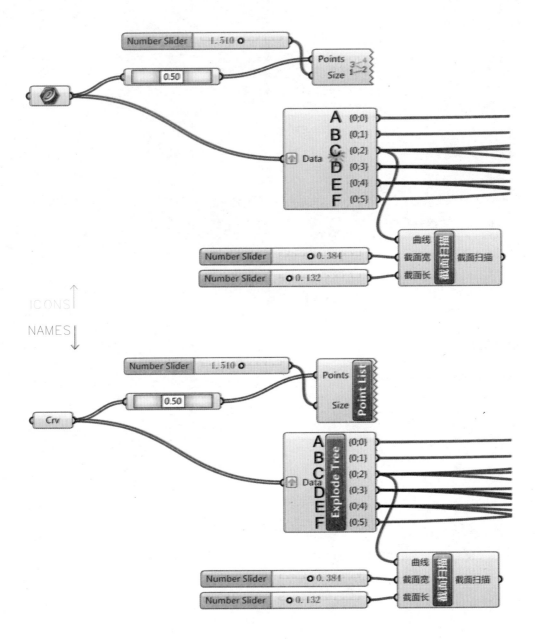

ICONS

NAMES

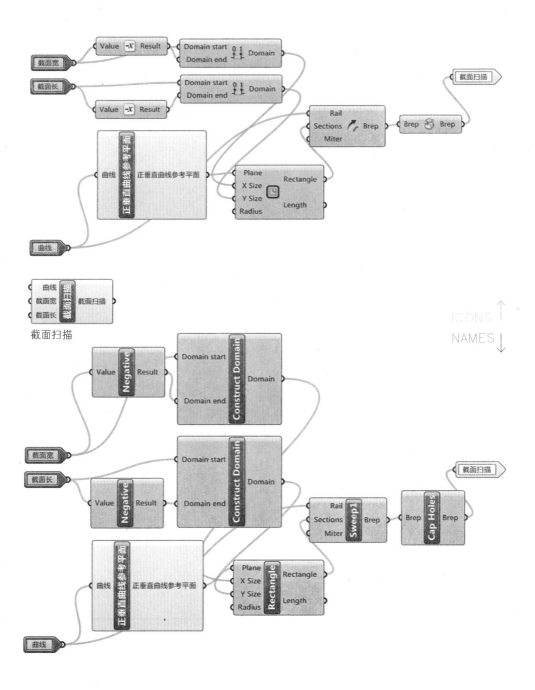

  "截面扫描"封装组件中使用了前文阐述的"正垂直曲线参考平面"封装组件，也可以打开封装直接连接原程序使用。随着设计师在实际项目中编写程序不断地实践，为了节约程序编写的时间和提高程序编写的效率，常用的组件往往需要封装成单独的组件使用。

B_建立墙面A：

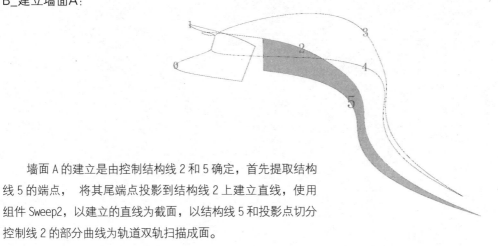

　　墙面 A 的建立是由控制结构线 2 和 5 确定，首先提取结构线 5 的端点， 将其尾端点投影到结构线 2 上建立直线，使用组件 Sweep2，以建立的直线为截面，以结构线 5 和投影点切分控制线 2 的部分曲线为轨道双轨扫描成面。

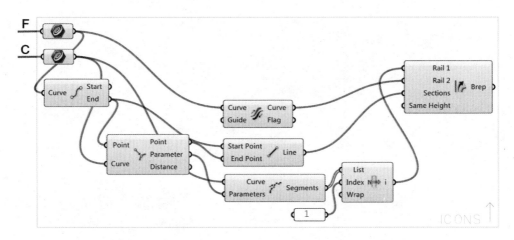

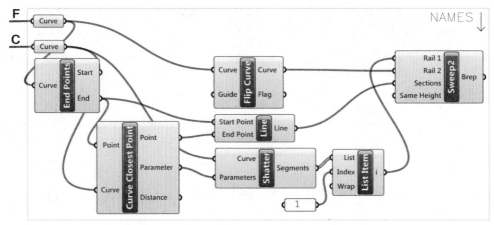

C_建立墙面B与柱梁：

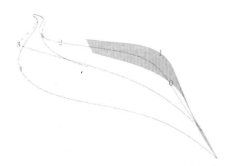

1.建立墙面B

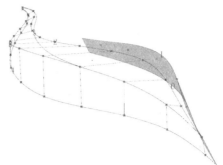

6.获取墙面B投影点

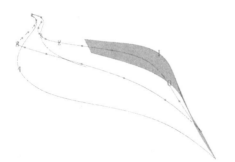

2.等分结构线2和3

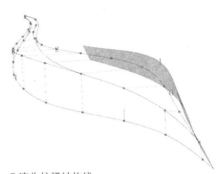

5.连为柱梁结构线

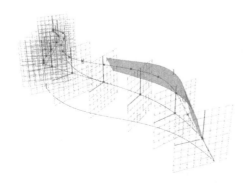

3.建立垂直参考平面

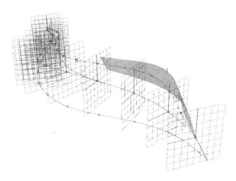

4.提取结构线4(柱点)

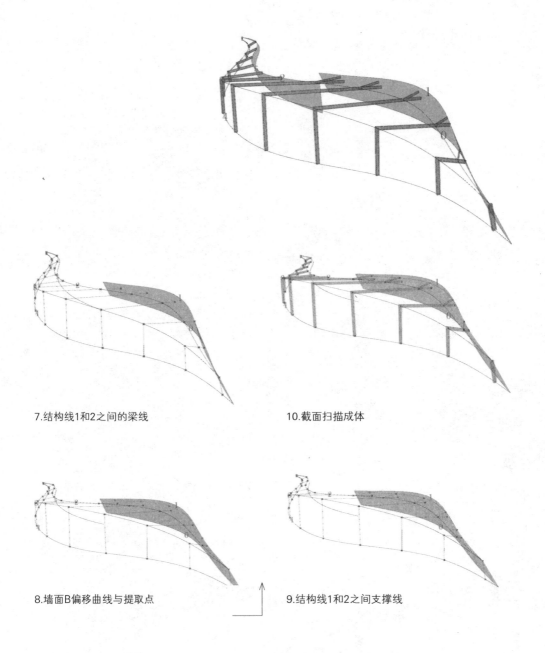

7.结构线1和2之间的梁线

10.截面扫描成体

8.墙面B偏移曲线与提取点

9.结构线1和2之间支撑线

　　一般需要考虑结构的合理性，例如柱体部分最好是位于一个投影面上，因此首先构建过结构线3的垂直参考平面，使用组件 Curve | Plane 截取结构线4上的点，再组织点连为柱梁结构线。

　　位于结构线1和2之间的梁和支撑，首先将端点沿柱梁方向投影到墙面B建立梁部分。将投影点使用 Surface Closest Points 组件获取 UVPoint 参数，用于组件 Curve On Surface 输入参数曲面上偏移曲线，并提取点建立支撑。

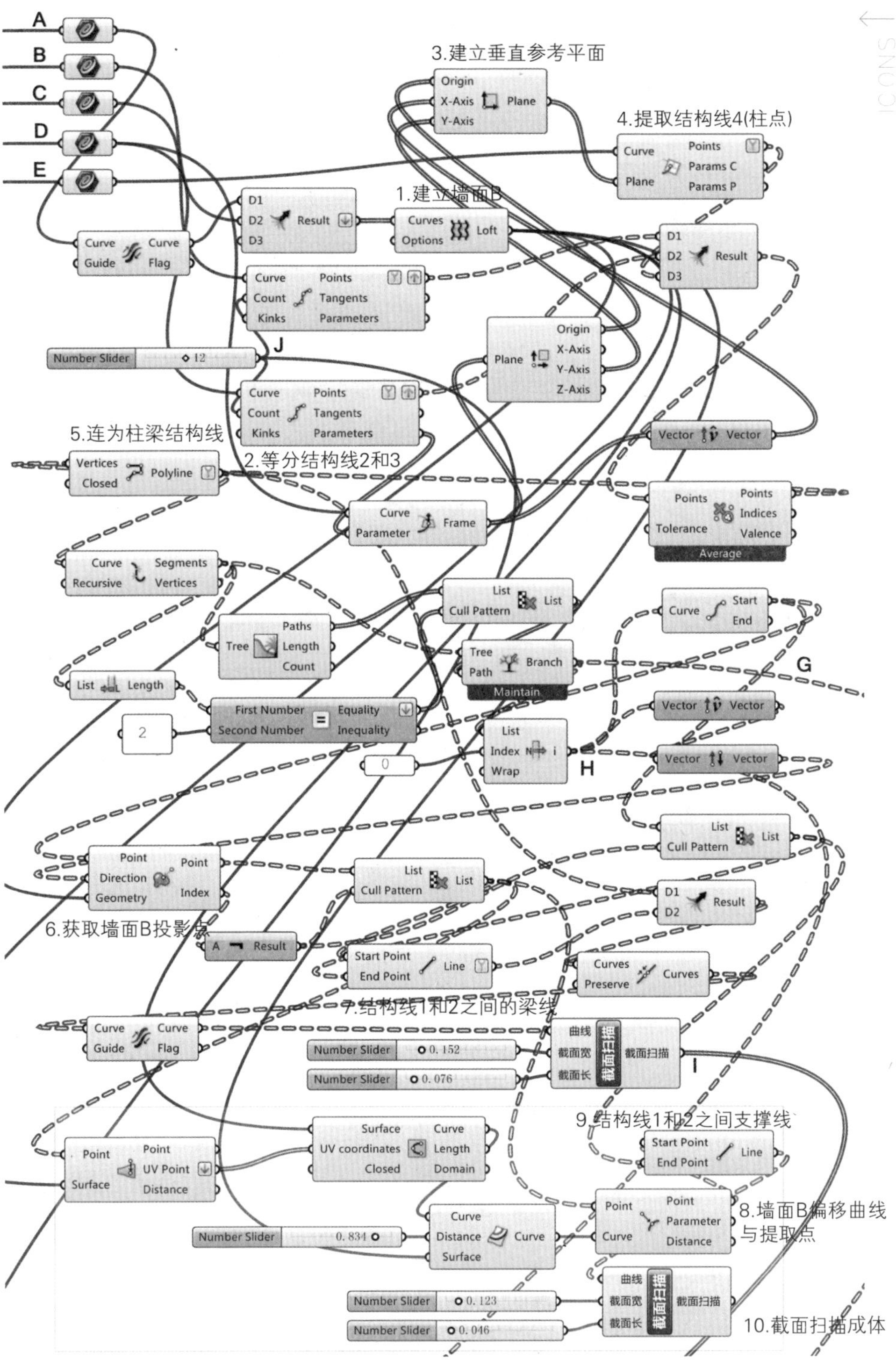
A
B
C
D
E
3.建立垂直参考平面
4.提取结构线4(柱点)
1.建立墙面B
J
5.连为柱梁结构线
2.等分结构线2和3
G
H
6.获取墙面B投影点
7.结构线1和2之间的梁线
I
9.结构线1和2之间支撑线
8.墙面B偏移曲线与提取点
10.截面扫描成体
Number Slider 12
Number Slider 0.152
Number Slider 0.076
Number Slider 0.834
Number Slider 0.123
Number Slider 0.046

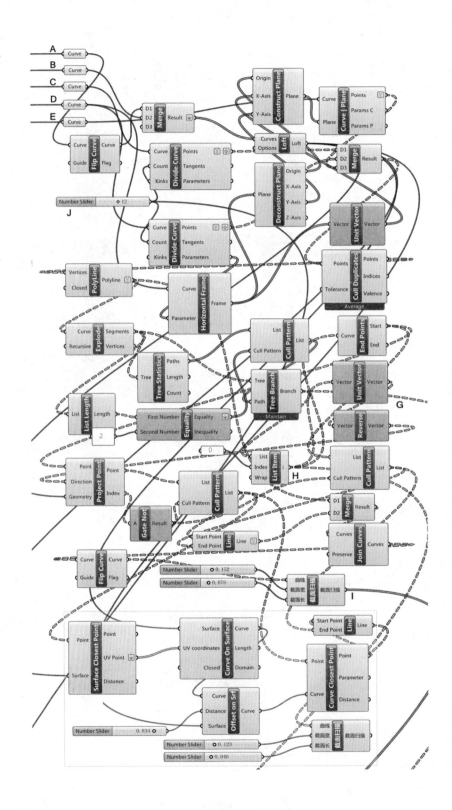

D_玻璃幕墙结构:

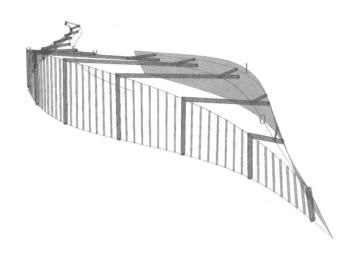

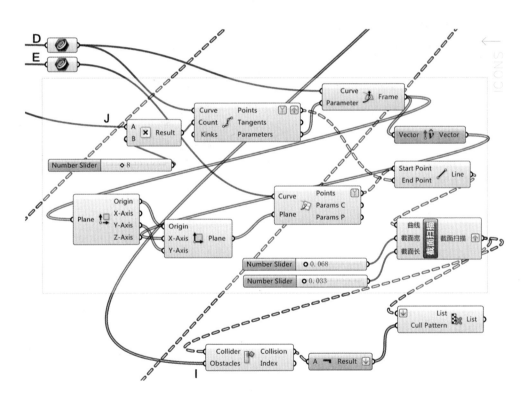

　　玻璃幕墙结构线的建立方法与柱梁一样，需要首先获取垂直的参考平面再提取相交点，关键是需要建立与柱梁之间的参数关系，从而能够正确对位，这里使用倍数关系解决对位问题；另外一个关键点是部分幕墙体与柱梁冲突，因此使用组件 Collision One | Many 碰撞判断是否相交，并移除相碰撞的幕墙结构。

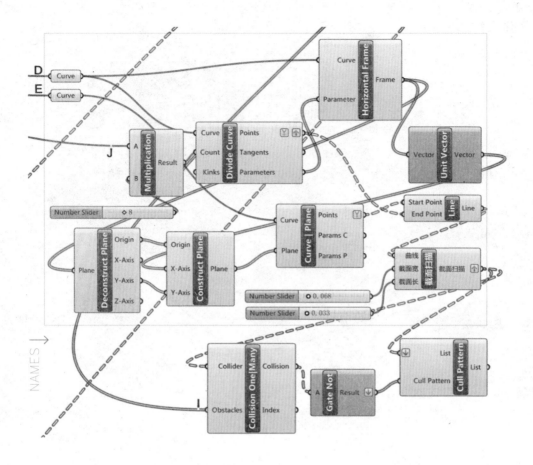

NAMES →

E_椽:

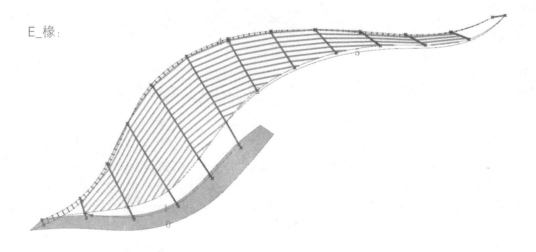

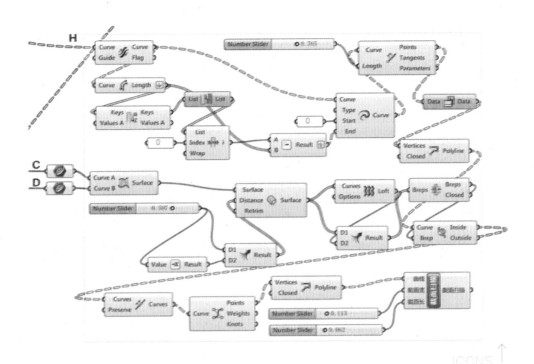

ICONS ↑

NAMES ↓

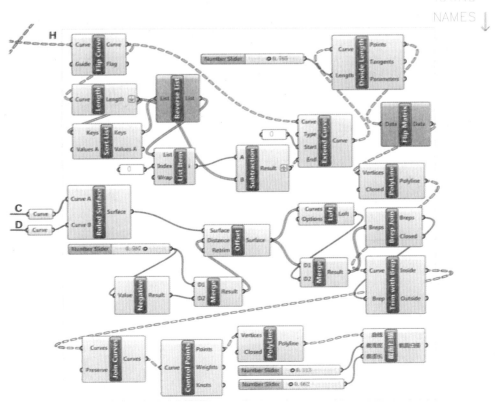

因为是不规则的屋顶曲面，橼有部分与结构线2相交，如果直接等分梁并将点数据翻转矩阵连为折线，部分橼线将不宜构建。因此按照最长梁的长度延长所有的梁线为相同，再连为折线，同时部分折线会越过结构线2的范围，将结构线2和3构建体，使用组件Trim With Brep来截取橼线达到橼构建的目的。

F_玻璃幕墙横向结构：

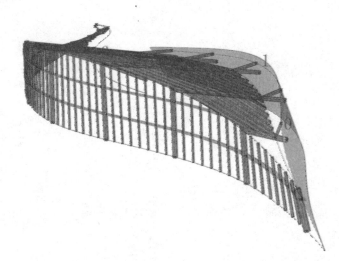

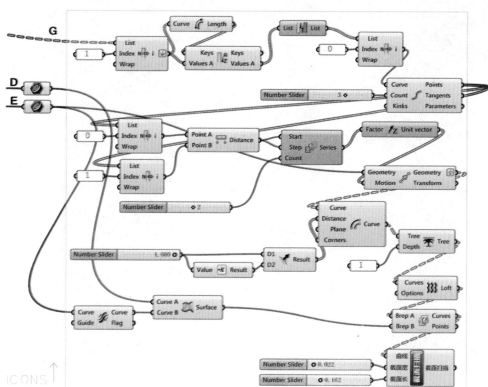

NAMES↓

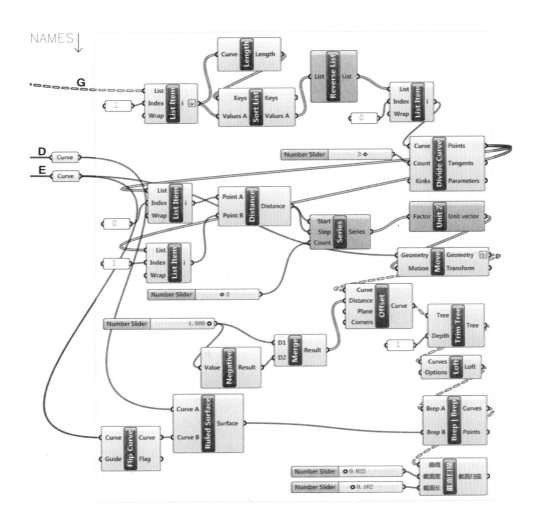

　　提取玻璃幕墙横向结构的方法是沿垂直方向复制结构线 4，并分别偏移复制放样成面，使用组件 Brep | Brep 与结构线 2 和 3 构建的曲面相交，相交线即为水平方向的玻璃幕墙结构线。

4 Util: 曲面工具

I

A **Divide Surface** 等分曲面　　指定 UV 方向的数量等分输入的曲面获取 UV 点、垂直向量和位置参数；

B **Surface Frames** 曲面标架　　指定 UV 方向的数量提取输入曲面的标架和位置参数；

II

C **Copy Trim** 剪切复制模式　　根据曲面剪切规则剪切目标曲面；

D **Isotrim** 区间曲面提取　　指定二维区间提取部分输入曲面；

E **Retrim** 再裁切　　通过修剪指定曲面的三维数据剪切目标曲面；

F **Untrim** 恢复裁切　　移除曲面的剪切曲线恢复完整曲面；

III

合并Brep对象

G **Brep Join**　　合并输入的多个 Brep 对象；

H **Cap Holes** 封盖　　对输入的 Brep 对象平面洞封盖；

I **Cap Holes Ex** 封盖(Ex)　　对输入的 Brep 对象平面洞封盖，并尽可能地封盖；

J **Merge Faces** 合并平面　　将多个连续平面合并为一个 Brep 对象；

IV

K **Flip** 翻转曲面　　翻转输入曲面的法线；

L **Offset**偏移复制曲面　　指定距离偏移复制曲面；

偏移复制曲面(L)　　通过移动曲面控制点偏移复制曲面；

M **Offset Loose**

Copy Trim

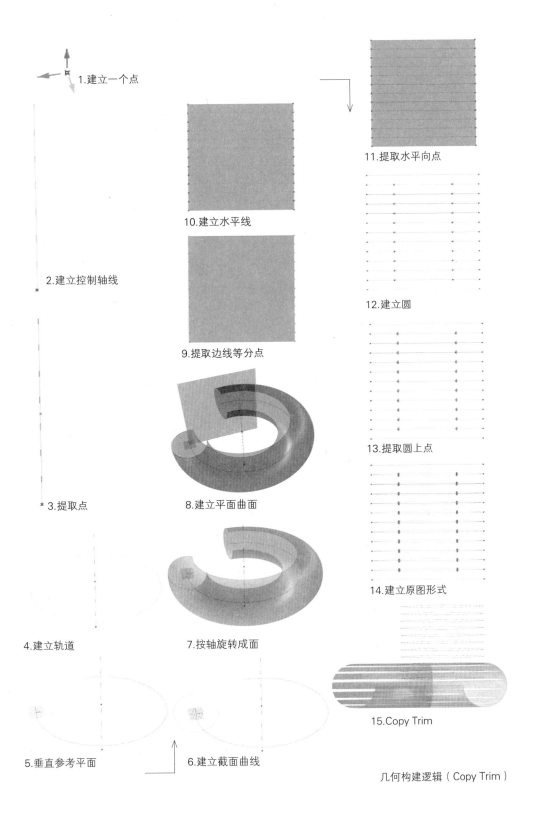

1.建立一个点

2.建立控制轴线

3.提取点

4.建立轨道

5.垂直参考平面

6.建立截面曲线

7.按轴旋转成面

8.建立平面曲面

9.提取边线等分点

10.建立水平线

11.提取水平向点

12.建立圆

13.提取圆上点

14.建立原图形式

15.Copy Trim

几何构建逻辑（Copy Trim）

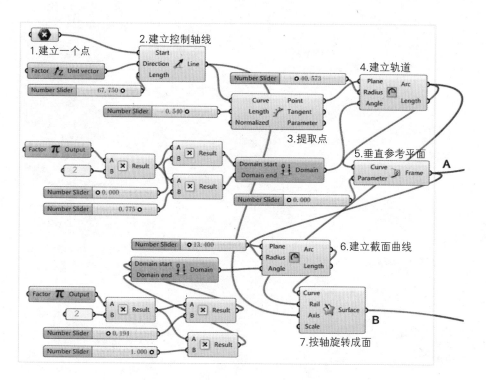

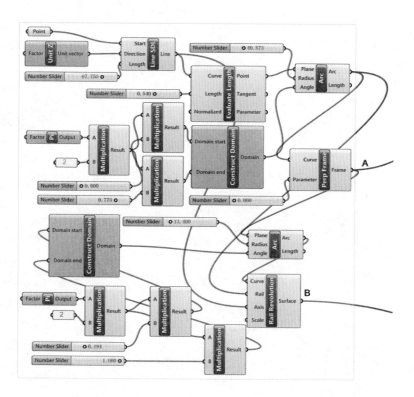

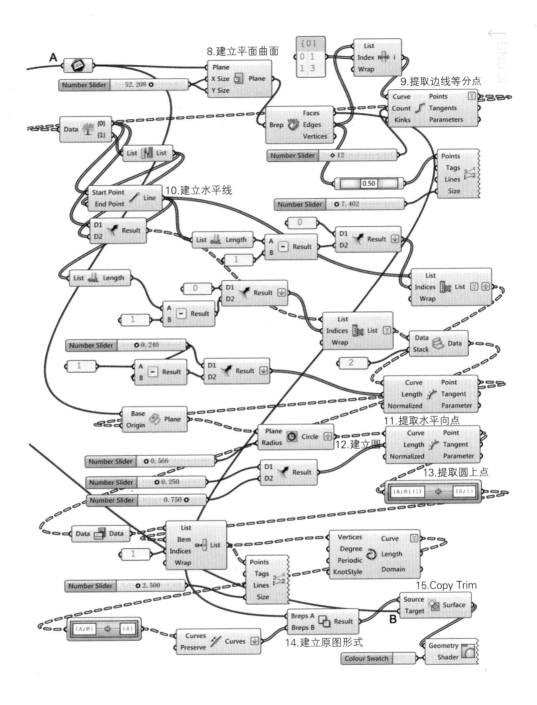

8.建立平面曲面

9.提取边线等分点

10.建立水平线

11.提取水平向点

12.建立圆

13.提取圆上点

15.Copy Trim

14.建立原图形式

● Copy Trim 的方法可以将建立的一个平面图形映射到曲面裁切，这种方法可以帮助解决不宜直接在三维曲面建立表皮变化的问题。

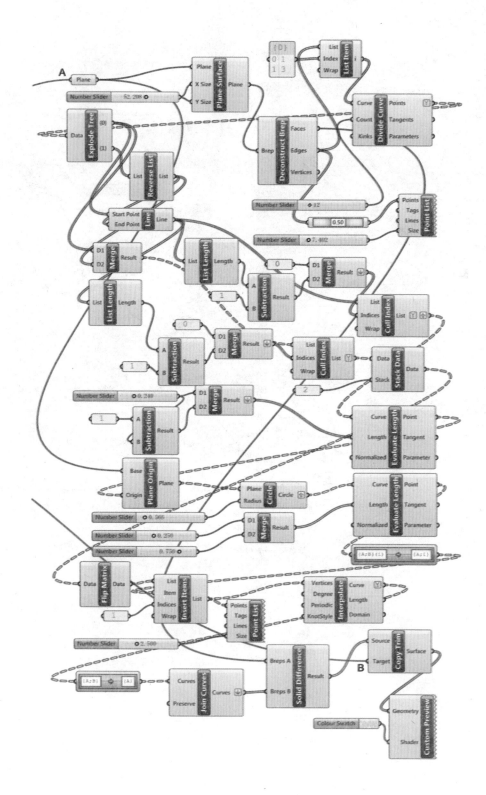

8

Mesh
格网

Mesh 格网部分经常被忽视，实际上 Mesh 部分甚至比 Surface 部分更加实用，以 Surface 构建的曲面，目前在实际建造中大部分要转化为单元平面来处理，以方便材料的加工与装配。Mesh 部分被忽略的一个原因是，建立 Mesh 所要处理的数据较之 Surface 复杂且不易理解，往往被繁琐的数据所困惑。

在研习该部分时，需要安装几个 Grasshopper 的扩展插件，关于 Mesh 面处理的组件 Mesh Analysis and Utility Components、Mesh Edit、WeaverBird 等，均可以在 Grasshopper 官方网站或其链接下载。

Mesh 除了用于构建几何体外，也用于各项分析类研究，例如 (GIS) 地理信息系统、(Ecotect) 生态分析数据等内容。其原理与 GIS 的栅格数据是一样，用单元面来存储各类信息，最易理解的就是高程信息，以 X、Y 表示单元平面坐标，以 Z 表示高程，其 Z 值同样可以代表更广泛的数据，例如坡度、坡向、人口、热辐射量……

1 Add-ons：扩展模块

Mesh 格网部分是规划、景观、建筑分析研究和设计创作非常重要的部分，Grasshopper 本身提供了很好的 Mesh 格网构建和基础操作组件，能够辅助完成大部分设计研究工作，但是因为 Mesh 格网的重要性和广泛的应用性，依靠基础的 Mesh 构建组件并不能够满足设计师的需求，因此针对 Mesh 的扩展模块成为使用 Mesh 建立模型的必要补充。

目前几个常用到的扩展模块包括 WeaverBird、Starling、Mesh Edit，动力学 Kangaroo 中也包括 Mesh 处理的一些工具，这些扩展模块都可以从 Grasshopper 官方网站免费获取。

Starling

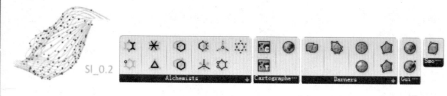

SI_0.2

Mesh(+)

mesh+

WeaveBird

Kangaroo

2 Mesh：Mesh格网建立的方法

I	A **Construct Mesh** 面构格网	由顶点 (Vertices) 和顶点排序 (Faces) 建立 Mesh 面，可以指定颜色；
	B **Mesh Colours** 格网颜色	指定输入 Mesh 格网颜色模式。
	C **Mesh Quad** 四边面结构	建立四边面结构点的索引排序用于面构格网。
	D **Mesh Spray** 格网喷涂	指定喷涂点和颜色模拟喷涂效果。
	E **Mesh Triangle** 三角面结构	建立三角面结构点的索引排序用于面构格网。
II	F **Mesh Box** 盒体格网	输入基本盒体和长宽高方向单元数量建立 Mesh 面。
	G **Mesh Plane** 平面格网	输入长宽及长宽方向单元面数量建立 Mesh 面。
	H **Mesh Sphere** 球体格网	输入 UV 及半径建立球体 Mesh 面。
	I **Mesh Sphere Ex** 球体格网(Ex)	输入半径和数量建立方形片面格网。

III
- J Mesh Brep Brep格网 将 Brep 对象转化为 Mesh 格网。
- K Mesh Surface 曲面格网 将曲面按 UV 数值转化为 Mesh 格网。
- L Mesh FromPoints 点格网 根据输入点及 UV 向点数量构建 Mesh 格网。
- M Settings (Custom) 格网设置 设置格网相关属性用于 Brep 格网输入项。
- N Settings (Speed) 粗糙设置 粗糙设置格网以快速显示。
- O Settings (Quality) 精细设置 以较高质量精细设置格网。
- P Simple Mesh 简单格网 尽可能简化转换输入的 Brep 对象为 Mesh 格网。

IV
- Q Delaunay Mesh Delaunay格网 输入多点，以 Delaunay 三角剖分算法建立 Mesh 格网。

（单元）四边面与三边面相互转换的方法:

A Mesh ConvertQuads 仅将非平面四边面转化为三边面

B Mesh Triangulate 将四边面转化为三边面

C Quadrangulate 将三边面转化为四边面

D Triangulate 将四边面转化为三边面

炸开与合并:

A Mesh Explode 将 Mesh 面炸开为各个单独 Mesh 单元

B Mesh Join 将各个单独 Mesh 单元合并为一个 Mesh 面

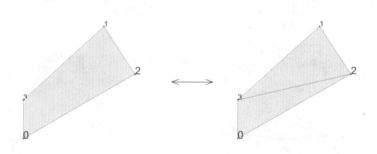

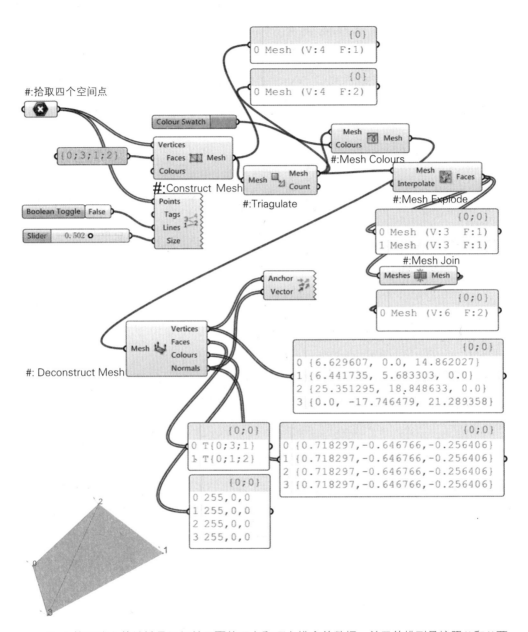

Mesh 格网建立的关键是组织单元面的顶点和顶点排序的数据，单元的排列是按照 U 和 V 两个方向，而每个单元顶点往往需要放置于一个路径分支之下，因此数据的路径结构相对复杂，需要深刻理解前文数据结构部分阐述的内容，才能够很好地使用 Mesh 格网进行设计研究工作。

Mesh Explode 炸开一个格网为各个单元组件需要安装扩展模块 Mesh Edit。从格网的输出数据面板 Mesh（V:6 F:2）可以查看格网的顶点总数量和存在的单元面数量。Mesh 格网的顶点可以指定颜色，为使用 Mesh 格网显示分析数据提供基础，例如温度、水文、污染密度等数据的可视化显示等。

Mesh格网建立的方法_A_Mesh Surface曲面格网

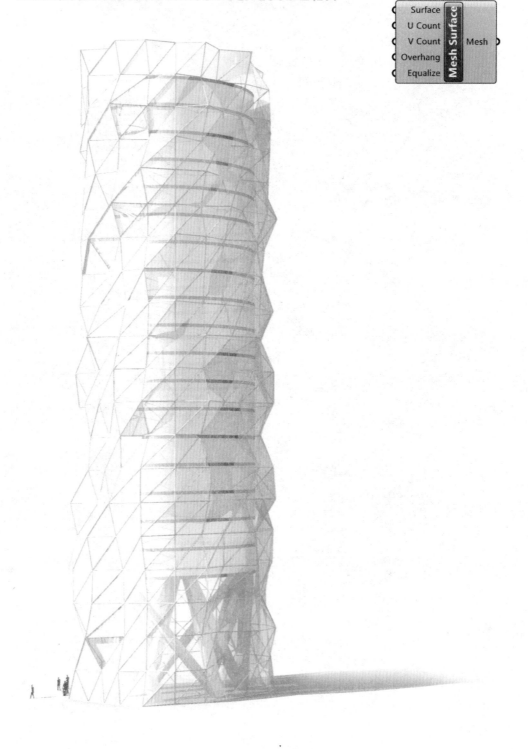

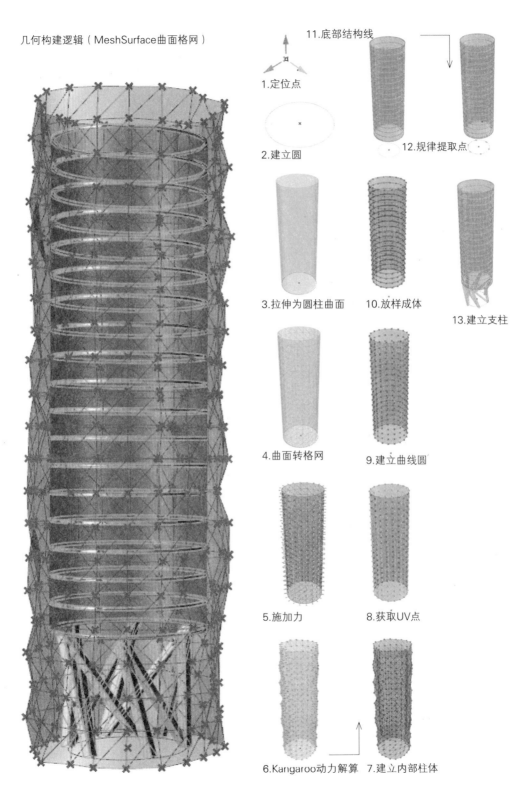

几何构建逻辑（MeshSurface曲面格网）

11.底部结构线

1.定位点

2.建立圆

12.规律提取点

3.拉伸为圆柱曲面

10.放样成体

13.建立支柱

4.曲面转格网

9.建立曲线圆

5.施加力

8.获取UV点

6.Kangaroo动力解算   7.建立内部柱体

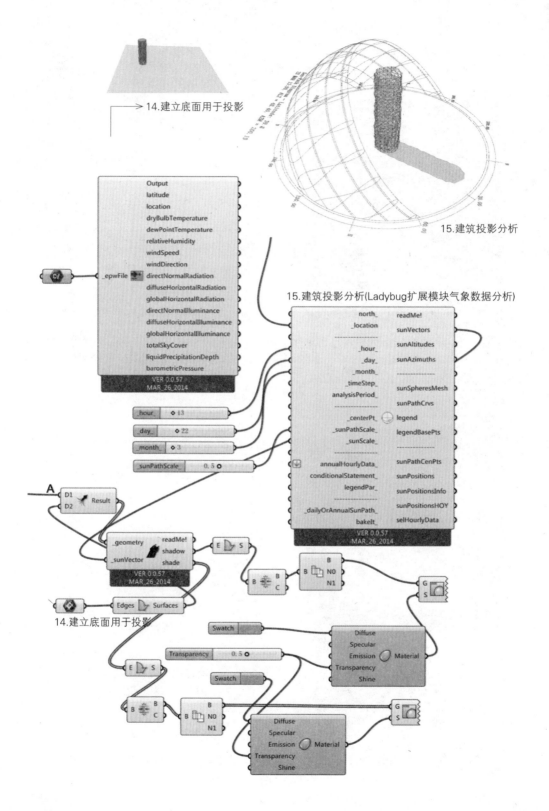

14.建立底面用于投影

15.建筑投影分析

15.建筑投影分析(Ladybug扩展模块气象数据分析)

Output
latitude
location
dryBulbTemperature
dewPointTemperature
relativeHumidity
windSpeed
windDirection
directNormalRadiation
diffuseHorizontalRadiation
globalHorizontalRadiation
directNormalIlluminance
diffuseHorizontalIlluminance
globalHorizontalIlluminance
totalSkyCover
liquidPrecipitationDepth
barometricPressure
VER 0.0.57
MAR_26_2014

_epwFile

hour   ◇ 13
day   ◇ 22
month   ◇ 3
sunPathScale   0.5 ◯

A
D1
D2   Result

north_   readMe!
_location   sunVectors
─────────   sunAltitudes
hour   sunAzimuths
day
month   ─────────
timeStep   sunSpheresMesh
analysisPeriod_ sunPathCrvs
centerPt   legend
sunPathScale   legendBasePts
sunScale   ─────────
─────────
annualHourlyData_   sunPathCenPts
conditionalStatement_ sunPositions
legendPar_   sunPositionsInfo
─────────   sunPositionsHOY
dailyOrAnnualSunPath selHourlyData
bakeIt_
VER 0.0.57
MAR_26_2014

_geometry   readMe!
_sunVector   shadow
             shade
VER 0.0.57
MAR_26_2014

E ▷ S

B
B   N0
     N1

G
S

Edges ▷ Surfaces

14.建立底面用于投影

Swatch

Transparency   0.5 ◯

Swatch

E ▷ S

B   B
      N0
      N1

Diffuse
Specular
Emission ◯ Material
Transparency
Shine

Diffuse
Specular
Emission ◯ Material
Transparency
Shine

G
S

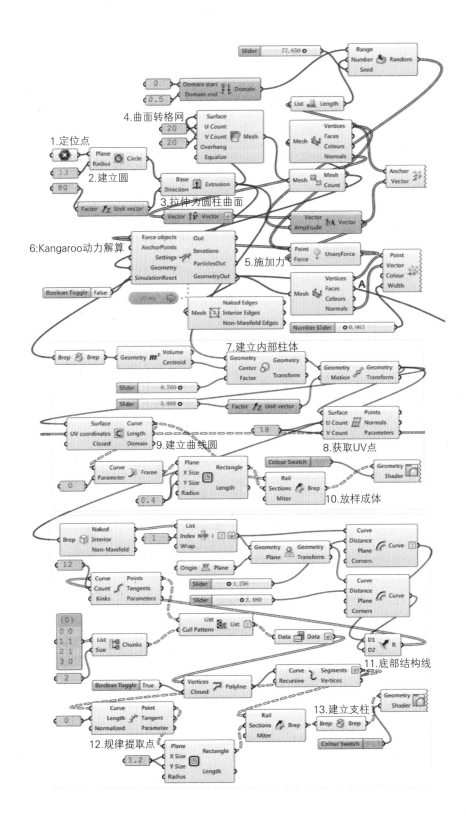

NAMES

● 首先建立圆柱体，再使用组件Mesh Surface将其转化为Mesh格网，指定输入项U Count和V Count，并使用组件Triangulate将单元四边面转化为单元三边面，使用组件Deconstruct Mesh提取顶点和顶点向量，建立Kangaroo扩展模块UnaryForce力。此次案例中指定力的大小为随机数，如果希望建筑表皮单元规律化、模块化，可以使用函数设置力的大小，获取具有韵律变化的形式表皮。

建筑的内核以及支撑都是基于基础的圆柱体完成模型的构建。为了能够分析研究建筑光影变化，可使用Ladybug气象数据分析扩展模块。更多关于Ladybug的相关案例和使用说明，可以从Grasshopper官方网站获取链接。这里从EnergyPlus官方网站下载北京.epw格式的气象数据文件，使用importEPW组件读取，sunPath组件建立日晷并提取sunVectors参数，使用组件shadowStudy获取shadow阴影和shade遮挡部分表面。

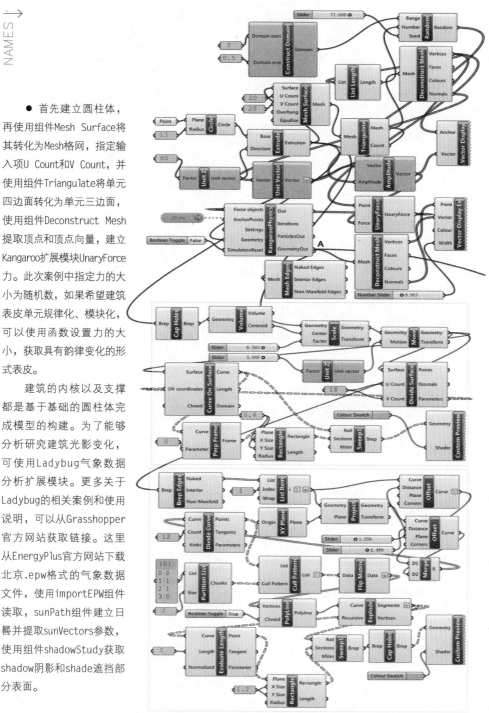

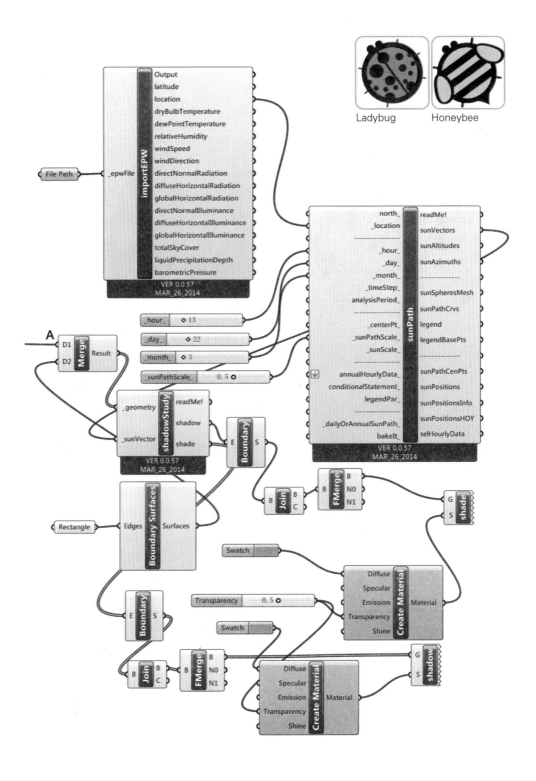

Ladybug

Honeybee

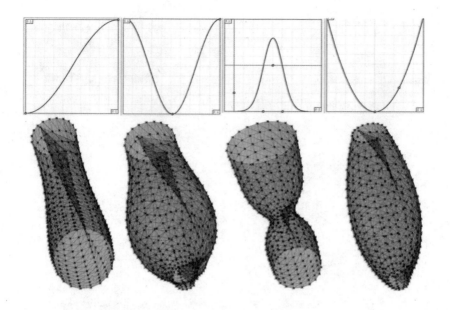

使用图形函数 GraphMapper 组件建立不同的图形函数获取数据的变化，作为施加力的大小可以获取不同的形式结果。

Mesh格网建立的方法_B_Construct Mesh面构格网

A_折叠的过程

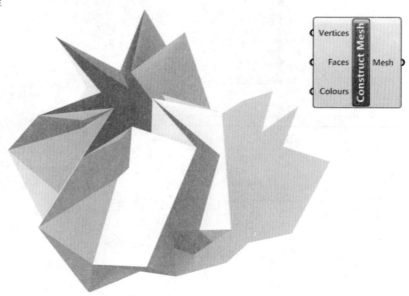

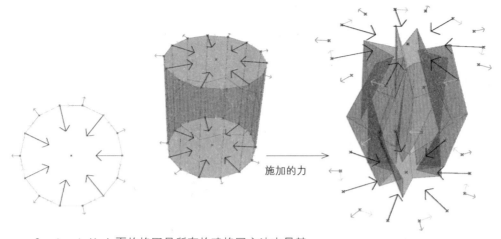

施加的力

　　Construct Mesh 面构格网是所有构建格网方法中最基本和最重要的，由输入的顶点和顶点排序建立，其中核心是组织点的排序方式和数据结构。如果实现图示的格网结构，需要按照单元组织点，因为是四边面，每个单元由四个顶点控制，而单元之间互相连接，因此存在很多互相叠合的点，可以使用 Grasshopper 组织点的数据结构，但是借助于 Python 语言较之 Grasshopper 节点式编程的方法更加方便，尤其处理复杂点数据组织的时候，本例中则使用 Python 编写点组织的模式。建立完之后对指定的顶点施加力，使用 Kangaroo 动力学解算，能够获取不同时刻变化的形态。本案例选自"面向设计师的编程设计知识系统"中《折叠的程序》部分，如果希望深入理解借助 Python 组织数据结构建立格网并，使用 Kangaroo 动力学模拟折叠的过程，可以参考该书。

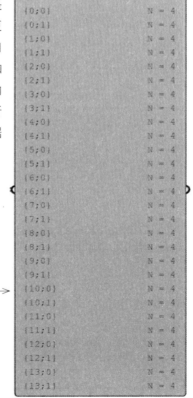

　　在圆柱体上建立 V 形折痕，折痕具有圆柱体的属性并受属性的约束，因为施加的不同形式的力变化多样，如果同时改变对称轴的间距或者使其不平行，以及变化横向折痕的数量和位置，基于圆柱体的 V 形折痕的变化更是千差万别。

1–构建具有折痕的 "纸"

用 Python 编写点组织模式（MTL），参看聚集褶皱 / 手风琴褶皱

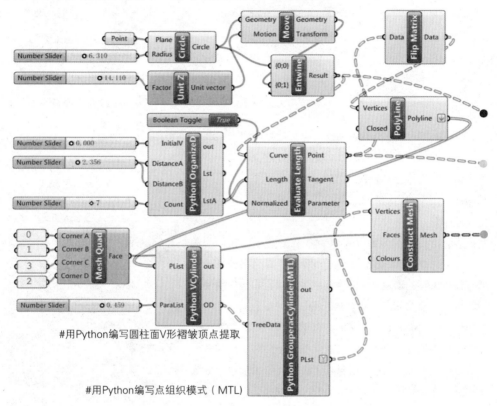

#用Python编写圆柱面V形褶皱顶点提取

#用Python编写点组织模式（MTL）

点组织模式(MTL)

用 Python 编写圆柱面 V 形褶皱顶点提取

```
import Rhino # 调入模块 Rhino
import rhinoscriptsyntax as rs # 调入模块 rhinoscriptsyntax 并定义别名为 rs
from Grasshopper import DataTree # 调入类 DataTree
from Grasshopper.Kernel.Data import GH_Path # 调入函数 GH_Path
OD=DataTree[Rhino.Geometry.Point3d]() # 建立空的字典
paralst=[float(a) for a in ParaList] # 将列表字符串转换为浮点数
revepara=[] # 建立空的列表
for i in paralst: # 循环遍历数据列表
    revepara.append(1-i) # 计算 1-i 的值并追加到空列表中
```

```
for i in range(len(PList)): # 循环遍历折线列表
    lst=[] # 建立空的列表，用于放置每次循环提取的点
    if i%2==0: # 判断索引值为偶数时
        lst.append(rs.CurveStartPoint(PList[i])) # 提取折线开始端的点，并追加到列表中
        for m in paralst: # 循环遍历数据列表 paralst
            lst.append(rs.EvaluateCurve(PList[i],m)) # 提取点并追加到列表中
        lst.append(rs.CurveEndPoint(PList[i])) # 提取折线结束端的点，并追加到列表中
        OD.AddRange(lst,GH_Path(i)) # 将列表追加到路径名为 i 的字典中
    else: # 索引值为奇数时的情况
        lst.append(rs.CurveEndPoint(PList[i])) # 提取折线结束端的点，并追加到列表中
        for m in revepara:# 循环遍历数据列表 revepara
            lst.append(rs.EvaluateCurve(PList[i],m)) # 提取点并追加到列表中
        lst.append(rs.CurveStartPoint(PList[i])) # 提取折线开始端的点，并追加到列表中
        lst.reverse() # 反转列表
        OD.AddRange(lst,GH_Path(i))
```

点组织模式(MT)

```
# 用 Python 编写点组织模式（MT）
import Rhino # 调入模块 Rhino
import rhinoscriptsyntax as rs # 调入模块 rhinoscriptsyntax 并定义别名为 rs
from Grasshopper import DataTree # 调入类 DataTree
from Grasshopper.Kernel.Data import GH_Path # 调入函数 GH_Path
data=TreeData # 将输入端数据赋值给新的变量 data
branches=data.Branches # 将所有路径分支下的项值放置于各自的子列表中后放置于父级列表中
PT=DataTree[Rhino.Geometry.GeometryBase]() # 定义空的字典
def grouper(branches,dt): # 定义点组织模式的函数 grouper
    for m in range(len(branches)-1): # 根据路径分支的数量循环
        a=branches[m] # 提取索引值为 m 的子列表
        b=branches[m+1] # 提取索引值为 m+1 的子列表
        for i in range(len(a)-1): # 循环遍历子列表
            lst=[] # 建立空的字典，用于放置每次循环提取的数据
            lst.append(b[i]) # 列表追加 b 列表索引值为 i 的项值
            lst.append(a[i]) # 列表追加 a 列表索引值为 i 的项值
            lst.append(b[i+1]) # 列表追加 b 列表索引值为 i+1 的项值
            lst.append(a[i+1]) # 列表追加 a 列表索引值为 i+1 的项值
            dt.AddRange(lst,GH_Path(m,i)) # 向字典中追加路径为 {m；i} 的 lst 列表
        se=[b[len(b)-1],a[len(a)-1],b[0],a[0]] # 提取交错处的面顶点
        dt.AddRange(se,GH_Path(m,len(a)-1)) # 向字典中追加交错处面的顶点
    return dt # 返回字典
PLst=grouper(branches,PT) # 执行 grouper 函数
```

2-力对象与解算的几何对象

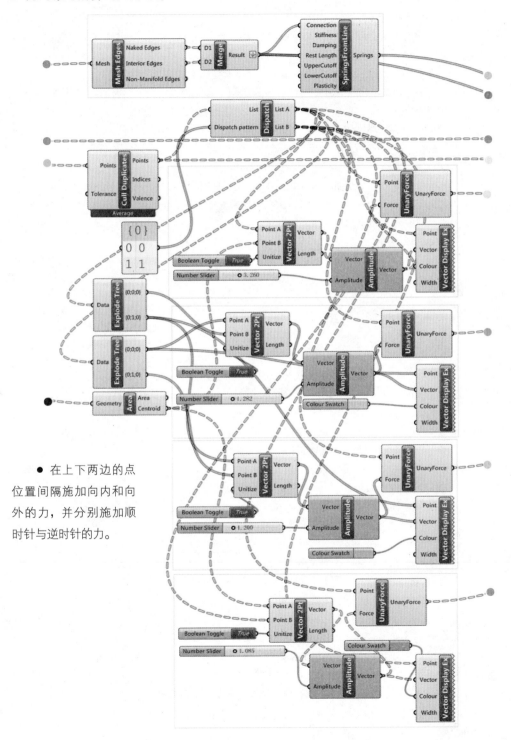

● 在上下两边的点位置间隔施加向内和向外的力，并分别施加顺时针与逆时针的力。

3–解算与几何对象的输出

● 输出折叠的"纸",折痕与边线以及用于标示力方向的点。

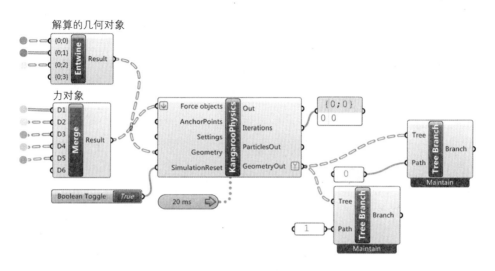

B_建筑表皮的点组织

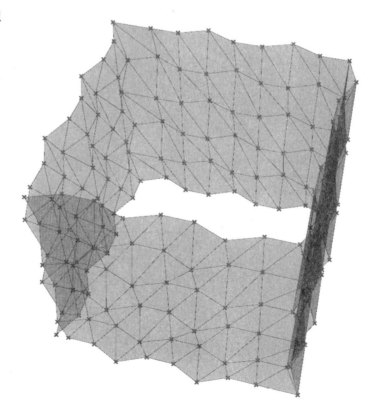

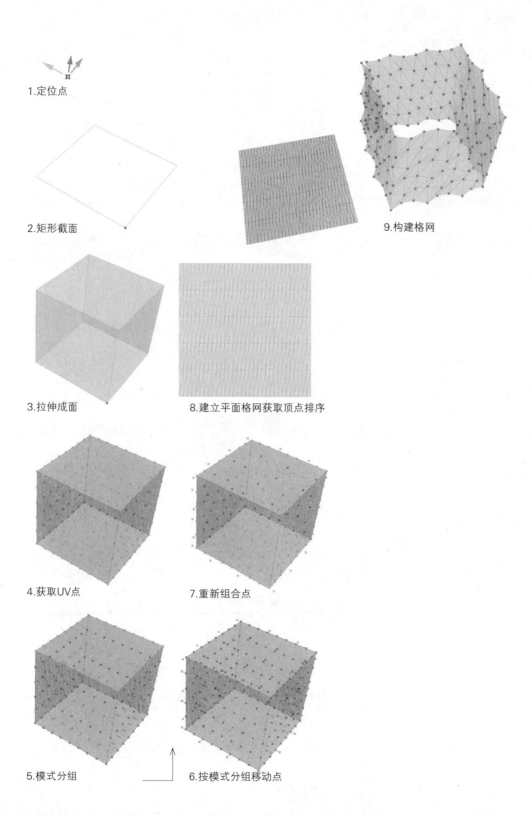

1.定位点

2.矩形截面

9.构建格网

3.拉伸成面

8.建立平面格网获取顶点排序

4.获取UV点

7.重新组合点

5.模式分组

6.按模式分组移动点

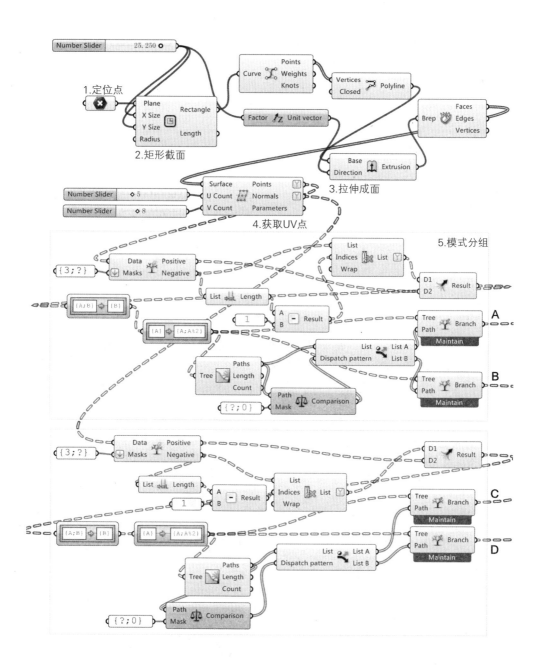

1.定位点

2.矩形截面

3.拉伸成面

4.获取UV点

5.模式分组

A

B

C

D

● 将点输入到 Mesh 面组件 Vertices 输入项之前，一般会对点的空间位置进行组织，以获得丰富的空间形体变化。对于点的组织是建立 Mesh 面的关键和难点，这里将拉伸成面的曲面进行 UV 划分，获得点和该点的向量，水平方向间隔提取数据分支，并间隔两个点沿向量方向向外移动一定距离，以获取新点并替换原来点；另一数据分支同样处理，只是间隔两点的位置与第一分支错开，最后将所有改动过的点数据再按原始 UV 点的数据结构合并，用于 Mesh 面组件的 Vertices 输入项。

　　Mesh 面顶点排序输入项 Faces 的建立方法是，先建立平面格网，按拉伸曲面点 UV 方向的点数量确定平面格网 XY 方向的单元数，并转为三角面后，使用 Deconstruct Mesh 分解面获取顶点排序。

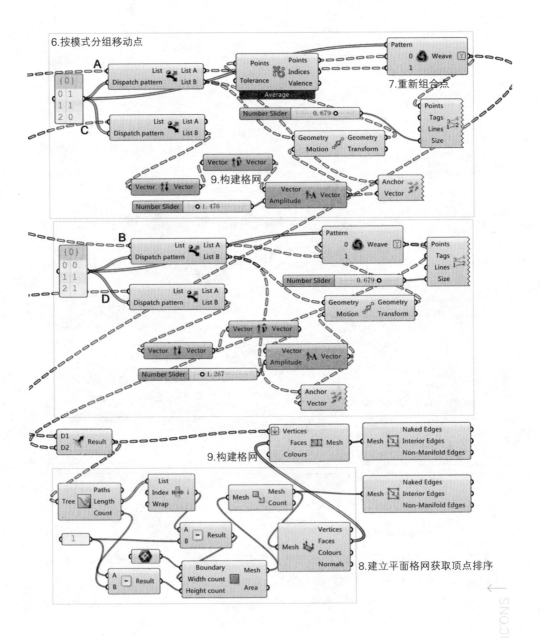

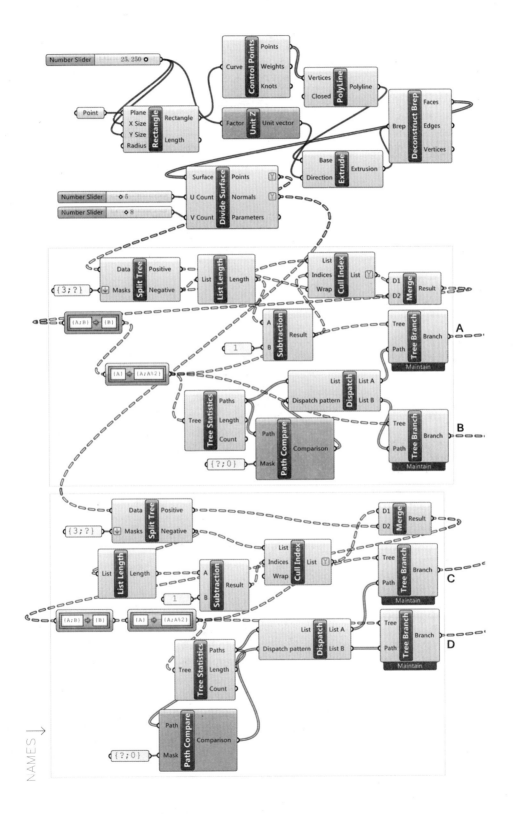

A

B

C

D

NAMES

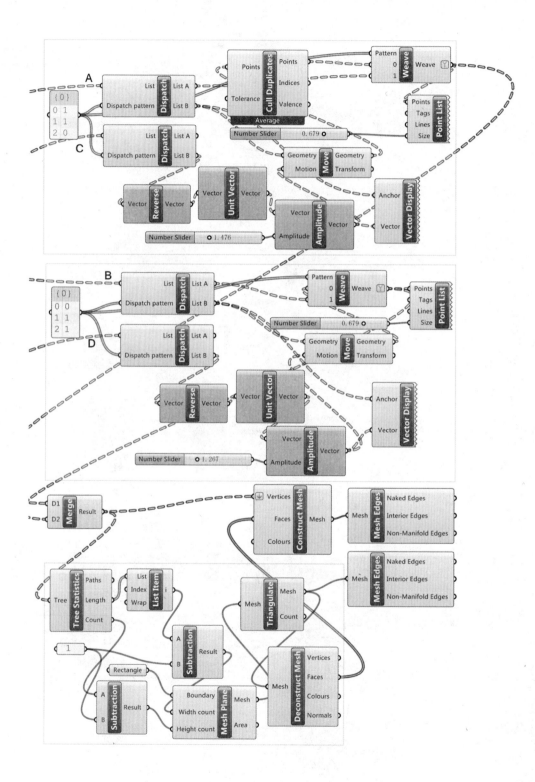

Mesh格网建立的方法_C_Mesh FromPoints 点格网

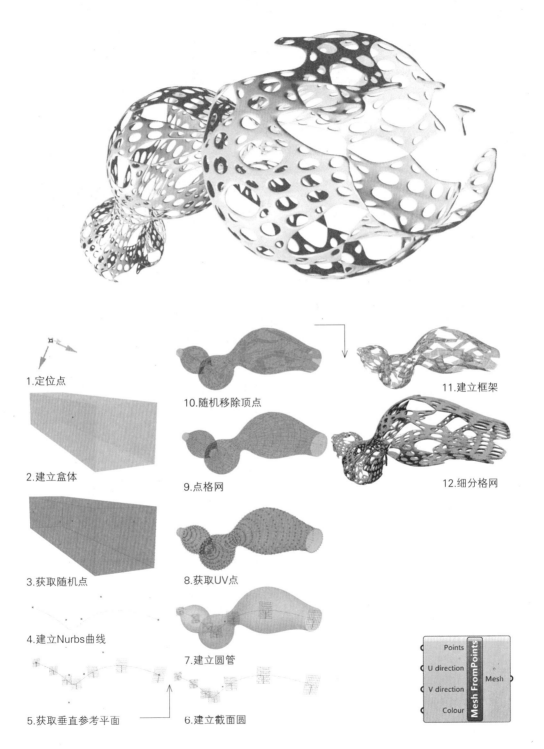

1.定位点

2.建立盒体

3.获取随机点

4.建立Nurbs曲线

5.获取垂直参考平面

6.建立截面圆

7.建立圆管

8.获取UV点

9.点格网

10.随机移除顶点

11.建立框架

12.细分格网

Points
U direction
V direction
Colour
Mesh FromPoints
Mesh

● 直接建立点，指定 U、V 数量使用组件 Mesh FromPoints 构建格网很困难，因为很难确定 U、V 点的数量，因此往往先建立能够获取 UV 点参数的形式，例如建立 Surface 曲面获取 UV 点。

将建立的格网使用组件 Delete Vertices 随机移除部分顶点，并使用扩展模块 WeaverBird(WB) 建立框架和细分。

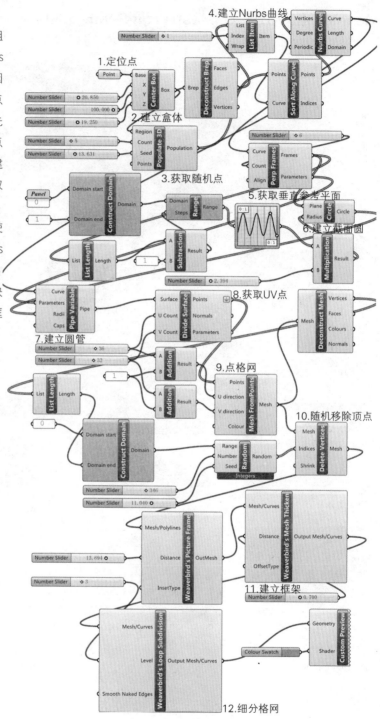

Mesh格网建立的方法_D_Mesh Brep Brep格网

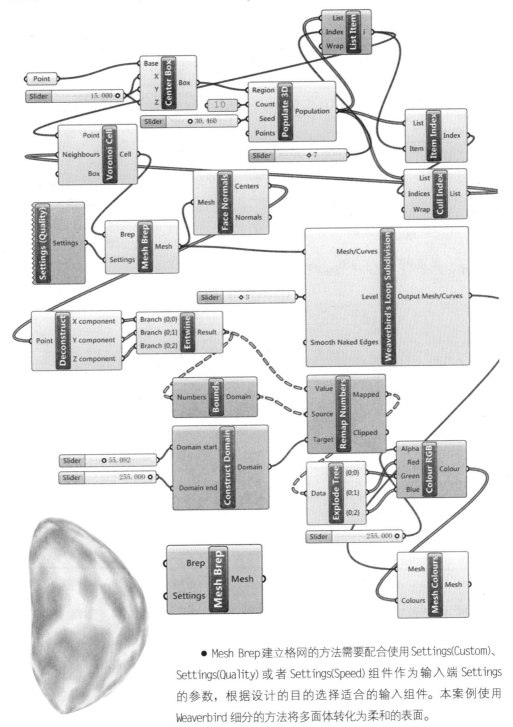

● Mesh Brep建立格网的方法需要配合使用Settings(Custom)、Settings(Quality)或者Settings(Speed)组件作为输入端Settings的参数，根据设计的目的选择适合的输入组件。本案例使用Weaverbird细分的方法将多面体转化为柔和的表面。

Mesh格网建立的方法_E_Delaunay Mesh三角剖分算法格网

高程重分类

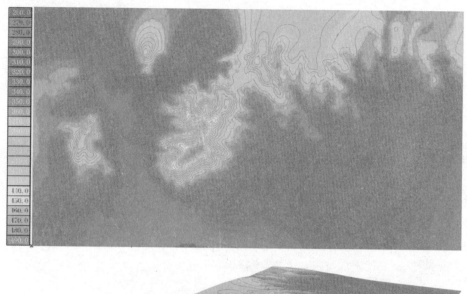

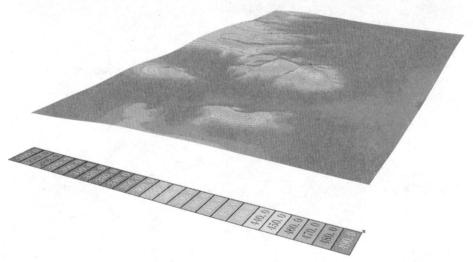

　　在前文基本参数部分已经阐述高程数据调入的方法，但是调入的高程数据如何按照指定的高程间距重分类高程，需要进一步编写程序。首先将所有的高程值除以高程间距数，并使用组件 Round 向下取整，即为所对应的重分类高程值变化数。然后获取调整后高程值的区间，最大与最小值作为 Gradient 组件的输入值获取按高程区间划分的颜色，同时对调整后的高程值使用组件 Sort List 排序，并使用 Delete Consecutive 移除重复的值，再乘以高程间距数得到实际重分类的高程值，将其作为 Legend 标签输入端 Tages 的参数值。建立高程重分类的方法很多，在最初程序版本中使用 Python 建立重分类的模块，可以指定变化的高程间距重分类高程。

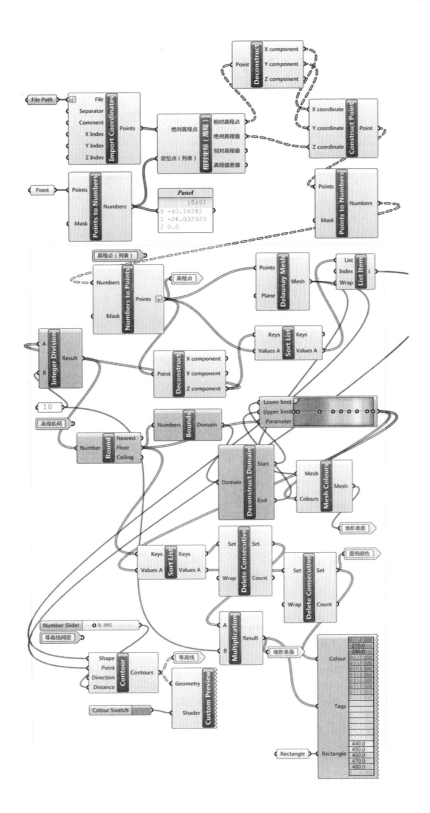

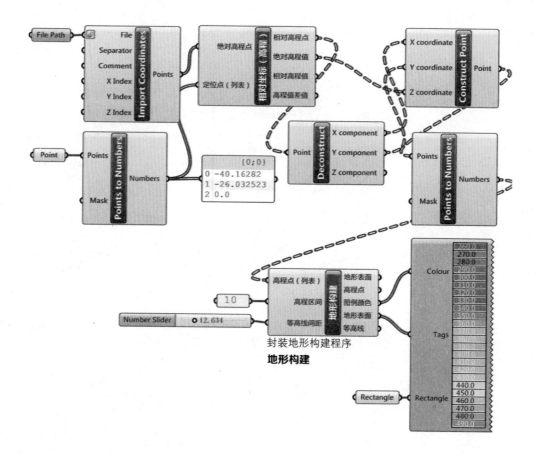

3 Triangulation: 三角剖分

Voronoi泰森多边形:

 A **Facet Dome** 多面穹 由输入点建立穹状体。

 B **Voronoi 3D** 3D泰森多边形 由输入一组空间点建立三维泰森多边形。

 C **Voronoi Groups** 嵌套泰森多边形 输入两组点 G1、G2，G2 点为 G1 构成泰森多边形的相应内部点。

 D **Voronoi** 平面泰森多边形 由输入点、单元半径及限制范围确定平面泰森多边形。

 E **Voronoi Cell** 单元泰森多边形 根据一个指定点和周边点确定指定点 3D 泰森多边形。

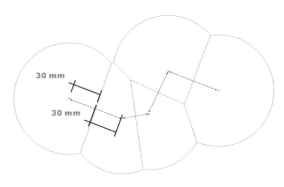

Voronoi 是由一组连接两邻点直线的垂直平分线组成的连续多边形。N 个在平面上有区别的点,按照最邻近原则划分平面;每个点与它的最近邻区域相关联。Delaunay 三角形是由与相邻 Voronoi 多边形共享一条边的相关点连接而成的三角形。Delaunay 三角形的外接圆圆心是与三角形相关的 Voronoi 多边形的一个顶点。Voronoi 三角形是 Delaunay 图的偶图。

Voronoi森林的感觉

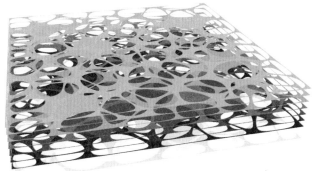

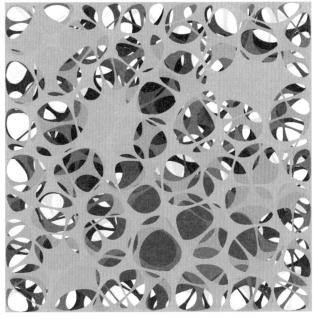

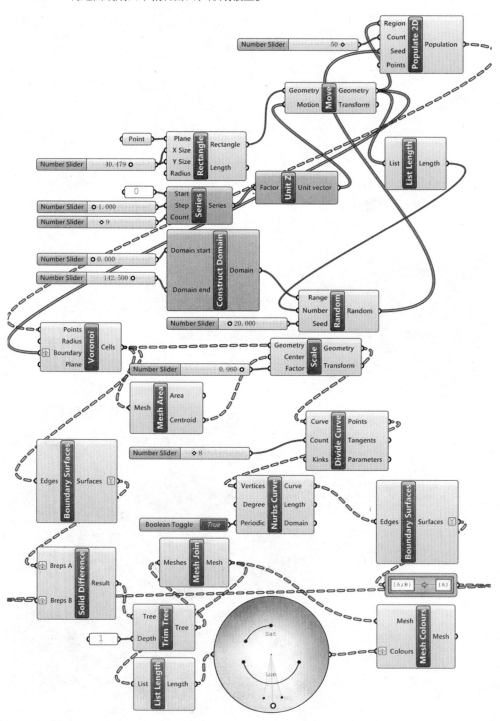

● 由 Voronoi 平面泰森多边形建立基本的图式，获取单元边线并缩放且等分，重新使用组件 Nurbs Curve 构建曲线成面来裁切曲面，形成镂空。

Voronoi Cell

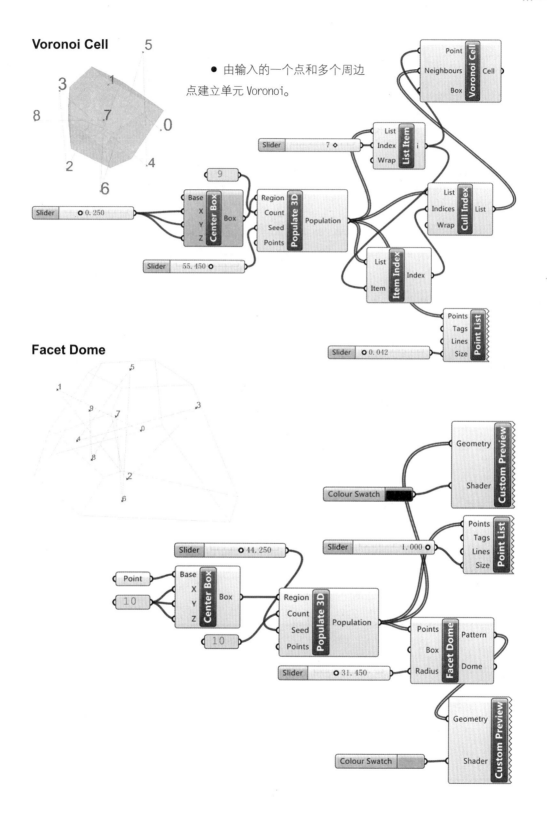

● 由输入的一个点和多个周边点建立单元 Voronoi。

Facet Dome

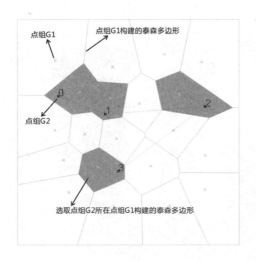

点组G1

点组G1构建的泰森多边形

点组G2

选取点组G2所在点组G1构建的泰森多边形

Voronoi Groups

● 通过点组 G2 的点位判断其在点组 G1 所建立的Voronoi中哪个单元里，从而选择该单元。用这种方法可以假定 G2 为居民住址，来选择 G1 所代表的哪一个超市购物最近，进而提取并标示出来。

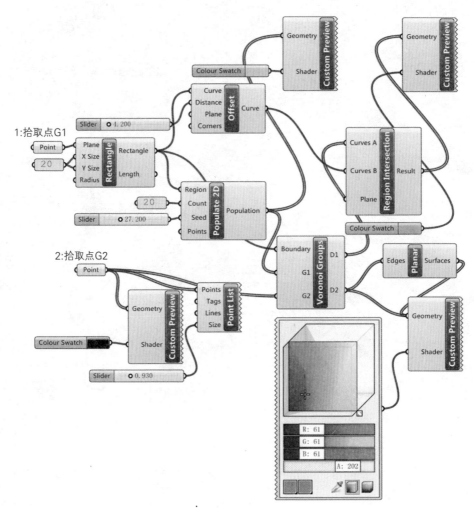

Voronoi 3D

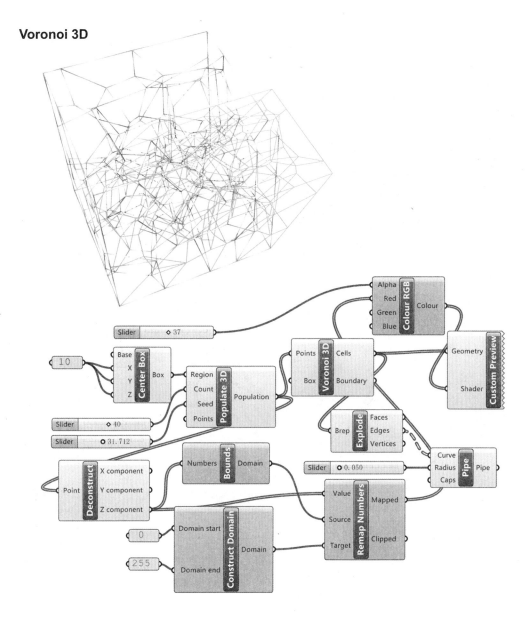

QuadTree四叉树+OcTree八叉树:

	A	OcTree	八叉树	由输入点建立三维八叉树结构;
	B	Proximity 3D	三维邻近	输入一组空间点确定各点一定数量的最近邻近点;
	C	Proximity 2D	二维邻近	输入一组平面点确定各点一定数量的最近邻近点;
	D	QuadTree	四叉树	由输入点建立二维四叉树结构。

OcTree+Proximity 3D

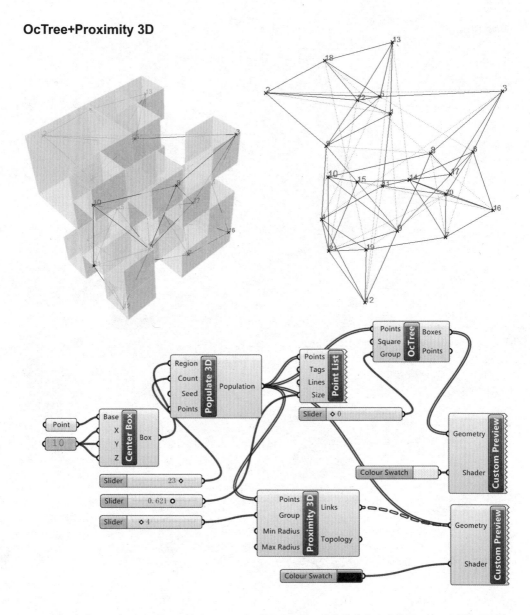

八叉树（OcTree）是一种用于描述三维空间的树状数据结构。八叉树的每个节点表示一个正方体的体积元素，每个节点有八个子节点，这八个子节点所表示的体积元素加在一起就等于父节点的体积。一般中心点作为节点的分叉中心。

左: 递回子切分一个立方体为多个卦限。右: 对应的八叉树

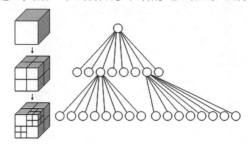

QuadTree+Proximity 2D

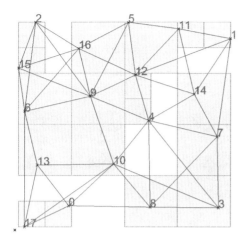

四叉树（QuadTree）结构全称"四叉树数据结构"。四叉树数据结构是一种对栅格数据的压缩编码方法。其基本思想是将一幅栅格数据层或图像等分为四部分，逐块检查其格网属性值（或灰度）；如果某个子区的所有格网值都具有相同的值，则这个子区就不再继续分割，否则还要把这个子区分割为四个子区；这样依次分割，直到每个子块都只含有相同的属性值或灰度为止。

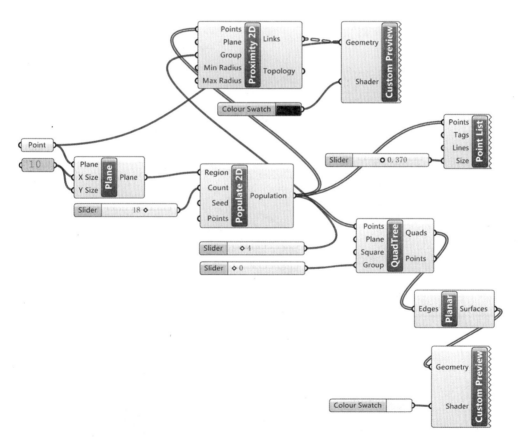

MetaBall变形球（元球）：

 A **MetaBall** 　　点距变形球　　由指定点到最近输入点的距离确定圆融合程度；

 B **MetaBall(t) Custom** 自定义变形球　由阈值、精度及各点的半径确定变形球融合程度；

C **MetaBall(t)** 　　阈值变形球　　由输入阈值确定变形球融合程度。

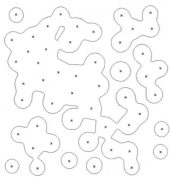

#:MetaBall(t)计算结果

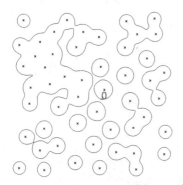

#:MetaBall计算结果

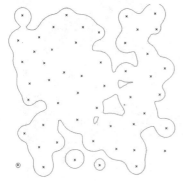

#:MetaBall(t) Custom计算结果

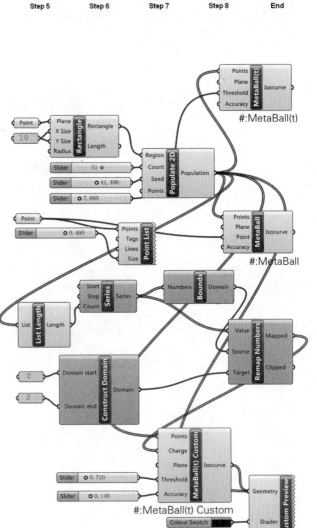

4 Analysis：Mesh分析

I

A	Deconstruct Face	解构顶点排序	B	Deconstruct Mesh 提取Mesh属性参数
C	Face Normals	单元面中心点和向量	D	Mesh Area　Mesh面积
E	Mesh ConvertQuads	非平面四边转三边	F	Mesh Edges　Mesh边线
G	Mesh Explode　炸开Mesh面		H	Mesh Triangulate 四边转三边
I	Mesh Volume　Mesh体积			

II

J	Face Boundaries　顶点边线	K	Face Circles　单元面圆
L	Mesh AddAttributes 存储数据	M	Mesh ExtractAttributes 提取数据
N	Mesh Inclusion　判断点是否被包含于闭合Mesh面		

III

O	Mesh Closest Point 最近点(M)	P	Mesh Eval　参数位置属性
Q	Mesh NakedEdge 裸边端点(M)		

A.Deconstruct Face 解构顶点排序：将顶点排序分解为各自的顶点索引值。

B.Deconstruct Mesh 提取 Mesh 属性参数：提取输入 Mesh 面的顶点、顶点排序、顶点颜色和向量。

C.Face Normals 单元面中心点和向量：提取输入 Mesh 面的中心点和向量。

D.Mesh Area Mesh 面积：计算输入 Mesh 面的面积并提取几何中心点。

E.Mesh ConvertQuads 非平面四边转三边：仅将非平面四边面转化为三边面。

F.Mesh Edges Mesh 边线：分别提取输入 Mesh 面的裸露边线和内部边线。

G.Mesh Explode 炸开 Mesh 面：将输入的 Mesh 面分解为各个单元。

H.Mesh Triangulate 四边转三边：将输入 Mesh 面由三边面转四边面。

I.Mesh Volume Mesh 体积：计算输入封闭 Mesh 面的体积和提取几何中心点。

J.Face Boundaries 顶点边线：提取输入 Mesh 面单元面的顶点边线。

K.Face Circles 单元面圆：提取输入 Mesh 面单元面（三边面）的过顶点圆。

L.Mesh AddAttributes 存储数据：指定数据存储在输入的 Mesh 面中。

M.Mesh ExtractAttributes 提取数据：提取存储于 Mesh 面中的数据。

N.Mesh Inclusion 判断点是否被包含于闭合 Mesh 面：判断指定的点是否被包含于输入的 Mesh 面中。

O.Mesh Closest Point 最近点 (M)：计算指定点到输入 Mesh 面的最近点。

P.Mesh Eval 参数位置属性：指定输入 Mesh 面的参数位置提取该位置的点、向量和颜色。

Q.Mesh NakedEdge 裸边端点 (M)：提取输入 Mesh 面的裸边顶点，并给出开始和结束点的索引值。

内核与表皮

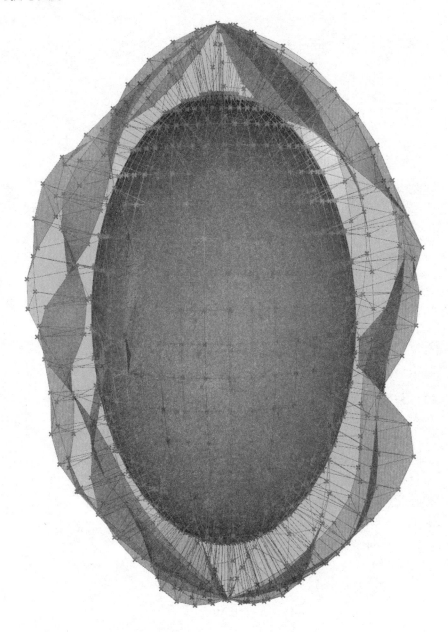

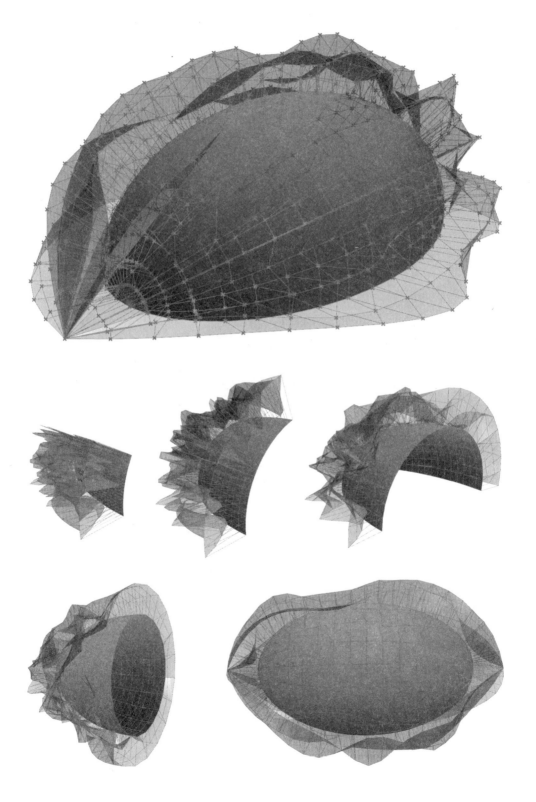

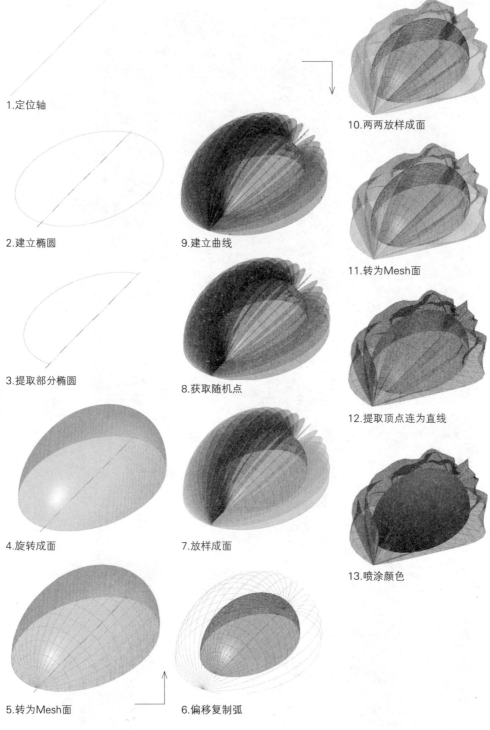

1.定位轴

2.建立椭圆

3.提取部分椭圆

4.旋转成面

5.转为Mesh面

6.偏移复制弧

7.放样成面

8.获取随机点

9.建立曲线

10.两两放样成面

11.转为Mesh面

12.提取顶点连为直线

13.喷涂颜色

几何构建逻辑（内核与表皮）

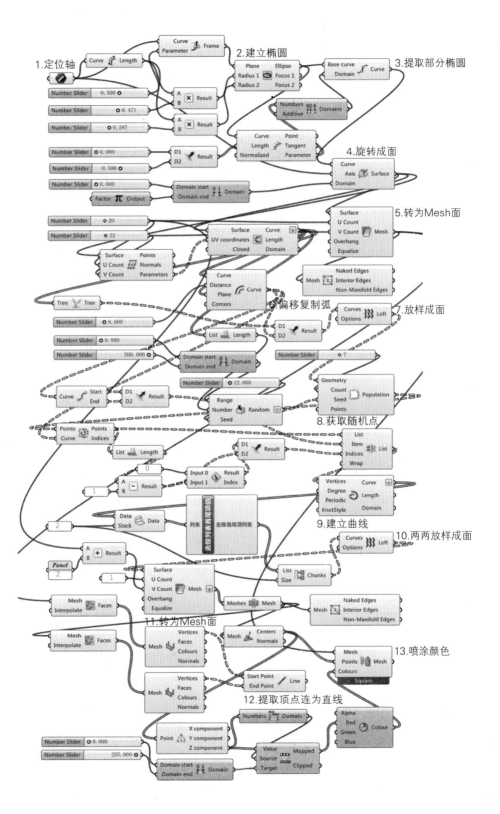

1.定位轴

Curve — Parameter — Frame

Curve ʃ Length

2.建立椭圆

Plane — Ellipse
Radius 1 — Focus 1
Radius 2 — Focus 2

3.提取部分椭圆

Base curve — Curve
Domain

Number Slider — 0.500

Number Slider — 0.471

Number Slider — 0.287

A × Result
B

A × Result
B

Numbers — Domains
Additive

Number Slider — 0.000

Number Slider — 0.500

Number Slider — 0.000

D1 — Result
D2

Factor π Output

Domain start — Domain
Domain end

Curve — Point
Length — Tangent
Normalized — Parameter

4.旋转成面

Curve
Axis — Surface
Domain

Number Slider — 20

Number Slider — 22

Surface — Curve
UV coordinates — Length
Closed — Domain

Surface — Points
U Count — Normals
V Count — Parameters

Surface
U Count
V Count — Mesh
Overhang
Equalize

5.转为Mesh面

Mesh — Naked Edges
Interior Edges
Non-Manifold Edges

Tree — Tree

Number Slider — 8.000

Number Slider — 0.000

Number Slider — 200.000

Curve
Distance
Plane — Curve
Corners

6.偏移复制弧

List — Length

Domain start — Domain
Domain end

D1 — Result
D2

Curves — Loft
Options

7.放样成面

Number Slider — 7

Number Slider — 12.000

Curve — Start
End

D1 — Result
D2

Range
Number — Random
Seed

Geometry
Count
Seed — Population
Points

8.获取随机点

Points — Points
Curve — Indices

List — Length

D1 — Result
D2

List
Item — List
Indices
Wrap

0

1

A − Result
B

Input 0 — Result
Input 1 — Index

Vertices
Degree — Curve
Periodic — Length
KnotStyle — Domain

9.建立曲线

2

Data — Data
Stack

列表 去除首尾项列表

10.两两放样成面

Curves — Loft
Options

A + Result
B

List — Chunks
Size

Panel
2

1

Surface
U Count
V Count — Mesh
Overhang
Equalize

11.转为Mesh面

Mesh — Faces
Interpolate

Meshes — Mesh

Mesh — Naked Edges
Interior Edges
Non-Manifold Edges

Mesh — Faces
Interpolate

Mesh
Vertices
Faces
Colours
Normals

Mesh — Centers
Normals

Mesh
Points — Mesh
Colours

13.喷涂颜色

Square

Mesh
Vertices
Faces
Colours
Normals

Start Point — Line
End Point

12.提取顶点连为直线

Numbers — Domain

Alpha
Red
Green — Colour
Blue

Number Slider — 0.000

Number Slider — 255.000

Point — X component
Y component
Z component

Value
Source — Mapped
Target — Clipped

Domain start — Domain
Domain end

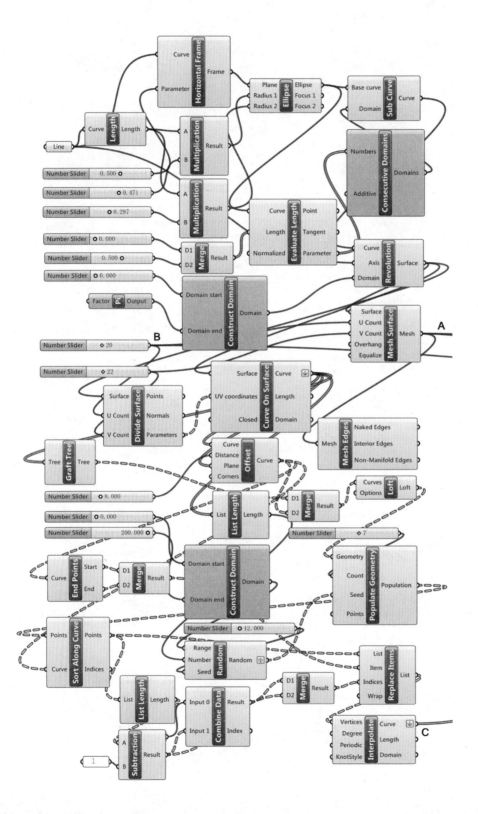

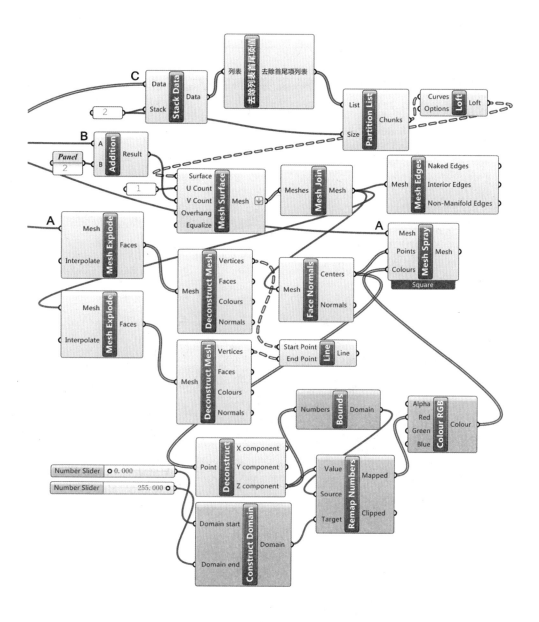

● 指定定位轴，建立椭圆，并使用 Sub Curve 组件提取一半椭圆弧，以定位轴为 Axis 输入参数旋转成面，建立一半椭圆面并使用 Mesh Surface 转变为 Mesh 面，这个步骤中需要关注两个 Domain 输入参数的确定。偏移复制弧线放样成面，获取随机点连为曲线，并组织数据结构两两放样成面建立变化的外表皮。这个过程中需要注意在偏移复制曲线时，以各自曲线默认的参考平面作为 Offset 组件 Plane 的输入参数，才能够保证所有弧线向同一个方向偏移。在建立内核体和外表皮之间的支撑时，需要注意在将外表皮转换为 Mesh 面时与内核体 Mesh 单元面数量保持一致，从而能够使得各个单元面的顶点——对应连为支撑结构线。

5 Util: Mesh工具

I

Mesh Brep		Mesh FromPoints	
Mesh Surface		Settings (Custom)	
Settings (Quality)		Settings (Speed)	
Simple Mesh			

II

A	Blur Mesh	模糊Mesh颜色	B	Cull Faces	模式剔除单元面
C	Cull Vertices	模式剔除顶点	D	Delete Faces	索引剔除单元面
E	Delete Vertices	索引剔除顶点	F	Disjoint Mesh	分解格网
G	Mesh Join	合并格网	H	Mesh Shadow	计算阴影
I	Mesh Split Plane	切分格网	J	Smooth Mesh	光滑格网

III

K	Mesh CullUnused Vertices	剔除未用顶点	L	Mesh Flip	翻转Mesh向量
M	Mesh UnifyNormals	统一Mesh向量	N	Mesh WeldVertices	合并顶点
	Quadrangulate			Triangulate	
O	Unweld Mesh	移除格网焊接	P	Weld Mesh	焊接格网
Q	Exposure	曝光度	R	Occlusion	遮挡分析

A.Blur Mesh 模糊 Mesh 颜色：输入迭代次数模糊 Mesh 面色彩；

B.Cull Faces 模式剔除单元面：指定剔除模式规律，循环删除输入 Mesh 面的单元面；

C.Cull Vertices 模式剔除顶点：指定剔除模式规律，循环删除输入 Mesh 面的顶点；

D.Delete Faces 索引剔除单元面：指定单元面索引删除输入 Mesh 面的单元面；

E.Delete Vertices 索引剔除顶点：指定顶点索引值删除输入 Mesh 面的顶点；

F.Disjoint Mesh 分解格网：将格网分解为单独的部分；

G.Mesh Join 合并格网：输入多个 Mesh 面合并为一个；

H.Mesh Shadow 计算阴影：指定向量作为输入端 Light 参数，计算 Mesh 投射到指定参考平面的阴影；

I.Mesh Split Plane 切分格网：指定切分参考平面切分输入的 Mesh 面；

J.Smooth Mesh 光滑格网：指定迭代次数光滑输入 Mesh 面；

K.Mesh CullUnused Vertices 剔除未用顶点：剔除输入 Mesh 面未使用的顶点；

L.Mesh Flip 翻转 Mesh 向量：翻转各单元面向量的方向；

M.Mesh UnifyNormals 统一 Mesh 向量：使输入的 Mesh 面单元向量方向统一；

N.Mesh WeldVertices 合并顶点：指定容差值，合并输入 Mesh 面符合要求的顶点；

O.Unweld Mesh 移除格网焊接：移除融合格网中的折痕；

P.Weld Mesh 焊接格网：融合格网中的折痕；

Q.Exposure 曝光度：指定光线向量、遮挡物、能量计算输入 Mesh 对象的曝光度；

R.Occlusion 遮挡分析：指定遮挡物、光线向量和采样点，计算采样点位置光线是否被遮挡。

日影分析

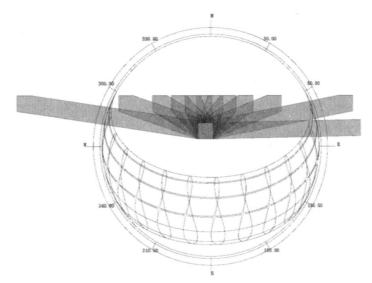

Sun-Path Diagram - Latitude: 39.8
22 MAR

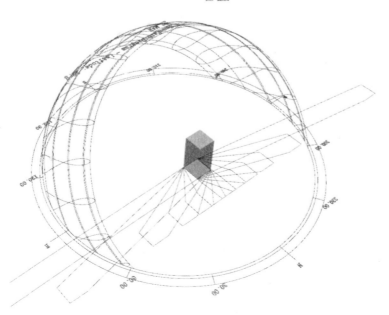

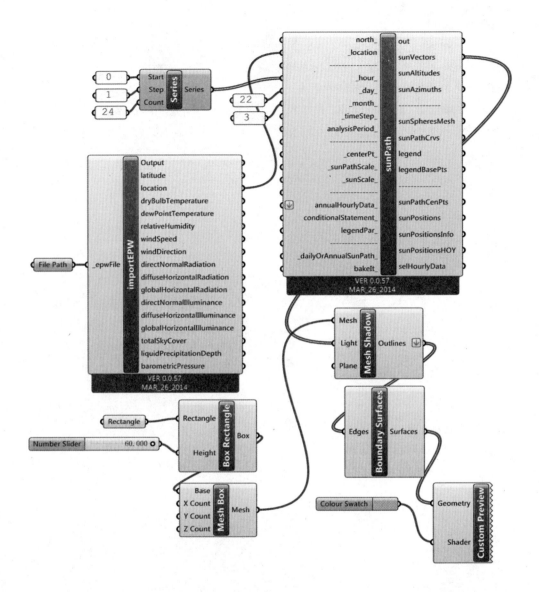

Mesh 工具中目前有三个与生态分析相关的组件，包括 Exposure、Occlusion 和 Mesh Shadow，这三个组件实际上远远达不到生态分析的目的，但是作者有意识地加入这几个组件暗示 Mesh 格网应用的一个方向。在 Grasshopper 扩展模块中已经开发出针对生态分析的模块，其中主要的几个是 Ladybug，用于逐时气象数据的可视化和分析。Honeybee 链接 EnergyPlus，分析日照辐射、采光模拟以及建筑能耗等；GECO 则链接 Ecotect 进行气候相关的生态分析模拟。基于 Grasshopper 的生态分析可以将单纯的 EnergyPlus 以及 Ecotect 的计算过程和结果参数化、智能化与动态化，能够通过编程设计完成建筑布局与日照分析、开窗布局与合理的采光要求等，并建立分析结果与几何形式之间的参数关系，从而可以从生态分析的合理性条件逆向衍化建筑形式的合理性。

Intersect
相交

9

几何构建的时候，难免遇到要对几何体裁切的情况，所有关于相交的处理都可以在该部分组件中获得，通过相交可以获得交点、交线以及与布尔运算相关的一些结果。

1 Mathematical: 数学计算

通过输入组件输入项要求的几何体类型，获得交点或者交线。

组件中有几个特殊使用的组件，Contour 可以指定基础点、方向和距离，提取输入 Brep 或者 Mesh 面的等值线，往往用于地形等高线的提取；Contour(ex) 与 Contour 类似，但是给定 Offsets 始终从参考平面偏移和 Distance 等值线之间的距离两种方式进行计算；IsoVist 通过指定采样点和遮挡物计算可视区域，一般用于实线分析；IsoVist Ray 则计算采样点到遮挡物的投影点和距离。

Brep | Line
Curve | Line
Line | Line
Mesh | Ray
Surface | Line
Brep | Plane
Contour
Contour (ex)
Curve | Plane
Line | Plane
Mesh | Plane
Plane | Plane
Plane | Plane | Plane
IsoVist
IsoVist Ray

2 Physical: 物理计算

输入要求的几何体类型，获取交点或者交线。 其中 Collision Many | Many 和 Collision One | Many 用于碰撞计算，除了用于几何体构建外，还可以用于检查管线碰撞等问题。

| Curve \| Curve |
| Curve \| Self |
| Multiple Curves |
Brep | Brep
Brep | Curve
Surface | Curve
Surface Split
Mesh | Curve
Mesh | Mesh
Collision Many|Many
Collision One|Many

3 Region: 区域计算

输入 Brep 对象或者闭合曲线切分、裁剪曲线。

4 Shape: 几何计算

输入要求的几何体类型，布尔运算获得相应计算结果。几何体类型主要为曲面、曲线和格网。

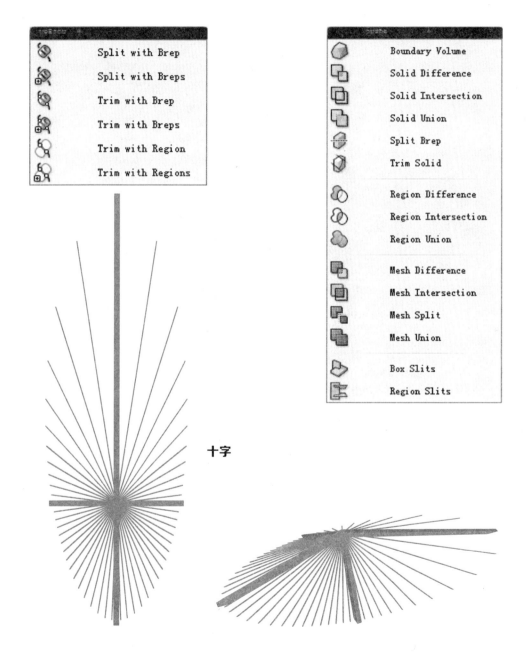

十字

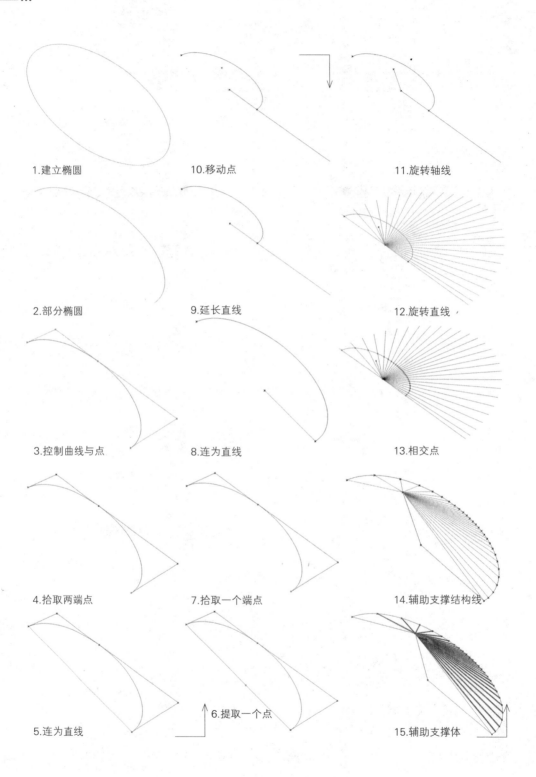

1.建立椭圆

10.移动点

11.旋转轴线

2.部分椭圆

9.延长直线

12.旋转直线

3.控制曲线与点

8.连为直线

13.相交点

4.拾取两端点

7.拾取一个端点

14.辅助支撑结构线

5.连为直线

6.提取一个点

15.辅助支撑体

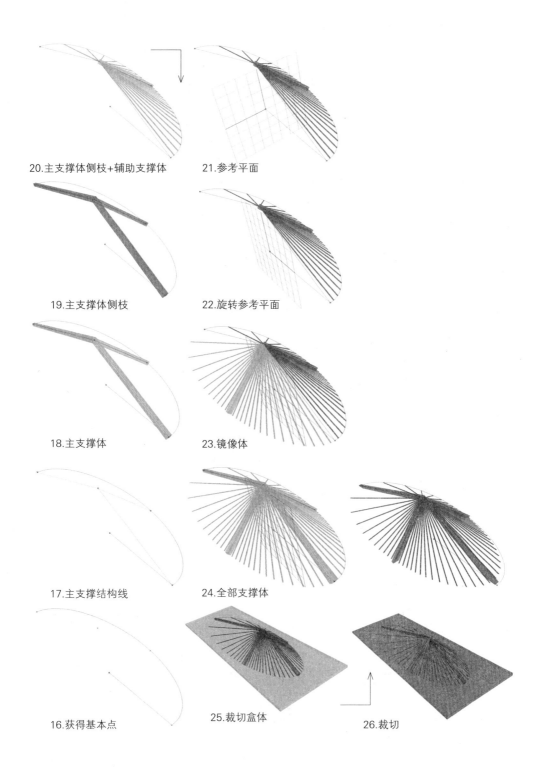

20.主支撑体侧枝+辅助支撑体

21.参考平面

19.主支撑体侧枝

22.旋转参考平面

18.主支撑体

23.镜像体

17.主支撑结构线

24.全部支撑体

16.获得基本点

25.裁切盒体

26.裁切

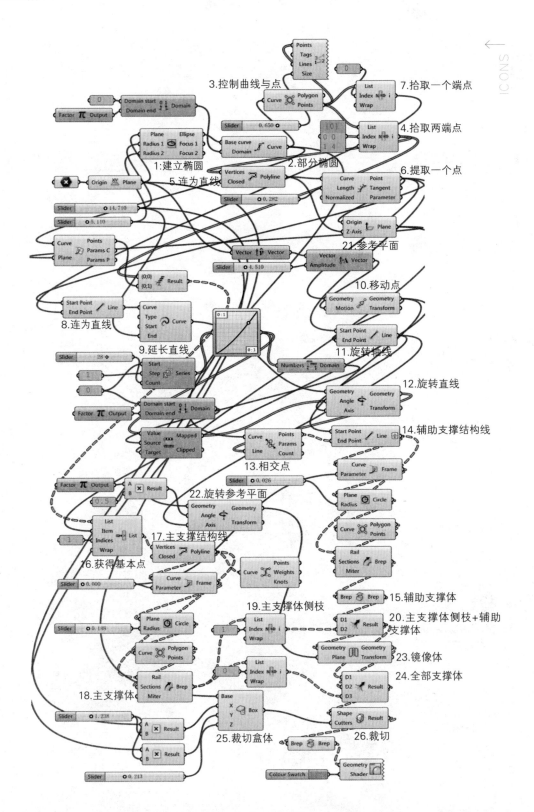

NAMES

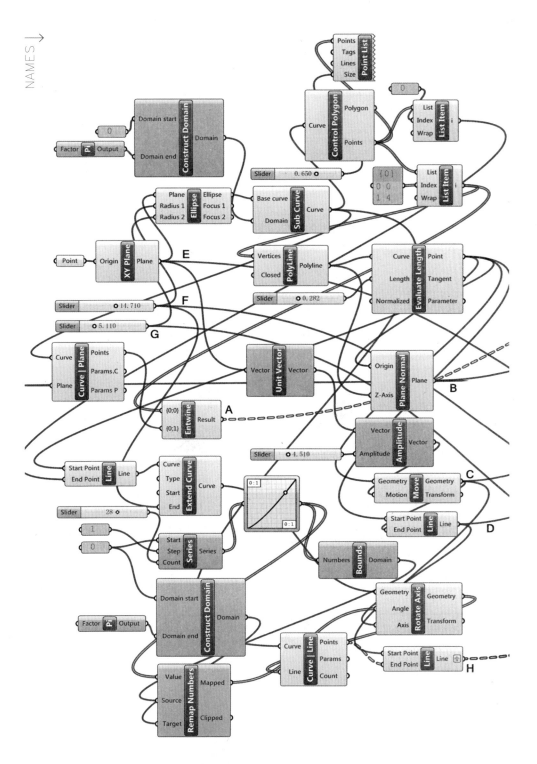

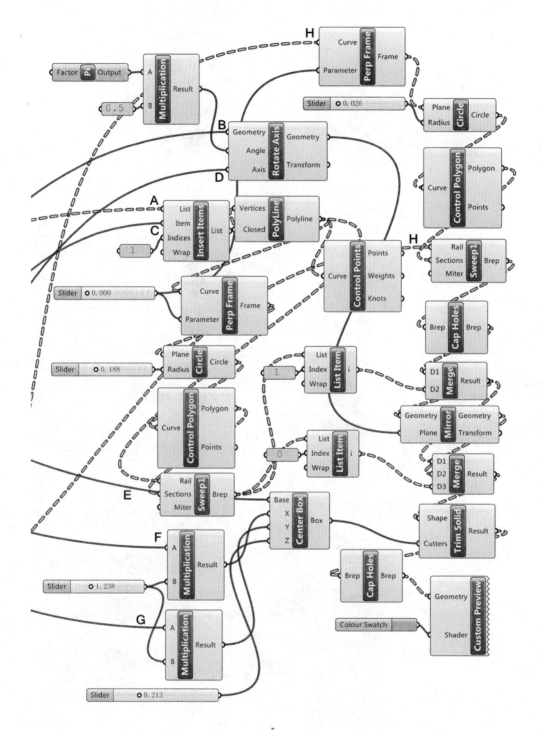

● 对建立的椭圆使用 Sub Curve 组件提取一半曲线进一步操作，为了获得有韵律变化的放射线，使用图形函数计算旋转的角度，最后镜像已建立的一半几何体并剔除重复的数据。

Transform
变形

10

Affine 和 Euclidean 部分提供移动、旋转、镜像、比例缩放、投影等常用的变形组件，Morph 部分则提供了一些特殊的几何体变形方法，Array 提供了建立阵列数据的方法，Util 工具中提供变形矩阵和对象编组等方法。

1 Affine：仿射

A Scale　统一比例缩放　按统一指定比例和中心点整体缩放输入几何体；

B Scale NU
　　　　非统一比例缩放　沿 X、Y、Z 三个方向根据指定的比例参数非统一比例缩放输入几何体；

C Shear
　　　　向量切变　根据参考点到目标定向量切变输入几何体；

D Shear Angle　角度切变　根据 X、Y 轴角度变化切变输入几何体；

E Box Mapping
　　　　盒体变化映射　变化原始和目标盒体来变形输入的几何对象；

F Orient Direction
　　　　向量参考变换　根据输入参考向量与目标向量及各自参考点关系变换输入几何体；

G Project　投影　将输入几何体投影到指定参考平面上；

H Project Along
　　　　方向投影　将输入几何体沿指定向量投影到输入参考平面上；

I Rectangle Mapping
　　　　矩形变化映射　变化原始和目标矩形来变形输入的几何对象；

J Triangle Mapping
　　　　三角形变化映射　变化原始和目标三角形来变形输入的几何对象。

2 Array：阵列

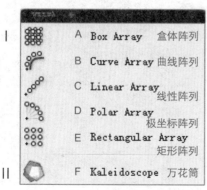

A Box Array　盒体阵列　指定盒体单元和 X、Y、Z 方向阵列数量阵列输入的几何体对象；

B Curve Array　曲线阵列　沿输入曲线方向阵列指定数量的输入几何体对象；

C Linear Array
　　　　线性阵列　沿指定向量方向阵列指定数量的输入几何体对象；

D Polar Array
　　　　极坐标阵列　指定参考平面、阵列数量和角度阵列输入几何体对象；

E Rectangular Array
　　　　矩形阵列　指定矩形单元和 X、Y 阵列数量阵列输入的几何体对象；

F Kaleidoscope　万花筒　指定旋转阵列的数量，旋转阵列的角度自动变换。

3 Euclidean: 欧几里得

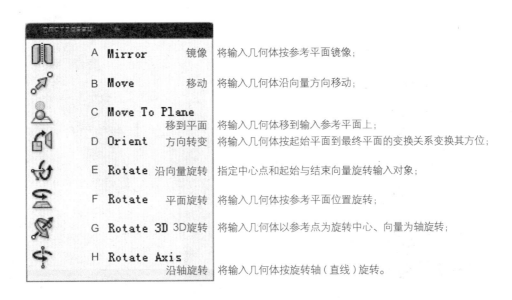

A	Mirror	镜像	将输入几何体按参考平面镜像;
B	Move	移动	将输入几何体沿向量方向移动;
C	Move To Plane	移到平面	将输入几何体移到输入参考平面上;
D	Orient	方向转变	将输入几何体按起始平面到最终平面的变换关系变换其方位;
E	Rotate	沿向量旋转	指定中心点和起始与结束向量旋转输入对象;
F	Rotate	平面旋转	将输入几何体按参考平面位置旋转;
G	Rotate 3D	3D旋转	将输入几何体以参考点为旋转中心、向量为轴旋转;
H	Rotate Axis	沿轴旋转	将输入几何体按旋转轴(直线)旋转。

4 Morph: 变体

A	Blend Box	融合盒体	参考两个输入曲面及其各自区间建立扭曲盒体;
B	Box Morph	盒体变形	在输入的曲面盒体上变形基本几何体;
C	Surface Box	曲面盒体	在曲面表面根据区间建立扭曲盒体;
D	Twisted Box	扭曲盒体	输入角点扭曲盒体;
E	Camera Obscura	点镜像	根据镜像点和输入比例变形输入几何体;
F	Map to Surface	曲线曲面投影	将曲线投影到曲面表面;
G	Mirror Curve	曲线镜像	根据曲线镜像输入几何体;
H	Mirror Surface	曲面镜像	根据曲面镜像输入几何体;
I	Spatial Deform	空间变形	由空间点及其向量(力)变形曲面;
J	Spatial Deform (custom)	空间变形(自定义)	同空间变形,同时增加输入衰减函数;
K	Surface Morph	曲面变形	定义 U、V、W 区间,依据曲面建立扭曲几何体。

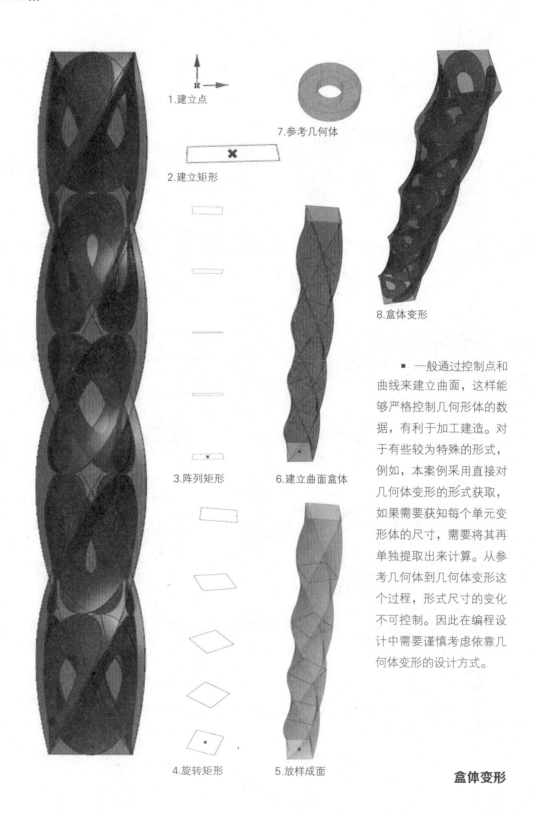

1.建立点

7.参考几何体

2.建立矩形

3.阵列矩形

6.建立曲面盒体

8.盒体变形

■ 一般通过控制点和曲线来建立曲面，这样能够严格控制几何形体的数据，有利于加工建造。对于有些较为特殊的形式，例如，本案例采用直接对几何体变形的形式获取，如果需要获知每个单元变形体的尺寸，需要将其再单独提取出来计算。从参考几何体到几何体变形这个过程，形式尺寸的变化不可控制。因此在编程设计中需要谨慎考虑依靠几何体变形的设计方式。

4.旋转矩形

5.放样成面

盒体变形

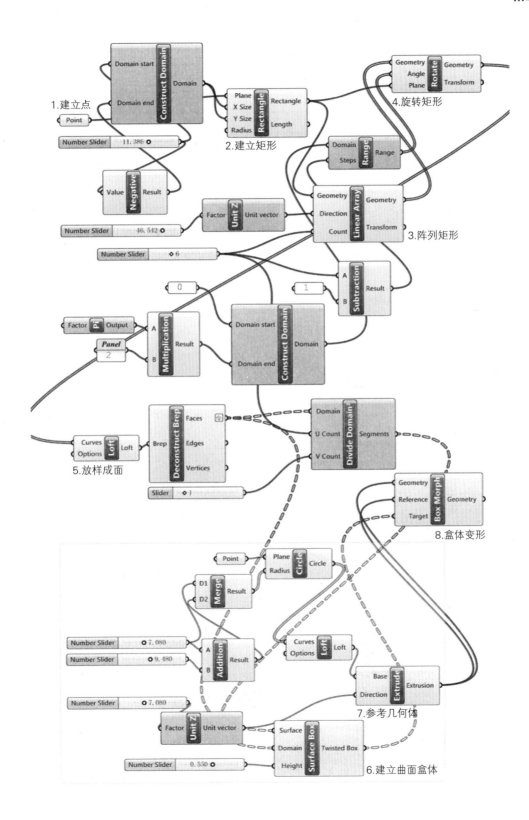

1.建立点

2.建立矩形

4.旋转矩形

3.阵列矩形

5.放样成面

8.盒体变形

7.参考几何体

6.建立曲面盒体

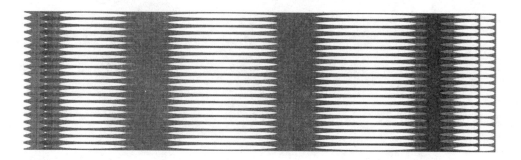

Map to Surface

- Curves to Surface 将曲线映射到曲面上，可以通过建立曲线图式平面单元，将图式映射到目标曲面上，进一步通过裁切等手段建立几何形式。

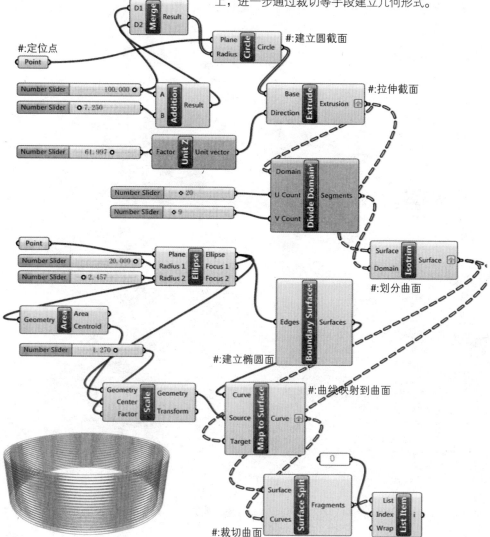

5 Util: 变形工具

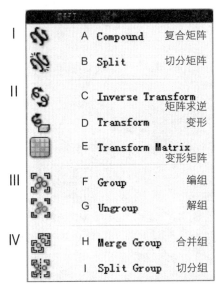

I		A	Compound	复合矩阵	复合变形矩阵;
		B	Split	切分矩阵	切分变形矩阵;
II		C	Inverse Transform 矩阵求逆		关于矩阵求逆的方法可以查看高等代数计算方法;
		D	Transform	变形	输入变形矩阵变形输入几何体;
		E	Transform Matrix 变形矩阵		代表移动、切变、大小、比例缩放的 16 位矩阵;
III		F	Group	编组	将多个输入对象成组;
		G	Ungroup	解组	将组拆分为各个对象;
IV		H	Merge Group	合并组	合并两个组;
		I	Split Group	切分组	将合并组拆分。

矩阵部分与 Math 中的矩阵一样，可以建立矩阵数据，Transform Matrix 赋予矩阵以几何体变形的意义包括斜切、缩放等功能，可以配合 Transform 组件变形几何对象。

编组部分可以把多个输入对象即组件合并在一个组件之下，利于程序的梳理。

变形矩阵

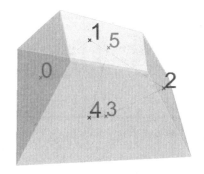

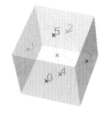

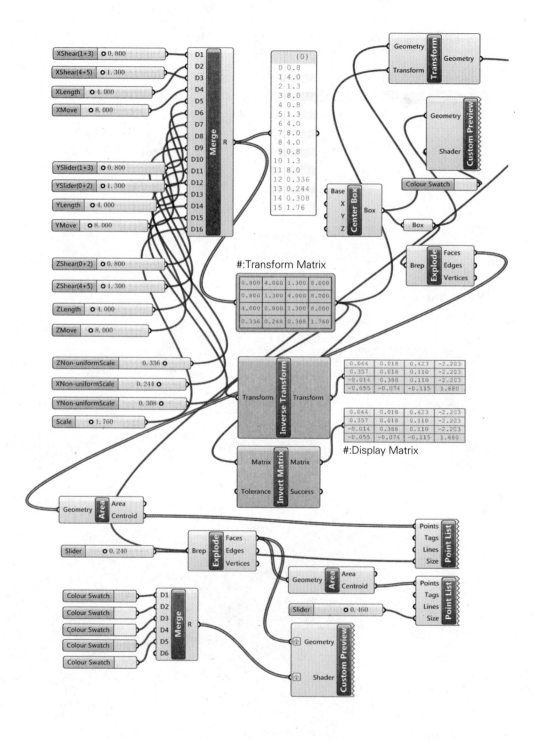

#:Transform Matrix

#:Display Matrix

Display
显示

11

Display 部分组件包括设置颜色以及材质、标注尺寸和注释、数据的图表统计以及显示点索引值排序、显示向量等组件。

该部分能够帮助分析研究色彩数据，统计部分则能够观察数据的变化情况，点排序和向量等重要信息的显示可以帮助判断数据组织的模式。

1 Colour: 色彩

可以通过设置色彩参数建立色彩和转换色彩模式，一般在设计过程中往往需要通过色彩区分功能区块、不同构件、色彩形式研究以及纯粹的表达等。

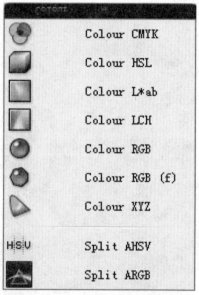

2 Dimensions: 尺寸标注

可以在 Grasshopper 中直接标注尺寸，往往用于设计团队之间的信息传递和图纸表达。

3 Preview：预览

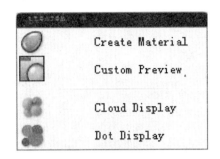

在 Grasshopper 中给几何对象赋予材质或者色彩并在 Rhinoceros 空间中显示，一般与色彩组件搭配使用。

其中，Cloud Display 和 Dot Display 可以以点云的形式显示点，通过点直接的融合能够更直观地判断点密度之间的关系。

4 Graphs：图表统计

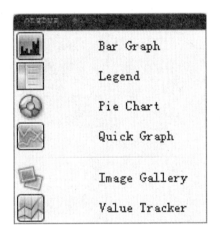

统计显示数据的图表，可以查看数据的变化，也可以作为数据分析统计结果的表达。

5 Vector：显示向量

Point List 和 Point Order 可以显示点的排序索引值，通过观察点数据的排序组织数据。Vector Display 和 Vector Display Ex 则可以显示向量的方向。

变化体块

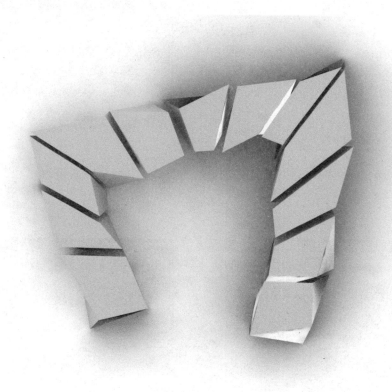

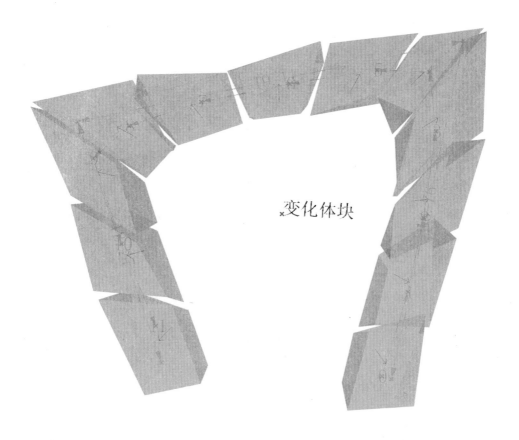

变化体块

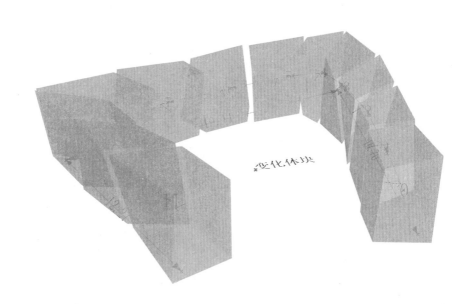

变化体块

几何构建逻辑（变化体块）

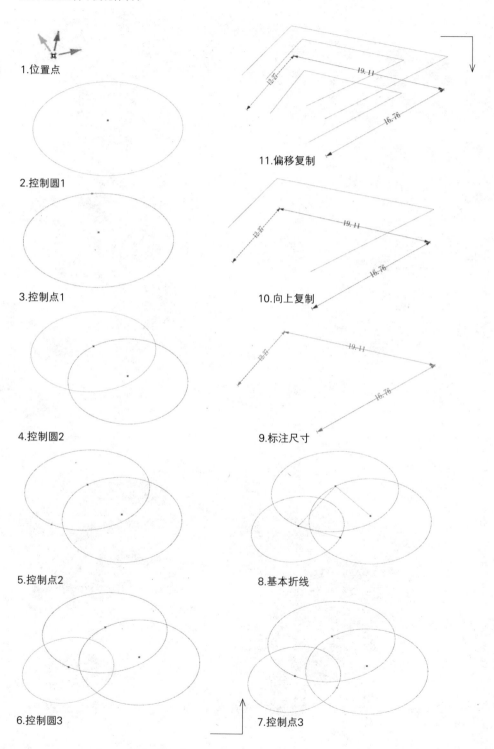

1.位置点

2.控制圆1

3.控制点1

4.控制圆2

5.控制点2

6.控制圆3

7.控制点3

8.基本折线

9.标注尺寸

10.向上复制

11.偏移复制

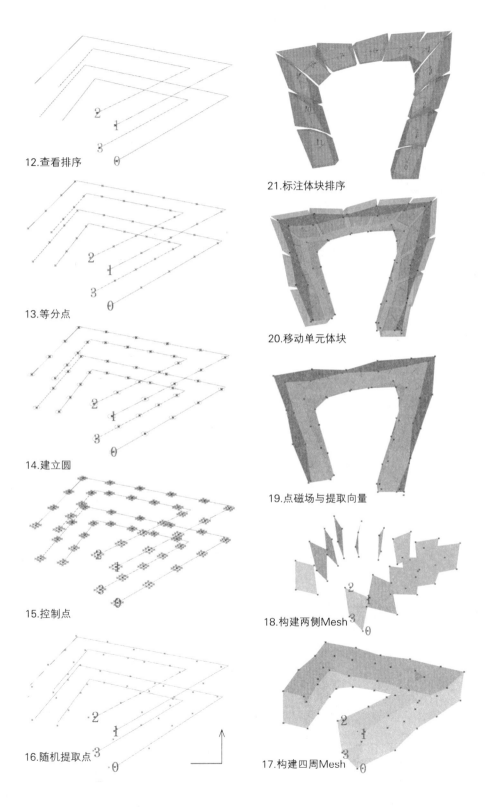

12.查看排序

13.等分点

14.建立圆

15.控制点

16.随机提取点

21.标注体块排序

20.移动单元体块

19.点磁场与提取向量

18.构建两侧Mesh

17.构建四周Mesh

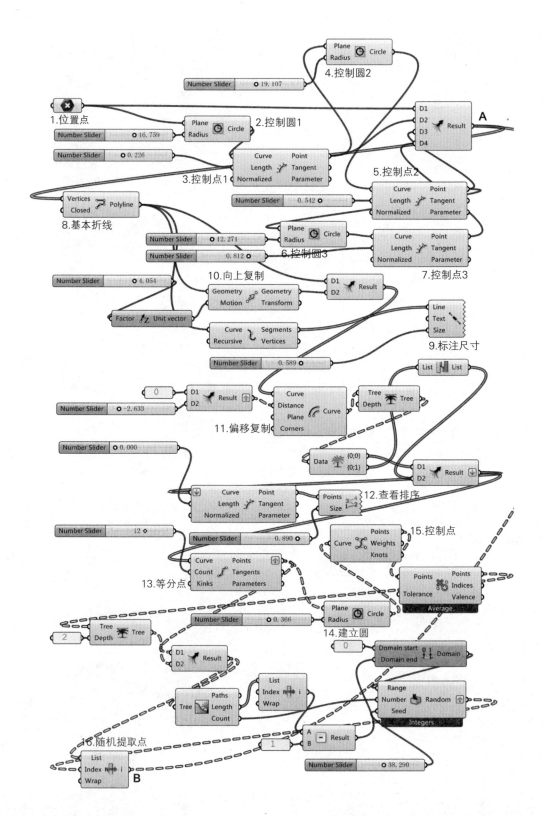

1.位置点

2.控制圆1

3.控制点1

4.控制圆2

5.控制点2

6.控制圆3

7.控制点3

8.基本折线

9.标注尺寸

10.向上复制

11.偏移复制

12.查看排序

13.等分点

14.建立圆

15.控制点

16.随机提取点

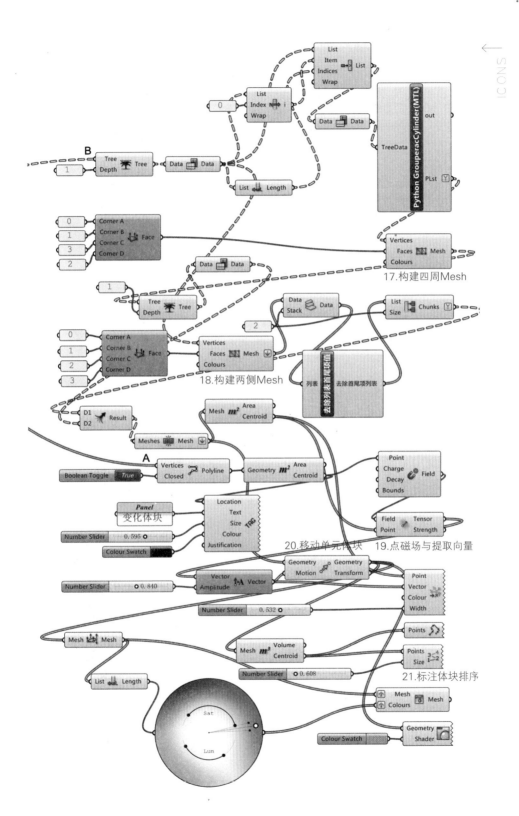

List
Item
Indices
Wrap
List

List
Index N i
Wrap

Data Data

0

Python GrouperacCylinder:(MTL)

out

TreeData

PLst

B

Tree
Depth Tree

1

Data Data

List Length

0
1
3
2

Corner A
Corner B
Corner C
Corner D
Face

Vertices
Faces Mesh
Colours

17.构建四周Mesh

Data Data

1

Tree
Depth Tree

Data
Stack Data

List
Size Chunks

0
1
2
3

Corner A
Corner B
Corner C
Corner D
Face

Vertices
Faces Mesh
Colours

2

18.构建两侧Mesh

列表 去除首尾项列表

去除列表首尾项值

D1
D2
Result

Mesh m² Area
Centroid

Meshes Mesh

A

Vertices
Closed Polyline

Boolean Toggle True

Geometry m² Area
Centroid

Point
Charge
Decay
Bounds
Field

Panel
变化体块

Location
Text
Size TAG
Colour
Justification

Field
Point
Tensor
Strength

Number Slider 0.595

Colour Swatch

20.移动单元体块 19.点磁场与提取向量

Number Slider O 0.840

Vector
Amplitude Vector

Geometry Geometry
Motion Transform

Point
Vector
Colour
Width

Number Slider 0.532

Points

Mesh Mesh

Mesh m³ Volume
Centroid

Points
Size

3
1 2

Number Slider O 0.608

21.标注体块排序

List Length

Sat

Lum

Mesh
Colours Mesh

Colour Swatch

Geometry
Shader

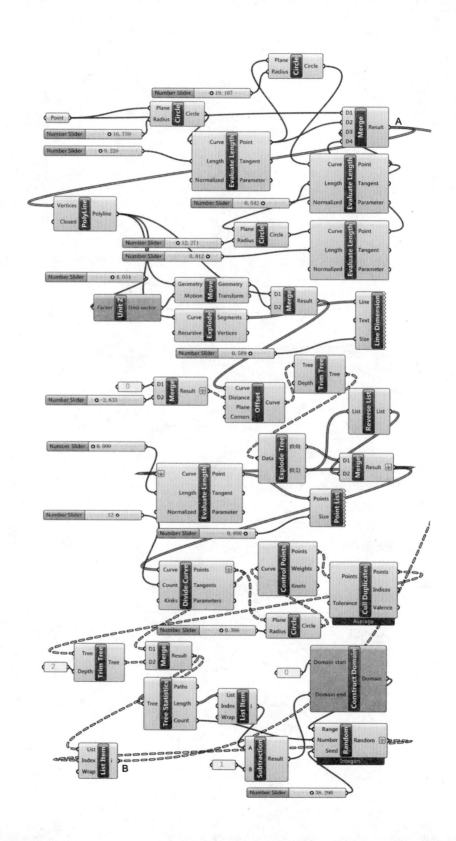

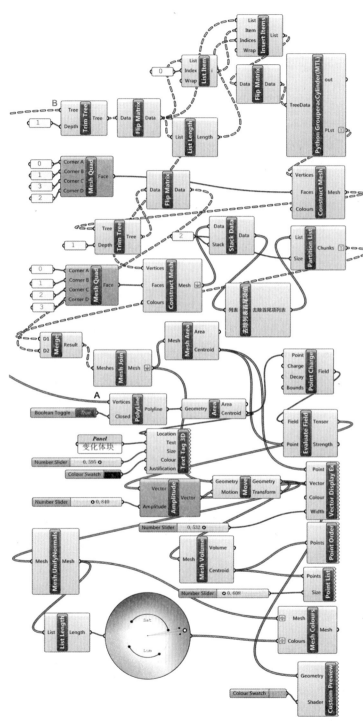

● 由环环相扣的三个圆提取三个点与位置点共计四个点确定基本折线尺寸和走势。偏移复制基本折线获取平行的四条折线，分别将其等分获取等分点，并建立圆，获取各个圆的控制点，随机提取各单元其中一个。使用在Mesh部分阐述点组织时编写的Python程序GrouperacCylinder(MTL)组件直接组织点的数据结构，使用Construct Mesh构建Mesh面，同时构建两侧的Mesh与四周的Mesh合并，并分成各个单元使用Mesh Join组件合并Mesh面。设计时希望各个单元之间设置缝隙，获取基本折线的几何中心点建立磁场，提取各个单元几何中心在磁场中的向量属性，移动该单元获取单元之间的缝隙。

程序编写过程中，通过组件Point List查看点排序，从而正确组织数据，使用Line Dimension查看尺寸确定尺度的合理性，使用Vector Display(Ex)查看向量方向，确定移动对象的正确性，使用Text Tag 3D标注文字，传递信息，使用Custom Preview设置几何对象表现颜色。

参数化设计在国内已经开展起来，但是总体来看还只是很小一部分，而且并没有强调参数化设计的基础是编程设计，如果将编程设计课程在大学里就作为学科的基本课程，经过几年时间，编程设计的普及程度必然会提高，那么用人单位至少不必因新人的基本技术能力不足，而不得不花费精力在培训上。

一再强调编程设计首先是解决设计问题的能力，而后是对未知形式的探索，而目前仅将基于编程设计的参数化作为扭曲建筑的设计方式，是国内对参数化认识的最大误区。

Afterword
后记

编程设计的方法与传统的设计不是割裂的，但与之又有所差异，在设计的本质上就已经发生了改变，因此进入编程设计领域将面临两个需要解决的问题。一个是支持编程设计基本技术层面的操作，二是设计本身思维方式的转变。编程设计普及较慢的一个很大阻碍在于，基本技术的学习需要耗费一定的精力，但是这样的付出是一种必然。编程设计已经不是一门技术的问题，更应该是一门学科，对于一门学科基础知识的掌握自然需要付出一些努力，这与基于计算机的地理信息系统学科类似。

作者在写作过程中一直思考本书应该如何写，对于非常入门的教程完全可以在其官方网站下载，其中部分教程也有中文的翻译版本，但是该类教程覆盖的组件很少，只是讲解一些最基本的逻辑，实际案例也是为了照顾最基本的初学者，往往只是一些基本概念性质的几何构建。因此本书的定位应该更倾向于实际的应用，以案例的形式更全面地讲解各个组件的使用和更多的几何构建方法与逻辑，进而作为案头查询手册使用，帮助及时查询某些技术应用的方式，而很多构思巧妙的方法在阅读程序中自然能够意识到。另外，本书的编写过程是将Grasshopper作为一门语言来阐述，从编程设计的角度阐述组件的使用方法，这才是学习的根本。相信从语言本质角度的阐述和大量更实际的案例以及对于组件的解释，更能够帮助已经对参数化和Grasshopper有所认识的读者，对于初学者则建议从头阅读本书，逐步地理解每个案例构建的逻辑及其组件的应用，逐步进入到编程设计的领域。

（建筑+风景园林+城乡规划）

面向设计师的编程设计知识系统
Programming Aided Design Knowledge System(PADKS)

　　计算机技术的发展以及编程语言的发展和趋于成熟，各种新思想不断涌现，从传统的计算机辅助制图到参数化、建筑信息模型、设计相关的大数据分析和地理信息系统、复杂系统，都从跨学科的角度，借助相关学科的研究渗入规划设计领域。大部分新思想都是依托于计算机编程语言，或由编程语言衍生，或者诉诸于编程语言。面对如此复杂的一个知识体系，在传统的设计行业教育中，没有系统阐述的相关课程，一般只是教授一门编程语言，或者一门地理信息系统，往往没有与规划设计相结合，未达到实际应用的目的。

　　我们力图梳理目前相关学科在规划设计领域中应用的方式，通过编程语言Python、NetLogo、R、C#、Grasshopper等，构建计算机科学、地理信息系统、复杂系统、统计学、数据分析等与建筑、风景园林和城乡规划跨学科联系的途径，建立面向设计师(建筑+风景园林+城乡规划）的编程设计知识系统(Programming Aided Design Knowledge System, PADKS)。一方面通过跨学科的研究建立适用于规划设计领域的课程体系；另外建立具有广度扩展和深度挖掘的研究内容，寻找跨学科应用的价值。编程设计知识系统建立的工程量远比想象的要庞大，从设计师角度探索跨学科的研究，需要补充统计学以及学习R语言，需要补充地理信息系统以及学习Python语言，需要补充复杂系统以及学习NetLogo语言，需要补充数据分析、数据库等知识，而且远远不止这些，还涉及程序控制的机器人技术和三维打印工程建造技术，都在拓展着以编程语言为核心的编程设计知识体系。

　　受过传统设计教育的设计师，已经建立了系统的设计知识结构，在既有的知识体系上，拓展编程设计知识体系，与传统设计思维相碰撞，获取意想不到的收获，构建新的设计思维方法和拓展无限的创造力。编程设计知识体系的建立，不能一蹴而就，这个过程也许是5年、10年甚至20年，并随着计算机技术的发展，知识体系将不断更新，是一个没有终点、需要不断探索的过程。

　　进入并拓展编程设计的领域，建立并梳理编程设计知识系统，只有抱有极大的兴趣才能够不断地学习新领域的知识，思考应用到设计领域中的途径和方法。不能不感谢将我带入参数化设计领域的朱育帆教授，支持并肯定在博士阶段研究编程设计的赵鸣教授，依托西北城市生境营建实验室、发展设计专业领域数据分析技术并研究如何应用到教学中的刘晖教授，以及caDesign设计团队和给予支持的伙伴们。

　　编程设计知识系统的梳理，面临大量跨学科新知识学习的过程，需要思考在设计领域应用的价值。每一次重新翻阅稿件时，都会再次审视编写的内容，总是希望调整、再调整，永无止境。从更加合适的案例、阐述问题新的角度、找到更优化的算法，到要不要重新梳理整个架构，却只能适可而止，待逐渐成熟与完善。诸多模糊的论述和阐述，欠妥之处敬请读者谅解，我们十分感谢您的支持，并希冀您能够把宝贵的意见反馈到cadesign@cadesign.cn邮箱，敦促我们不断修正、完善和持续地探索。